高等学校电子信息类专业系列教材

FPGA技术及其应用

——以国产高云FPGA为例

任爱锋　袁晓光　杨延华
肖国尧　郑纪彬　编著

陈彦辉　主审

U0379257

西安电子科技大学出版社

内 容 简 介

本书以国产高云半导体 FPGA 为例，全面介绍基于国产 EDA 软件和 FPGA 芯片的数字系统设计原理与方法。全书共分为 5 章：第 1 章介绍了高云半导体提供的可编程解决方案；第 2 章以武汉易思达科技有限公司提供的 Pocket Lab-F0 口袋实验板为平台，详细介绍了高云云源 EDA 软件 Gowin 的使用方法，包括在线逻辑分析仪的调试方法等；第 3 章介绍了硬件描述语言的基本语法、Gowin HDL 编码风格以及 ModelSim 仿真方法等；第 4 章介绍了基于云源 Gowin 软件的嵌入式系统设计方法；第 5 章介绍了基于 FPGA 的综合设计实验。

本书全面介绍了国产 EDA 软件应用和 FPGA 数字系统设计技术，结构安排合理，内容丰富，可作为高等院校电子类和通信类相关专业学生学习数字电路与 EDA 相关课程的实验教材及课程设计的参考书，也可作为电子类设计大赛参赛学生的参考书，亦可作为相关工程技术人员的参考书。

图书在版编目(CIP)数据

FPGA 技术及其应用：以国产高云 FPGA 为例 / 任爱锋等编著. --西安：西安电子科技大学出版社，2024.1(2024.11 重印)

ISBN 978 - 7 - 5606 - 7068 - 3

Ⅰ. ①F⋯　　Ⅱ. ①任⋯　　Ⅲ. ①可编程序逻辑器件—系统设计　　Ⅳ. ①TP332.1

中国国家版本馆 CIP 数据核字(2023)第 210479 号

策　　划　高 樱
责任编辑　高 樱
出版发行　西安电子科技大学出版社（西安市太白南路 2 号）
电　　话　(029)88202421　88201467　邮　　编　710071
网　　址　www.xduph.com　　　　电子邮箱　xdupfxb001@163.com
经　　销　新华书店
印刷单位　陕西天意印务有限责任公司
版　　次　2024 年 1 月第 1 版　　2024 年 11 月第 2 次印刷
开　　本　787 毫米×1092 毫米　1/16　印张　24
字　　数　572 千字
定　　价　66.00 元
ISBN 978 - 7 - 5606 - 7068 - 3
XDUP 7370001-2

前 言

FPGA(现场可编程门阵列)作为可编程逻辑器件，已经成为数字系统的核心。随着半导体工艺的进步以及市场需求的持续增长，FPGA 在传统和未来新兴应用领域的更多细分市场都将产生重要作用。西安电子科技大学国家电工电子教学基地(国家级教学实验中心)EDA 实验室创建于 1997 年，为国家培养了大批电子设计自动化(EDA)技术及 FPGA 应用领域的专门人才。

在中国电子信息国产化的大背景下，我们在国家级线上线下混合式一流课程"数字电路与系统设计"的建设中与国内多家 FPGA 厂商合作，在课程实验项目中引入基于国产 FPGA 的数字系统设计技术，助推国产 EDA 软件及 FPGA 技术的发展。2022 年，由西安电子科技大学、西北工业大学、河北工业大学等 10 余所高校共同建设，依托于数字逻辑与微处理器等电子信息专业核心课程的"数字逻辑与微处理器课程群" 虚拟教研室获批全国首批虚拟教研室建设试点。借助虚拟教研室的建设，我们充分发挥我校电子信息类学科的优势特色，广泛开展了教育教学研究交流活动，将现代信息技术与教育教学深度融合，加强了校企联合，构建了产学合作协同育人新平台。在新的课程与实验内容改革中，我们与国内多家芯片制造商及 FPGA 厂商合作，包括上海海思、高云半导体、易灵思科技、安路科技等，以促进高校的课程改革紧跟行业科技发展需求，保持一流课程内容建设的挑战度、创新性和高阶性。本书是我校电子工程学院"数字逻辑与微处理器"课程组教师结合多年的 EDA 实验教学经验编写的，旨在将以往相关数字系统实验项目放在国产高云 EDA 软件中完成设计输入、综合、布局布线、下载编程与在线调试等，让学生在实验设计中了解并掌握国产 EDA 工具的使用及 FPGA 的相关设计方法与调试技术。

本书内容编排如下：

第 1 章主要介绍了高云半导体提供的可编程器件系列，包括各系列可编程器件的主要优势与特性，以方便用户在应用中参考。第 2 章以武汉易思达科技有限公司提供的 Pocket Lab-F0 口袋实验板为综合实验平台，详细介绍了高云云源 EDA 软件 Gowin 的使用方法，包括工程创建、设计输入、综合编译、布局布线、下载编程以及在线逻辑分析仪的调试方法等，并以一个完整的正弦波信号产生器为例，介绍了基于 IP 核产生工具的常用 IP 核的产生与使用方法。第 3 章介绍了 VHDL 和 Verilog HDL 两种常用硬件描述语言的基本结构和语法，并介绍了 Gowin HDL 编码风格，最后介绍了基于 ModelSim 软件的仿真方法。第 4 章介绍了基于云源 Gowin 软件的嵌入式系统设计方法，主要是基于 Gowin_EMPU_M1 处理器的软硬件设计方法与下载调试方法。第 5 章给出了不同层次数字系统实验项目在 Pocket Lab-F0 口袋实验板上完整的设计实现过程，每个实验都给出了 VHDL 和 Verilog 两个版本，以便于读者进一步熟悉并掌握 EDA 软件基本的数字系统设计流程；本章还介绍了几个综合设计实验项目，给出了设计要求及简单的设计分析，并给出了 EDA 综合设计报告的参考格式，供读者在编写综合设计报告时参考。由于篇幅有限，本书在综合设计实验中没有给出关于 FPGA 嵌入式系统设计的实例，读者可以根据第 4 章的介绍，在第 5 章的综合设计中加入 Gowin_EMPU_M1 处理器，通过软件编程的方法实现逻辑功能的控制。例如，通过嵌入式软件编程实现 DDS 实验项目中频率控制字的控制，从而实现输出波形频率的改变。

任爱锋老师负责本书的统筹工作，袁晓光老师、杨延华老师、郑纪彬老师、肖国尧老师负责书中所有综合设计实验部分的编写与验证。西安电子科技大学陈彦辉教授在百忙之中审阅了全书并提出了许多宝贵建议和修改意见。实验中心周佳社教授对本书的编排给予了大力支持和帮助。本书的出版得到了广东高云半导体科技股份有限公司总裁助理兼大学计划负责人梁岳峰先生和武汉易思达科技有限公司总经理王程涛先生的大力支持，在此深表谢意。本书在编写过程中参考了许多同行在相关领域的成果，在此表示衷心的感谢。本书的顺利出版还要感谢西安电子科技大学出版社高樱编辑的耐心支持与帮助。

由于作者水平有限，书中难免有不妥之处，恳请广大读者在使用中多提宝贵意见与建议。

作　者
2023 年 8 月

目 录

第1章　Gowin 可编程解决方案简介

1.1　概　　述

广东高云半导体科技股份有限公司(简称高云半导体或 Gowin)成立于 2014 年，是一家专业从事现场可编程逻辑器件(FPGA，也称现场可编程门阵列)研发与设计的高科技公司，旨在推出具有核心自主知识产权的 FPGA 芯片,致力于向客户提供从芯片、EDA 开发软件、IP、开发板到整体系统解决方案的一站式服务。高云半导体于 2015 年第一季度规模量产推出国内第一款产业化的 55 nm 工艺 400 万门的中密度 FPGA 芯片；2016 年第一季度顺利推出国内首颗 55 nm 嵌入式 Flash SRAM 的非易失性 FPGA 芯片；2017 年实现 FPGA 芯片的规模出货；2019 年发布国内第一颗 FPGA 车规芯片，并实现规模量产。截至 2021 年，高云半导体有三大家族(分别是小蜜蜂(GW1N)家族、晨熙(GW2A)家族和 GoBridge 家族) 17 个系列百余款 FPGA 及专用芯片在全球多个地区规模量产。通过最新工艺的选择和设计优化，高云半导体已经生产出了与现有市场国际巨头同类产品媲美的高质量、高可靠性 FPGA 产品，并已经在汽车、工业控制、电力、通信、医疗、数据中心等应用领域实现了规模量产。高云半导体 FPGA 产品系列如图 1.1 所示。

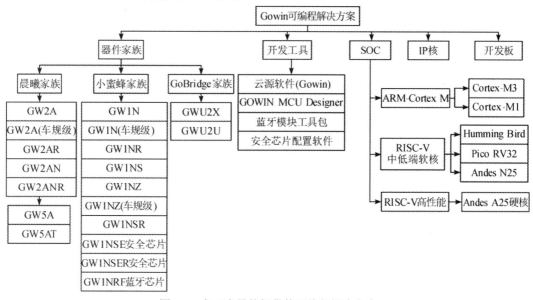

图 1.1　高云半导体提供的可编程解决方案

晨熙家族产品主要面向中高端 FPGA 市场，其产品广泛应用于通信网络、工业控制、工业视频、服务器、消费电子等领域。晨曦家族第一代 GW2A 系列 FPGA 采用 55 nm SRAM 制造工艺；GW5A 系列 FPGA 是晨曦家族第五代产品(Arora V 系列)，采用 22 nm SRAM 工艺，内部资源更丰富，具有全新架构且支持 AI 运算的高性能 DSP、高速 LVDS 接口以及丰富的 BSRAM 存储器资源，同时集成自主研发的 DDR3，支持多种协议的 12.5 Gb/s SERDES (GW5AT-138 支持)，提供多种管脚封装形式，适用于低功耗、高性能及兼容性设计等应用场合。

小蜜蜂家族产品主要面向低密度 FPGA 市场，采用 55 nm 嵌入式 Flash+SRAM 制造工艺，其中 GW1NR 系列集成了高云半导体首创的可随机访问的用户闪存模块，是嵌入式用户存储器方面国际首创的非易失性 FPGA 器件，有效拓宽了应用范围，除了可满足传统通信、工业控制、视频监控等领域的应用需求外，还为消费类行业客户提供了更多选择。

GoBridge 家族产品主要提供灵活的接口扩展，支持全速 USB 设备接口，兼容 USB V1.1 协议，全内置 USB 协议处理，无须外部编程，支持 USB 转 JTAG/SPI/I2C 以及 USB 转 UART。GoBridge 产品可以灵便地完成插口转换，简化了控制系统设计，广泛应用于消费、车辆、工业生产和通信市场行业。

1.2 Gowin 可编程器件

1.2.1 晨熙家族可编程器件

1. 晨熙家族可编程器件介绍

高云半导体晨曦家族可编程器件一共有 5 个系列，分别是 GW2A 系列、GW2AR 系列、GW2AN 系列、GW2ANR 系列和 Arora V 系列。

(1) GW2A 系列 FPGA 是高云半导体晨熙家族的第一代产品，成员包括 GW2A-18 和 GW2A-55 两种类型，其内部资源丰富，具有高性能的 DSP 资源、高速 LVDS 接口以及丰富的块状静态随机存储器(B-SRAM)资源。这些内嵌的资源搭配精简的 FPGA 架构以及 55 nm 工艺使 GW2A 系列 FPGA 更适用于高速低成本的应用场合。GW2A(车规级)与 GW2A 系列 FPGA 的资源配置及器件款式相同，但车规级 FPGA 的设计难度非常大，从设计、制造到测试、封装都要求严格管控，以满足汽车芯片对恶劣环境、高可靠性和极低失效率的苛刻要求，目前高云 GW2A(车规级)只有 GW2A-18(车规级)的 QN88 和 PG256 两种封装。

(2) GW2AR 系列 FPGA 是一款系统级封装芯片，在 GW2A 系列的基础上集成了容量丰富的 SDRAM 存储芯片，同时具有 GW2A 系列高性能的内部资源，该系列类型为 GW2AR-18。

(3) GW2AN 系列 FPGA 高云半导体是晨熙家族第一代具有非易失性的 FPGA 产品，它在 GW2A 系列的基础上增加了 NOR Flash 资源。该系列包括 GW2AN-55、GW2AN-9X 和 GW2AN-18X 类型。

(4) GW2ANR 系列 FPGA 是一款系统级封装、具有非易失性的 FPGA 产品，在 GW2A 系列的基础上集成了容量丰富的 SDRAM 及 NOR Flash 存储芯片。该系列的典型产品为 GW2ANR-18。

晨熙家族前四个系列芯片的主要优势与特性如表 1.1 所示。

表 1.1　晨熙家族前四个系列芯片的主要优势与特性

器件系列	优　势	特　性
GW2A 和 GW2A (车规级)	低功耗	• 55 nm SRAM 工艺； • 核电压为 1.0 V； • 支持时钟动态打开/关闭
	支持多种 I/O 电平标准	• LVCMOS33/25/18/15/12、LVTTL33、SSTL33/25/18 Ⅰ/Ⅱ、SSTL15、HSTL18 Ⅰ/Ⅱ、HSTL15 Ⅰ、PCI、LVDS25、RSDS、LVDS25E、BLVDSE MLVDSE、LVPECLE、RSDSE； • 提供输入信号去迟滞选项； • 支持 4 mA、8 mA、16 mA、24 mA 等驱动能力； • 提供输出信号 Slew Rate 选项； • 提供输出信号驱动电流选项； • 对每个 I/O 提供独立的 Bus Keeper、上拉/下拉电阻及 Open Drain 输出选项； • 支持热插拔
	高性能 DSP 模块	• 高性能数字信号处理能力； • 支持 9 × 9 bit、18 × 18 bit、36 × 36 bit 的乘法运算和 54 bit 累加器； • 支持多个乘法器级联； • 支持寄存器流水线和旁路功能； • 预加运算实现滤波器功能； • 支持桶形移位寄存器
	丰富的基本逻辑单元	• 支持 4 输入 LUT(LUT4)； • 支持双沿触发器； • 支持移位寄存器和分布式存储器
	支持多种模式的静态随机存储器	• 支持双端口、单端口以及伪双端口模式； • 支持字节写使能
	灵活的 PLL 资源	• 实现时钟的倍频、分频和相移； • 具有全局时钟网络资源
	编程配置模式	• 支持 JTAG 配置模式； • 支持 4 种 GowinConfig 配置模式(SSPI、MSPI、CPU、SERIAL)； • 支持 JTAG、SSPI 模式直接编程 SPI Flash，其他模式可以通过 IP 的方式编程 SPI Flash； • 支持数据流文件加密和安全位设置

续表一

器件系列	优　势	特　　性
GW2AR	低功耗	• 采用 55 nm SRAM 工艺； • 核电压为 1.0 V； • 支持时钟动态打开/关闭
	集成 SDRAM 系统级封装芯片	—
	支持多种 I/O 电平标准	• LVCMOS33/25/18/15/12、LVTTL33、SSTL33/25/18 Ⅰ/Ⅱ、SSTL15、HSTL18 Ⅰ/Ⅱ、HSTL15 Ⅰ、PCI、LVDS25、RSDS、LVDS25E、BLVDSE MLVDSE、LVPECLE、RSDSE； • 提供输入信号去迟滞选项； • 支持 4 mA、8 mA、16 mA、24 mA 等驱动能力； • 提供输出信号 Slew Rate 选项； • 提供输出信号驱动电流选项； • 对每个 I/O 提供独立的 Bus Keeper、上拉/下拉电阻及 Open Drain 输出选项； • 支持热插拔
	高性能 DSP 模块	• 高性能数字信号处理能力； • 支持 9 × 9 bit、18 × 18 bit、36 × 36 bit 的乘法运算和 54 bit 累加器； • 支持多个乘法器级联； • 支持寄存器流水线和旁路功能； • 预加运算实现滤波器功能； • 支持桶形移位寄存器
	丰富的基本逻辑单元	• 支持 4 输入 LUT(LUT4)； • 支持双沿触发器； • 支持移位寄存器和分布式存储器
	支持多种模式的静态随机存储器	• 支持双端口、单端口以及伪双端口模式； • 支持字节写使能
	灵活的 PLL 资源	• 实现时钟的倍频、分频和相移； • 具有全局时钟网络资源
	编程配置模式	• 支持 JTAG 配置模式； • 支持 4 种 GowinConfig 配置模式(SSPI、MSPI、CPU、SERIAL)； • 支持数据流文件加密和安全位设置
GW2AN	低功耗	• 采用 55 nm SRAM 工艺； • LV 版本支持 1.0 V 核电压； • EV 版本支持 1.2 V 核电压； • UV 版本支持 2.5 V 及 3.3 V 核电压； • 支持时钟动态打开/关闭

续表二

器件系列	优　势	特　　性
GW2AN	集成 NOR Flash 存储芯片	—
	支持多种 I/O 电平标准	• LVCMOS33/25/18/15/12，LVTTL33、SSTL33/25/18 Ⅰ/Ⅱ、SSTL15、HSTL18I Ⅰ/Ⅱ、HSTL15 Ⅰ、PCI、LVDS25、RSDS、LVDS25E、BLVDSE MLVDSE、LVPECLE、RSDSE； • 提供输入信号去迟滞选项； • 支持 4 mA、8 mA、16 mA、24 mA 等驱动能力； • 提供输出信号 Slew Rate 选项； • 提供输出信号驱动电流选项； • 对每个 I/O 提供独立的 Bus Keeper、上拉/下拉电阻及 Open Drain 输出选项； • 支持热插拔
	丰富的基本逻辑单元	• 支持 4 输入 LUT(LUT4)； • 支持双沿触发器； • 支持移位寄存器和分布式存储器
	支持多种模式的静态随机存储器	• 支持双端口、单端口以及伪双端口模式； • 支持字节写使能
	灵活的 PLL 资源	• 实现时钟的倍频、分频和相移； • 全局时钟网络资源
	编程配置模式	• 支持 JTAG 配置模式； • 支持 5 种 GowinConfig 配置模式(AutoBoot、SSPI、CPU、I2C、SERIAL)； • 支持 I2C 透明升级，支持 SSPI 透明升级； • 支持 JTAG、SSPI 模式直接编程 SPI Flash，其他模式可以通过 IP 的方式编程 SPI Flash； • 支持数据流文件加密和安全位设置
GW2ANR	低功耗	• 采用 55 nm SRAM 工艺； • 核电压为 1.0 V； • 支持时钟动态打开/关闭
	集成 SDRAM 系统级封装芯片	—
	集成 NOR Flash 存储芯片	—
	支持多种 I/O 电平标准	• LVCMOS33/25/18/15/12、LVTTL33、SSTL33/25/18 Ⅰ/Ⅱ、SSTL15、HSTL18 Ⅰ/Ⅱ、HSTL15 Ⅰ、PCI、LVDS25、RSDS、LVDS25E、BLVDSE MLVDSE、LVPECLE、RSDSE；

续表三

器件系列	优 势	特 性
GW2ANR	支持多种 I/O 电平标准	• 提供输入信号去迟滞选项； • 支持 4 mA、8 mA、16 mA、24 mA 等驱动能力； • 提供输出信号 Slew Rate 选项； • 提供输出信号驱动电流选项； • 对每个 I/O 提供独立的 Bus Keeper、上拉/下拉电阻及 Open Drain 输出选项； • 支持热插拔
	高性能 DSP 模块	• 高性能数字信号处理能力； • 支持 9×9 bit、18×18 bit、36×36 bit 的乘法运算和 54 bit 累加器； • 支持多个乘法器级联； • 支持寄存器流水线和旁路功能； • 预加运算实现滤波器功能； • 支持桶形移位寄存器
	丰富的基本逻辑单元	• 支持 4 输入 LUT(LUT4)； • 支持双沿触发器； • 支持移位寄存器和分布式存储器
	支持多种模式的静态随机存储器	• 支持双端口、单端口以及伪双端口模式； • 支持字节写使能
	灵活的 PLL 资源	• 实现时钟的倍频、分频和相移； • 具有全局时钟网络资源
	编程配置模式	• 支持 JTAG 配置模式； • 支持 4 种 GowinConfig 配置模式(SSPI、MSPI、CPU、SERIAL)； • 支持数据流文件加密和安全位设置

(5) Arora V 系列 FPGA 包括 GW5A-25、GW5AT-60(SERDES) 和 GW5A-138 三款，集成了由 Gowin 内部开发的创新硬核模块，包括完全可控的高速 SerDes，适合需要非常高数据速率的应用，如通信、视频聚合和 AI 计算加速。Arora V 集成了新架构 DSP 模块、支持 ECC 纠错的 Block RAM 模块、高性能多电压 GPIO 和高精度时钟架构，同时集成了针对 PCIe 2.1、MIPI DSI、DDR3、SGMII、XAUI、Gbe、SDI、USB3.1 等多种接口的软 IP 方案。

晨熙家族五代各系列芯片的主要优势与特性如表 1.2 所示。

表 1.2 晨熙家族五个系列芯片的主要优势与特性

优 势	特 性
低功耗	• 采用 22 nm SRAM 工艺； • 核电压为 0.9 V/1.0 V； • 支持时钟动态打开/关闭
丰富的基本逻辑单元	• GW5A(T)-138 具有多达 138 KB 的 4 输入 LUT(LUT4)； • GW5A-25 具有 23 KB 的 4 输入 LUT(LUT4)； • 支持分布式存储器

续表一

优　势	特　性
支持多种模式的静态随机存储器	• 支持双端口、单端口以及伪双端口模式； • 支持字节写使能； • 支持 ECC 检测及纠错
支持 270 Mb/s 到 12.5Gb/s SERDES 自定义协议(仅 GW5A T-138 支持)，以及 10 Gb/s 以太网等多种传输协议	—
支持 PCIe 2.0 硬核(GW5AT-138)	• 支持×1、×2、×4、×8 通道； • 支持 Root Complex 和 End Point 双模式
支持 MIPI D-PHY RX 硬核 (GW- 5A(T)-138)	• 支持 MIPI DSI 和 MIPI CSI-2 RX 器件接口； • MIPI 传输速率单通道可达 2.5 Gb/s； • 支持最多八个数据通道和两个时钟通道，传输速率最高可达 20 Gb/s
支持 MIPI D-PHY RX/TX 硬核 (GW5A-25)	• 支持 MIPI DSI 和 MIPI CSI-2 RX/TX 器件接口； • MIPI 传输速率单通道可达 2.5 Gb/s(RX/TX)； • 支持最多 4 个数据通道和 1 个时钟通道
GPIO 支持 MIPI D-PHY RX (GW- 5A(T)-138)	• GPIO 可配置为 MIPI DSI 和 MIPI CSI-2 RX 器件接口； • MIPI 传输速率单通道可达 1.5 Gb/s
GPIO 支持 MIPIC-PHYRX/ TX 和 D-PHYRX/TX(GW5A- 25)	• GPIO 可配置为 MIPI DSI 和 MIPI CSI-2 RX/TX 器件接口； • MIPI 传输速率单通道可达 1.2 Gb/s
全新架构高性能 DSP 模块	• 具有高性能数字信号处理能力； • 支持 27×18、12×12 及 27×36 位的乘法运算和 48 位累加器； • 支持多个乘法器级联； • 支持寄存器流水线和旁路功能； • 前加运算实现滤波器功能； • 支持桶形移位寄存器
集成全新灵活的多通道过采样 ADC, 精度高, 不需要外部提供电压源	• 具有 60 dB 的 SNR； • 具有 1 kHz 的信号带宽
支持多种 SDRAM 接口，最高支持 DDR 31 333 Mb/s(GW5A(T)-138) 或 1066 Mb/s(GW2A-25)	—
支持多种 I/O 电平标准	• 提供输入信号去迟滞选项； • 支持 4 mA、8 mA、12 mA、16 mA、24 mA 等驱动能力； • 提供输出信号 Slew Rate 选项； • 对每个 I/O 提供独立的 Bus Keeper、上拉/下拉电阻及 Open Drain； • 提供输出选项； • 支持热插拔

续表二

优　势	特　性
32 个全局时钟、6/12 个高性能 PLL、16/24 个高速时钟	—
编程配置特性	• 支持 JTAG 配置模式; • 支持 4 种 GowinConfig 配置模式(SSPI、MSPI、CPU、SERIAL); • 支持 JTAG、SSPI 模式直接编程 SPI Flash,其他模式可以通过 IP 的方式编程 SPI Flash; • 支持背景升级; • 支持比特流文件加密和安全位设置; • 支持 SEU 检测及纠错; • 支持 OTP,每个器件有唯一的 64 位 DNA 标识

2. 晨熙家族系列芯片的主要参数

(1) 晨熙家族前四个系列芯片所包含器件类型的主要参数如表 1.3 所示。

表 1.3　晨熙家族前四个系列芯片所包含器件类型的主要参数

参　数	GW2A		GW2AR	GW2AN			GW2ANR
	GW2A-18	GW2A-55	GW2AR-18	GW2AN-55	GW2AN-9X	GW2AN-18X	GW2ANR-18
逻辑单元(LUT4)	20 736	54 720	20 736	54 720	10 368	20 736	20 736
寄存器(FF)	15 552	41 040	15 552	41 040	10 368	15 552	15 552
分布式静态随机存储器 SSRAM/bit	41 472	109 440	41 472	109 440	41 472	41 472	41 472
块状静态随机存储器 BSRAM/kb	828	2520	828	2520	540	540	828
块状静态随机存储器数目 BSRAM/个	46	140	46	140	30	30	46
(SDR/DDR DRAM)/Mb	—	—	64/128	—	—	—	64
PSRAM*/ Mb	—	—	64	—	—	—	—
NOR Flash/ Mb	—	—	—	32	16	16	32
乘法器 (18 × 18Multiplier)	48	40	48	40	—	—	48
最多锁相环(PLL)	4	6	4	6	2	2	4
I/O Bank 总数	8	8	8	8	9	9	8
最多用户 I/O	384	608	384	608	389	389	384

注:PSRAM 的全称是 Pseudo Static Random Access Memory,指的是伪静态随机存储器,它是采用 DRAM 的工艺和技术实现的类似于 SRAM 的 RAM 结构,内部的内存颗粒与 SDRAM 的颗粒相似,但外部接口不需要 SDRAM 那样复杂的控制器和刷新机制,其功耗比 SDRAM 低很多。

(2) Arora V 系列芯片所包含器件类型的主要参数如表 1.4 所示。

表 1.4　Arora V 系列芯片所包含器件类型的主要参数

器　件	GW5A-25	GW5AT-60	GW5A-138	GW5AT-138
逻辑单元(LUT4)	23 040	57 600	138 240	138 240
寄存器(REG)	23 040	57 600	138 240	138 240
分布式静态随机存储器 SSRAM/Kb	180	450	1080	1080
块状静态随机存储器 BSRAM/Kb	1008	2322	6120	6120
块状静态随机存储器数目 BSRAM/个	56	129	340	340
DSP	28	120	298	298
最多锁相环(PLL)	6	10	12	12
全局时钟	32	32	32	32
高速时钟	16	20	24	24
收发器个数/个	0	4	0	8
收发器速率	N/A	270 Mb/s～12.5 Gb/s	N/A	270 Mb/s～12.5 Gb/s
PCIe 2.0 硬核	0	1，×1，×2，×4 PCIe 2.0	0	1，×1，×2，×4，×8 PCIe 2.0
LVDS/(Gb/s)	1.25	1.25	1.25	1.25
DDR3/(Mb/s)	1066	1333	1333	1333
MIPI DPHY 硬核	2.5G(Rx/Tx)；4 数据通道；1 时钟通道	2.5G(Rx/Tx)；8 数据通道；2 时钟通道	2.5G(Rx)；8 数据通道；2 时钟通道	2.5G(Rx)；8 数据通道；2 时钟通道
ADC	1	1	2	2
GPIO Bank 数	9(包括 JTAG Bank)	5	6	6
最大 I/O 数	236	250	376	376
核电压	0.9 V/1.0 V	0.9 V/1.0 V	0.9 V/1.0 V	0.9 V/1.0 V

3. 晨熙家族系列的结构框图

1) GW2A 系列 FPGA 的结构框图

GW2A 系列 FPGA 的结构框图如图 1.2 所示。器件内部是一个逻辑单元阵列，外围是输入/输出模块(IOB)，器件内嵌了静态随机存储器(BSRAM)模块、数字信号处理模块 DSP、PLL 资源和片内晶振。GW2A 系列 FPGA 的基本组成部分为可配置功能单元 Configurable Function Unit，CFU)。器件内部的模块按照行、列式矩阵排列，不同容量的器件行数和列数不同。CFU 可以配置成查找表(LUT4)模式、算术逻辑模式和存储器模式。CFU 和可配置逻辑单元(CLU)是构成高云半导体 FPGA 器件内核的两种基本单元，每个基本单元可由四个可配置逻辑块(CLS)以及相应的可配置布线单元(CRU)组成，其中三个可配置逻辑块分别包含两个四输入查找表(LUT)和两个寄存器(REG)，另外一个可配置逻辑块分别包含两个四输入查找表。CFU 结构示意图如图 1.3 所示。CLU 中的可配置逻辑块不能配置为静态随机存储器，可配置为基本查找表、算术逻辑单元和只读存储器。CFU 中的可配置逻辑块可根据应用场景配置成基本查找表、算术逻辑单元、静态随机存储器和只读存储器四种工作模式。

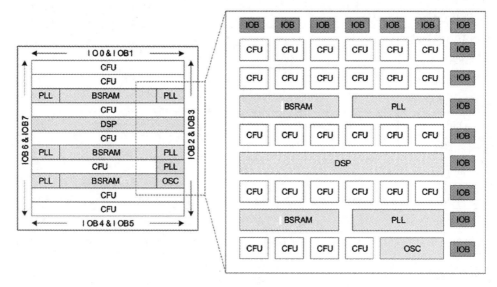

图 1.2　GW2A 系列 FPGA 的结构框图

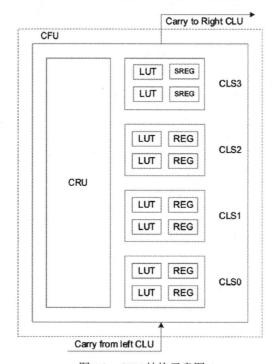

图 1.3　CFU 结构示意图

GW2A 系列 FPGA 的 I/O 资源分布在器件外围,以 Bank 为单位划分为 8 个,分别标注为 IOB0～IOB7。I/O 资源支持 LVCMOS、PCI、LVTTL、LVDS、SSTL 以及 HSTL 多种电平标准,支持普通工作模式、SDR 工作模式、通用 DDR 模式和 DDR_MEM 模式。GW2A 系列 FPGA 的 IOB 主要包括 I/O Buffer、I/O 逻辑以及相应的布线资源单元三个部分。如图 1.4 所示,每个 IOB 单元包括了两个 I/O 管脚(标记为 A 和 B),它们既可以配置成一组差分信号对,也可以作为单端信号分别配置,提供输入信号去迟滞选项,提供输出信号驱动电流选项和 Slew Rate 选项,对每个 I/O 提供独立的 Bus Keeper、上拉/下拉电阻及 Open Drain 输出选项。

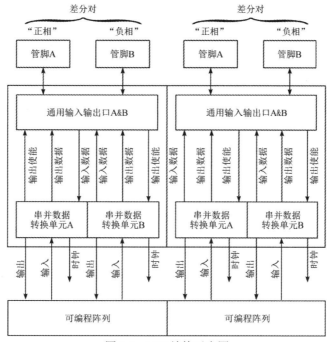

图 1.4　IOB 结构示意图

块状静态随机存储器(BSRAM)在器件内部按照行排列。一个 BSRAM 在器件内部占用 3 个 CFU 的位置。一个 BSRAM 的容量最高可配置 18 432 bit(即 18 Kb),支持多种配置模式和操作模式。

数字信号处理模块 DSP 在器件内部按照行排列,每个 DSP 资源占用 9 个 CFU 的位置。每个 DSP 包含两个宏单元,每个宏单元包含两个前加法器(Pre-adders)、两个 18 位的乘法器(Multipliers)和一个三输入的 54 bit 算术/逻辑运算单元(ALU54)。DSP 模块可满足高性能数字信号处理需求,如 FIR、FFT 设计等,具有时序性能稳定、资源利用率高、功耗低等优点。

锁相环 PLL 模块提供可以综合的时钟频率,通过配置不同的参数实现时钟的频率调整(倍频和分频)、相位调整、占空比调整等功能,同时产品内嵌可编程片内晶振,支持 2.5～125 MHz 的时钟频率范围,为 MSPI 编程配置模式提供时钟。片内晶振提供可编程的用户时钟,通过配置工作参数,可以获得多达 64 种时钟频率。

FPGA 器件内置丰富的可编程布线单元(Configurable Routing Unit,CRU)为 FPGA 内部的所有资源提供连接关系。可配置功能单元(CFU)和 IOB 内部都分布着布线资源,连通了 CFU 内部资源和 IOB 内部的逻辑资源。布线资源可通过高云半导体 FPGA 软件自动生成。此外，GW2A 系列 FPGA 还提供了丰富的专用时钟网络资源、长线资源、全局置复位以及编程选项等。

2) GW2AR 系列结构框图

GW2AR 系列 FPGA 的结构示意图如图 1.5 所示。GW2AR 为系统级封装芯片(SIP)，集成了高云半导体 GW2A 系列 FPGA 产品及存储芯片。GW2AR 系列 FPGA 的不同封装集成的 Memory 其容量和类型也不一样。

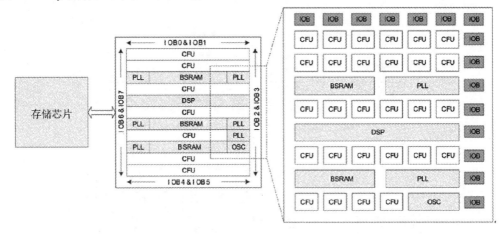

图 1.5　GW2AR 系列 FPGA 的结构示意图

3) GW2AN 系列结构框图

GW2AN 系列 FPGA 集成了 NOR Flash 存储芯片，其中 GW2AN-9X/18X 和 GW2AN-55 的结构示意图分别如图 1.6(a)和(b)所示。GW2AN-18X 器件内部是一个逻辑单元阵列，外围是输入/输出模块(IOB)，器件内嵌了静态随机存储器(BSRAM)模块、PLL 资源和片内晶振；GW2AN-55 器件还内嵌了 DSP 模块。

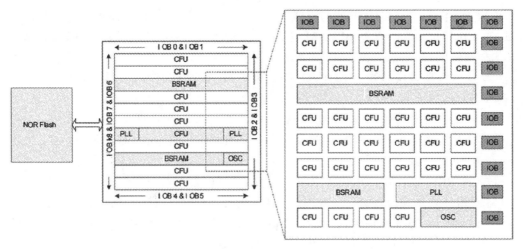

(a) GW2AN-9X/18X

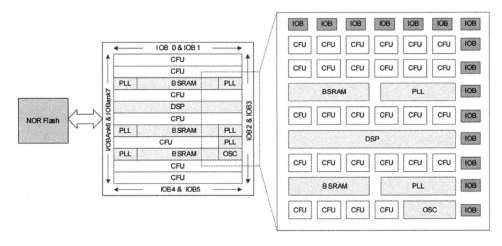

(b) GW2AN-55

图 1.6　GW2AN 系列 FPGA 的结构示意图

4) GW2ANR 系列结构框图

GW2ANR 系列 FPGA 的结构示意图如图 1.7 所示。GW2ANR 为系统级封装芯片(SIP)，集成了高云半导体 GW2A 系列 FPGA 的存储芯片，其与 GW2AR 系列 FPGA 的区别在于内部还集成了 32 Mb 的 NOR Flash。

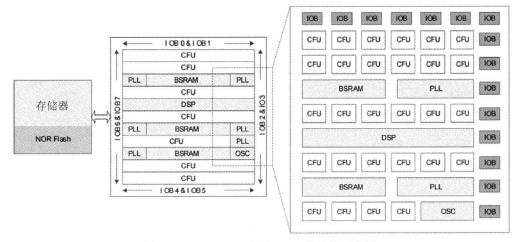

图 1.7　GW2ANR 系列 FPGA 的结构示意图

5) GW5A/GW5AT/GW5AST 结构图

GW5A/GW5AT 系列 FPGA 的结构示意图如图 1.8 所示。器件内部是一个逻辑单元阵列，外围是输入/输出模块，器件内嵌静态随机存储器(BSRAM)块、数字信号处理(DSP)模块、MIPI、ADC、PLL 资源和片内时钟振荡器。与 GW5A 系列不同的是，GW5AT 系列 FPGA 器件还内嵌了千兆以太网收发器(Gigabit Transceiver)模块。

GW5AST 系列 FPGA 的结构示意图如图 1.9 所示。器件内部是一个逻辑单元阵列，外围是输入/输出模块，器件内嵌静态随机存储器(BSRAM)块、数字信号处理(DSP)模块、千兆以太网收发器模块、MIPI、ADC、PLL 资源和片内时钟振荡器。与 GW5AT 系列不同的是，GW5AST 系列 FPGA 器件还内嵌了 RISC-V 微处理器(RiscV AE350_SOC)模块。

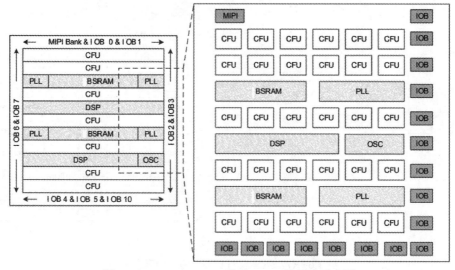

图 1.8　GW5A/GW5AT 系列 FPGA 的结构示意图

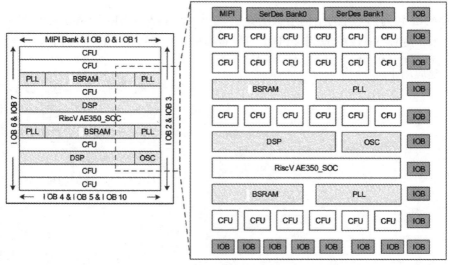

图 1.9　GW5AST 系列 FPGA 的结构示意图

1.2.2　小蜜蜂家族可编程器件

1. 小蜜蜂家族可编程器件系列介绍

高云半导体小蜜蜂家族是低功耗、低成本、瞬时启动、高安全性的非易失性可编辑逻辑器件，小蜜蜂家族一共有 10 个系列，分别是 GW1N 系列(包括车规级)、GW1NR 系列、GW1NS 系列、GW1NZ(包括车规级)系列、GW1NSR 系列、GW1NSE 系列、GW1NSER 系列、GW1NRF 系列。

(1) GW1N 系列 FPGA 是小蜜蜂家族第一代产品，具有较丰富的逻辑资源，支持多种 I/O 电平标准，内嵌块状静态随机存储器、数字信号处理模块、锁相环资源、Flash，属于非易失性 FPGA，具有低功耗、瞬时启动、低成本、高安全性、产品尺寸小、封装类型丰富、使用方便灵活等特点。GW1N 系列器件包括 GW1N-1、GW1N-1P5、GW1N-2、GW1N-4、GW1N-9 和 GW1N-1S 六种类型。GW1N 系列 FPGA(车规级)具有与 GW1N 系列 FPGA 相同的资源，器件类型为 GW1N-4(QN88 封装)。

(2) GW1NR 系列是一款系统级封装芯片，在 GW1N 的基础上集成了容量丰富的 SDRAM 存储芯片，同时具有 GW1N 系列 FPGA 的特点。GW1NR 系列包括 GW1NR-1、GW1NR-2、GW1NR-4 和 GW1NR-9 等类型。

(3) GW1NS 系列包括 SoC 产品(封装前带"C"的器件)和非 SoC 产品(封装前不带"C"的器件)，器件类型有 GW1NS-4 和 GW1NS-4C 两种。SoC 产品内嵌 ARM Cortex-M3 硬核处理器，非 SoC 产品内部没有 ARM Cortex-M3 硬核处理器。此外，GW1NS 系列产品内嵌 USB2.0 PHY、用户闪存以及 ADC，以 ARM Cortex-M3 硬核处理器为核心，具备实现系统功能所需要的最小内存；内嵌的逻辑模块单元方便灵活，可实现多种外设控制功能，能提供出色的计算功能和异常系统响应中断，具有性能高、功耗低、管脚数量少、使用灵活、瞬时启动、成本低、非易失性、安全性高、封装类型丰富等特点。GW1NS 系列 SoC 产品实现了可编程逻辑器件和嵌入式处理器的无缝连接，兼容多种外围器件标准，可大幅降低用户成本，广泛应用于工业控制、通信、物联网、伺服驱动、消费等多个领域。

(4) GW1NZ 系列属于高云半导体小蜜蜂家族第一代低功耗产品，具有功耗低、成本低、瞬时启动、非易失性、安全性高、封装类型丰富、使用方便灵活等特点，器件类型为 GW1NZ-1，广泛应用于通信、工业控制、消费类、视频监控等领域。GW1NZ 系列 FPGA 产品(车规级)具有和 GW1NZ 系列 FPGA 产品相同的特点，但只有 GW1NZ-1(QN48 封装类型)。

(5) GW1NSR 系列是高云半导体小蜜蜂家族第一代可编辑逻辑器件产品，是一款系统级封装芯片，内部集成了 GW1NS 系列可编辑逻辑器件产品和 PSRAM 存储芯片。该系列包括 GW1NSR-2C、GW1NSR-2、GW1NSR-4C 和 GW1NSR-4 器件。GW1NSR-2C 和 GW1NSR-4C 是 SOC 芯片，内嵌 ARM Cortex-M3 硬核处理器为核心，具备实现系统功能所需要的最小内存；内嵌的 FPGA 逻辑模块单元方便灵活，可实现多种外设控制功能，能提供出色的计算功能和异常系统响应中断，具有性能高、功耗低、管脚数量少、使用灵活、瞬时启动、成本低、非易失性、安全性高、封装类型丰富等特点。此外，GW1NSR 系列产品还内嵌 USB2.0 PHY、用户闪存以及 ADC 转换器。SoC 器件实现了可编程逻辑器件和嵌入式处理器的无缝连接，兼容多种外围器件标准，可大幅降低用户成本，广泛应用于工业控制、通信、物联网、伺服驱动、消费等多个领域。

(6) GW1NSE 安全 FPGA 芯片为嵌入式安全元件，支持基于 SRAM PUF 技术的安全根。该系列包括 GW1NSE-2C 和 GW1NSE-4C 两种类型。每个 GW1NSE 安全芯片由厂商提供一个唯一的密钥对，该密钥对永远不会公开在器件外部，或暴露于器件开发、制造过程中。GW1NSE 系列安全 FPGA 产品中植入 Intrinsic_ID BroadKey-Pro 安全库，可以轻松地将常见的安全特性集成到用户应用程序中。高安全性特性使得 GW1NSE 系列 FPGA 适用于各种消费、工业物联网、边缘和服务器管理等应用。

(7) GW1NSER 系列安全芯片与 GW1NSR 系列产品具有相同的硬件组成单元，二者唯一的区别是制造过程中，在 GW1NSER 系列安全 FPGA 芯片内部非易失性 User Flash 中提前存储了一次性编程(OTP)认证码。具有该认证码的器件可用于实现加密、解密、密钥/公钥生成、安全通信等应用。

(8) GW1NRF 系列蓝牙 FPGA 是一款 SoC 芯片。该系列器件以 32 位硬核微处理器为核心，支持蓝牙 5.0 低功耗射频功能，具有丰富的逻辑单元、内嵌 B-SRAM 和 DSP 资源，IO 资源丰富，系统内部有电源管理模块和安全加密模块。

小蜜蜂家族各系列芯片的主要优势与特性如表 1.5 所示。

表 1.5　小蜜蜂家族各系列芯片的主要优势与特性

器件系列	优　势	特　性
GW1N 和 GW1N (车规级)	用户闪存资源 (GW1N-1 和 GW1N-1S)	· 100 000 次写寿命周期； · 超过 10 年的数据保存能力(+85℃)； · 可选的数据输入输出位宽 8/16/32； · 页储存空间：256 B； · 3 μA 旁路电流； · 页写入时间：8.2 ms
	用户闪存资源 (GW1N-1P5/2/4/9)	· 具有 10 000 次写寿命周期 · 具有超过 10 年的数据保存能力(+85℃)； · 数据位宽为 32； · GW1N-1P5/2 行存储容量为 96 kb； · GW1N-4 行存储容量为 256 kb； · GW1N-9 行存储容量为 608 kb； · 页擦除能力为 2048 B； · 字编程时间≤16 μs； · 页擦除时间≤120 ms
	低功耗	· 采用 55 nm 嵌入式闪存工艺； · LV 版本支持 1.2 V 核电压； · UV 版本支持器件 $V_{cc}/V_{cco}/V_{ccx}$ 统一供电； · GW1N-1S 仅支持 LV 版本； · 支持时钟动态打开/关闭
	硬核 MIPI D-PHY RX (GW1N-2)	· 支持 MIPI DSI 和 MIPI CSI-2 RX 器件接口； · CS42、QN48H、MG132H 封装中 IO Bank6 支持 MIPI D-PHY RX； · MIPI 传输速率单通道可达 2 Gb/s； · 支持最多四个数据通道和一个时钟通道
	多功能高速 FPGA IO 支持 MIPI D-PHY RX/TX (GW1N-2)	· 支持 MIPI CSI-2 和 MIPI DSI，RX 和 TX 器件接口，传输速率单通道可达 1.5 Gb/s； · IO Bank0、IO Bank3、IO Bank4、IO Bank5 支持 MIPI D-PHY TX (支持动态 ODT)； · IO Bank2 支持 MIPI D-PHY RX(支持动态 ODT)

器件系列	优　势	特　性
GW1N 和 GW1N (车规级)	支持多种 I/O 电平标准	· LVCMOS33/25/18/15/12、LVTTL33、SSTL33/25/18Ⅰ、SSTL33/25/18Ⅱ、SSTL15、HSTL18Ⅰ、HSTL18Ⅱ、HSTL15Ⅰ、PCI、LVDS25、RSDS、LVDS25E、BLVDSE、MLVDSE、LVPECLE、RSDSE; · 提供输入信号去迟滞选项; · 支持 4 mA、8 mA、16 mA、24 mA 等驱动能力; · 提供输出信号 Slew Rate 选项; · 提供输出信号驱动电流选项; · 对每个 I/O 提供独立的 Bus Keeper、上拉/下拉电阻及 Open Drain 输出选项; · 支持热插拔; · GW1N-1S 器件的 BANK0/BANK1 支持 MIPI I/O 输入，MIPI 传输速率可达 1.2 Gb/s; · GW1N-9 器件 Top 层支持 MIPI I/O 输入，MIPI 传输速率可达 1.2 Gb/s; · GW1N-9 器件 Bottom 层支持 MIPI I/O 输出，MIPI 传输速率可达 1.2 Gb/s; · GW1N-9 器件 Top 层和 Bottom 层 I/O 支持 I3C
	高性能 DSP 模块	· 高性能数字信号处理能力; · 支持 9×9 bit、18×18 bit、36×36 bit 的乘法运算和 54 bit 累加器; · 支持多个乘法器级联; · 支持寄存器流水线和旁路功能; · 预加运算实现滤波器功能; · 支持桶形移位寄存器
	丰富的基本逻辑单元	· 4 输入 LUT(LUT4); · 双沿触发器; · 支持移位寄存器和分布式存储器
	支持多种模式的静态随机存储器	· 支持双端口、单端口以及伪双端口模式; · 支持字节写使能
	灵活的 PLL 资源	· 实现时钟的倍频、分频和相移; · 具有全局时钟网络资源
	内置 Flash 编程	· 瞬时启动; · 支持安全位操作; · 支持 AutoBoot 和 DualBoot 编程模式
	编程配置模式	· 支持 JTAG 配置模式; · B 版本/C 版本器件支持 JTAG 透明传输; · 支持多达 7 种 GowinConfig 配置模式: Autoboot、SSPI、MSPI、CPU、SERIAL、Dualboot、I2C Slave

器件系列	优 势	特 性
GW1NR	用户闪存资源 (GW1NR-1)	·具有 100 000 次写寿命周期; ·超过 10 年的数据保存能力(+85℃); ·可选的数据输入输出位宽 8/16/32; ·页存储空间:256 B; ·3 μA 旁路电流; ·页写入时间:8.2 ms
	用户闪存资源 (GW1NR-2/4/9)	·具有 10 000 次写寿命周期; ·超过 10 年的数据保存能力(+85℃); ·数据位宽:32; ·GW1NR-2 行存储容量:96 kb; ·GW1NR-4 行存储容量:256 kb; ·GW1NR-9 行存储容量:608 kb; ·页擦除能力:2048 B; ·字编程时间:≤16 μs ·页擦除时间:≤120 ms
	低功耗	·采用 55 nm 嵌入式闪存工艺; ·LV 版本:支持 1.2 V 核电压; ·UV 版本:内置线性稳压单元,支持器件 $V_{CC}/V_{CCX}/V_{CCO}$ 统一供电; ·支持时钟动态打开/关闭
	集成 SDRAM/ PSRAM/ NOR Flash 存储芯片	—
	硬核 MIPI D-PHY RX(GW1NR-2)	·支持 MIPI DSI 和 MIPI CSI-2 RX 器件接口; ·IO Bank6 支持 MIPI D-PHY RX; ·MIPI 传输速率可达 2 Gb/s; ·支持最多四个数据通道和一个时钟通道
	多功能高速FPGA IO 支持MIPI D-PHY RX/TX (GW1NR-2)	·支持 MIPI CSI-2 和 DSI、RX 和 TX 器件接口,传输速率可达 1.5 Gb/s; ·IO Bank0、IO Bank3、IO Bank4、IO Bank5 支持 MIPI D-PHY TX; ·IO Bank2 支持 MIPI D-PHY RX

续表三

器件系列	优　势	特　　性
GW1NR	支持多种 I/O 电平标准	· LVCMOS33/25/18/15/1、LVTTL33、SSTL33/25/18Ⅰ、SSTL33/25/18Ⅱ、SSTL15、HSTL18Ⅰ、HSTL18Ⅱ、HSTL15Ⅰ、PCI、LVDS25、RSDS、LVDS25E、BLVDSE MLVDSE、LVPECLE、RSDSE; · 提供输入信号去迟滞选项; · 支持 4 mA、8 mA、16 mA、24 mA 等驱动能力; · 提供输出信号 Slew Rate 选项; · 提供输出信号驱动电流选项; · 对每个 I/O 提供独立的 Bus Keeper、上拉/下拉电阻及 Open Drain 输出选项; · 支持热插拔; · GW1NR-9 器件 BANK0 支持 MIPI I/O 输入，MIPI 传输速率可达 1.2 Gb/s; · GW1NR-9 器件 BANK2 支持 MIPI I/O 输出，MIPI 传输速率可达 1.2 Gb/s; · GW1NR-9 器件 BANK0 和 BANK2 支持 I3C OpenDrain/PushPull 转换
	高性能 DSP 模块	· 高性能数字信号处理能力; · 支持 9×9 bit、18×18 bit、36×36 bit 的乘法运算和 54 bit 累加器; · 支持多个乘法器级联; · 支持寄存器流水线和旁路功能; · 预加运算实现滤波器功能; · 支持桶形移位寄存器
	丰富的基本逻辑单元	· 支持 4 输入 LUT(LUT4); · 支持双沿触发器; · 支持移位寄存器和分布式存储器
	支持多种模式的静态随机存储器	· 支持双端口、单端口以及伪双端口模式; · 支持字节写使能
	灵活的 PLL 资源	· 实现时钟的倍频、分频和相移; · 全局时钟网络资源
	内置 Flash 编程	· 瞬时启动; · 支持安全位操作; · 支持 AutoBoot 和 DualBoot 编程模式
	编程配置模式	· 支持 JTAG 配置模式; · B 版本器件支持 JTAG 透明传输; · 支持多达 7 种 GowinConfig 配置模式：AutoBoot、SSPI、MSPI、CPU、SERIAL、DualBoot、I2C Slave

续表四

器件系列	优　势	特　　性
GW1NS	低功耗	·55 nm 嵌入式闪存工艺； ·核电压：1.2 V； ·GW1NS-2C/2 支持 LX 和 UX 版本； ·GW1NS-4C/4 支持 LV 版本； ·支持时钟动态打开/关闭
	硬核微处理器	·Cortex-M3 32-bit RISC 内核； ·ARM3v7M 架构，针对小封装嵌入式应用方案进行了优化； ·系统定时器，提供了一个简单的 24 位写清零、递减、自装载计数器，具有灵活的控制机制； ·Thumb 兼容，Thumb-2 指令集处理器可以获取更高的代码密度； ·GW1NS-2C 支持最高 30 MHz 的工作频率；
	硬核微处理器	·GW1NS-4C 支持最高 80 MHz 的工作频率； ·硬件除法和单周期乘法； ·集成 NVIC，提供确定性中断处理； ·26 个中断，具有 8 个优先级； ·内存保护单元，提供特权模式来保护操作系统的功能； ·非对齐数据访问，数据能够更高效地装入内存-Bit-banding，精确的位操作，最大限度地利用了存储空间，改善了对外设的控制 ·Timer0 和 Timer1； ·UART0 和 UART1； ·Watchdog； ·调试端口：JTAG 和 TPIU； ·USB2.0 PHY； ·480 Mb/s 数据速率，兼容 USB1.1 1.5/12 Mb/s 速率； ·即插即用； ·热插拔
	ADC	·八通道； ·12 bit SAR 模/数转换； ·转换速率：1 MHz； ·动态范围：>81 dB SFDR，>62 dB SINAD； ·线性性能：INL < 1 LSB，DNL < 0.5 LSB，无失码
	用户闪存资源	·GW1NS-2C/2 内嵌 128 KB 存储空间； ·GW1NS-4C/4 内嵌 32 KB 存储空间； ·32 bit 数据位宽

续表五

器件系列	优　势	特　　性
GW1NS	支持多种 I/O 电平标准	· LVCMOS33/25/18/15/12、LVTTL33、SSTL33/25/18 Ⅰ、SSTL33/25/18 Ⅱ、SSTL15、HSTL18 Ⅰ、HSTL18 Ⅱ、HSTL15 Ⅰ、PCI、LVDS25、RSDS、LVDS25E、BLVDSE-MLVDSE、LVPECLE、、RSDSE; · 提供输入信号去迟滞选项; · 支持 4 mA、8 mA、16 mA、24 mA 等驱动能力; · 提供输出信号 Slew Rate 选项; · 提供输出信号驱动电流选项; · 对每个 I/O 提供独立的 Bus Keeper、上拉/下拉电阻及 Open Drain 输出选项; · 支持热插拔; · GW1NS-2C/2 的 BANK0 支持 MIPI I/O 输入，MIPI 传输速率可达 1.2 Gb/s; · GW1NS-2C/2 的 BANK2 支持 MIPI I/O 输出，MIPI 传输速率可达 1.2 Gb/s; · GW1NS-4C/4 的 BANK0/BANK1 支持 MIPI I/O 输入，MIPI 传输速率可达 1.2 Gb/s; · GW1NS-4C/4 的 BANK2 支持 MIPI I/O 输出，MIPI 传输速率可达 1.2 Gb/s; · GW1NS-2C/2 的 BANK0/BANK2 支持 I3C; · GW1NS-4C/4 的 BANK0/BANK1/ BANK2 支持 I3C
	丰富的基本逻辑单元	· 支持 4 输入 LUT(LUT4); · 支持双沿触发器; · 支持移位寄存器
	支持多种模式的静态随机存储器	· 支持双端口、单端口以及伪双端口模式; · 支持字节写使能
	灵活的 PLL 资源	· 实现时钟的倍频、分频和相移; · 全局时钟网络资源
	内置 Flash 编程	· 瞬时启动; · 支持安全位操作; · 支持 AutoBoot 和 DualBoot 编程模式
	编程配置模式	· 支持 JTAG 配置模式; · 支持 FPGA 片内 DUAL BOOT 配置模式; · 支持多种 GowinConfig 配置模式：AutoBoot、SSPI、MSPI、CPU、SERIAL

器件系列	优　势	特　　性
GW1NZ 和 GW1NZ (车规级)	零功耗	· 采用 55 nm 嵌入式闪存工艺； · LV 版本：支持 1.2 V 核电压； · ZV 版本：支持 0.9 V 核电压，静态电流值请参考表 4-10； · 支持时钟动态打开/关闭； · 支持动态打开/关闭用户闪存
	电源管理模块 (GW1NZ-1)	· SPMI：系统电源管理接口； · 器件内部 VCC 和 VCCM 各自独立
	用户闪存资源 (GW1NZ-1)	· 支持动态打开或关闭； · 64 kb； · 数据位宽：32； · 具有 10 000 次写寿命周期； · 超过 10 年的数据保存能力(+85℃)； · 支持页擦除：一页 2048 B； · 读时间：最大 25 ns； · 电流： · 读操作：2.19 mA/25 ns (VCC) & 0.5 mA/25 ns (VCCX) (Max)； · 写操作/擦除操作：12/12 mA (Max)； · 快速页擦除/写操作； · 时钟频率：40 MHz； · 字写操作时间：≤16 μs； · 页擦除时间：≤120 ms
	支持多种 I/O 电平标准	· GW1NZ-1、LVCMOS33/25/18/15/12、LVTTL33、PCI、LVDS25E、BLVDSE、MLVDSE、LVPECLE、RSDSE； · 提供输入信号去迟滞选项； · 支持 4 mA、8 mA、16 mA、24 mA 等驱动能力； · 提供输出信号 Slew Rate 选项； · 提供输出信号驱动电流选项； · 对每个 I/O 提供独立的 Bus Keeper、上拉/下拉电阻及 Open Drain 输出选项； · 支持热插拔； · I3C 硬核，支持 SDR 模式； · 只支持差分输出，不支持差分输入
	丰富的基本逻辑单元	· 支持 4 输入 LUT(LUT4)； · 支持双沿触发器； · 支持移位寄存器； · 支持分布式存储器
	支持多种模式的静态随机存储器	· 支持双端口、单端口以及伪双端口模式； · 支持字节写使能

续表七

器件系列	优　势	特　　性
GW1NZ 和 GW1NZ (车规级)	灵活的 PLL 资源	· 实现时钟的倍频、分频和相移; · 具有全局时钟网络资源
	内置 Flash 编程	· 瞬时启动; · 支持安全位操作; · 支持 AutoBoot 和 DualBoot 编程模式
	编程配置模式	· 支持 JTAG 配置模式; · 支持多达 6 种 GowinConfig 配置模式：AutoBoot、SSPI、MSPI、CPU、SERIAL、DualBoot
GW1NSR	低功耗	· 55 nm 嵌入式闪存工艺; · 核电压：1.2 V; · GW1NSR-2C/2 支持 LX 和 UX 版本; · GW1NSR-4C/4 支持 LV 版本; · 支持时钟动态打开/关闭
	集成 HyperRAM/PSRAM 存储芯片	—
	集成 NOR Flash 存储芯片	—
	硬核微处理器	· Cortex-M3 32 bit ARM 处理器内核; · ARM v7-M Thumb2 指令集架构，针对小封装嵌入式应用方案进行了优化; · 系统定时器，提供了一个简单的 24 位写清零、递减、自装载计数器，具有灵活的控制机制; · Thumb 兼容，Thumb-2 指令集处理器可以获取更高的代码密度; · GW1NSR-2C 最高支持 30 MHz 的工作频率; · GW1NSR-4C 最高支持 80 MHz 的工作频率; · 硬件除法和单周期乘法; · 集成 NVIC，提供确定性中断处理; · 26 个中断，具有 8 个优先级; · 内存保护单元，提供特权模式来保护操作系统的功能; · 非对齐数据访问，数据能够更高效地装入内存; · Bit-banding，精确的位操作，最大限度地利用了存储空间，改善了对外设的控制; · Timer0 和 Timer1; · UART0 和 UART1; · Watchdog; · 调试端口：JTAG 和 TPIU

器件系列	优　势	特　性
GW1NSR	USB2.0 PHY (GW1 NSR -2C/2 器件支持)	·480 Mb/s 数据速率，兼容 USB1.1 1.5/12 Mb/s 速率； ·即插即用； ·热插拔
	ADC(GW1NSR- 2C/2 器件支持)	·八通道； ·12 bit SAR 模/数转换； ·转换速率：1 MHz； ·动态范围：>81 dB SFDR，>62 dB SINAD； ·线性性能：INL < 1 LSB，DNL < 0.5 LSB，无失码
	用户闪存资源	·GW1NSR-2C/2 内嵌 1 Mb 存储空间； ·GW1NSR-4C/4 内嵌 256 kb 存储空间； ·32 bit 数据位宽
	支持多种 I/O 电 平标准	·LVCMOS33/25/18/15/12、LVTTL33、SSTL33/25/18 Ⅰ、SSTL33/ 　25/18 Ⅱ、SSTL15、HSTL18 Ⅰ、HSTL18 Ⅱ、HSTL15 Ⅰ、PCI、 　LVDS25、RSDS、LVDS25E、BLVDSE MLVDSE、LVPECLE、 　RSDSE； ·提供输入信号去迟滞选项； ·支持 4 mA、8 mA、16 mA、24 mA 等驱动能力； ·提供输出信号 Slew Rate 选项； ·提供输出信号驱动电流选项； ·对每个 I/O 提供独立的 Bus Keeper、上拉/下拉电阻及 Open 　Drain 输出选项； ·支持热插拔； ·支持 MIPI 接口； ·支持 I3C
	丰富的基本逻辑 单元	·支持 4 输入 LUT(LUT4)； ·支持双沿触发器； ·支持移位寄存器
	支持多种模式的 静态随机存储器	·支持双端口、单端口以及伪双端口模式； ·支持字节写使能
	灵活的 PLL 资源	·实现时钟的倍频、分频和相移； ·全局时钟网络资源
	内置 Flash 编程	·瞬时启动； ·支持安全位操作； ·支持 AutoBoot 和 DualBoot 编程模式
	编程配置模式	·支持 JTAG 配置模式； ·支持 FPGA 片内 DualBoot 配置模式； ·支持多种 GowinConfig 配置模式：AutoBoot、SSPI、MSPI、 　CPU、SERIAL

续表九

器件系列	优　势	特　性
GW1NSE 安全芯片	低功耗	·采用 55 nm 嵌入式闪存工艺； ·核电压：1.2 V； ·GW1NSE-2C 支持 LX 和 UX 版本； ·GW1NSE-4C 支持 LV 版本； ·支持时钟动态打开/关闭
	硬核微处理器	·Cortex-M3 32 bit RISC 内核； ·ARM3v7M 架构，针对小封装嵌入式应用方案进行了优化； ·系统定时器，提供了一个简单的 24 位写清零、递减、自装载计数器，具有灵活的控制机制； ·Thumb 兼容，Thumb-2 指令集处理器可以获取更高的代码密度； ·GW1NSE-2C 最高 30 MHz 的工作频率； ·GW1NSE-4C 最高 80 MHz 的工作频率； ·硬件除法和单周期乘法； ·集成 NVIC，提供确定性中断处理； ·26 个中断，具有 8 个优先级； ·内存保护单元，提供特权模式来保护操作系统的功能； ·非对齐数据访问，数据能够更高效地装入内存； ·Bit-banding，精确的位操作，最大限度地利用了存储空间，改善了对外设的控制； ·Timer0 和 Timer1； ·UART0 和 UART1； ·Watchdog； ·调试端口：JTAG 和 TPIU
	提供 OTP 认证码	—
	USB2.0 PHY	·480 Mb/s 数据速率，兼容 USB1.1 1.5/12 Mb/s 速率； ·即插即用； ·热插拔
	ADC	·八通道； ·12 bit；SAR 模/数转换； ·转换速率：1 MHz； ·动态范围：> 81 dB SFDR，> 62 dB SINAD； ·线性性能：INL < 1 LSB，DNL < 0.5 LSB，无失码
	用户闪存资源	·GW1NSE-2C 内嵌 128 KB 存储空间； ·GW1NSE-4C 内嵌 32 KB 存储空间； ·32 bit 数据位宽
	支持基于 SRAM PUF 技术的安全根	—

器件系列	优　势	特　　性
GW1NSE 安全芯片	支持多种 I/O 电平标准	·LVCMOS33/25/18/15/12、LVTTL33、SSTL33/25/18 Ⅰ、SSTL33/25/18 Ⅱ、SSTL15、HSTL18 Ⅱ、HSTL18 Ⅱ、HSTL15 Ⅰ、PCI、LVDS25、RSDS、LVDS25E、BLVDSE、MLVDSE、LVPECLE、RSDSE； ·提供输入信号去迟滞选项； ·支持 4 mA、8 mA、16 mA、24 mA 等驱动能力； ·提供输出信号 Slew Rate 选项； ·提供输出信号驱动电流选项； ·对每个 I/O 提供独立的 Bus Keeper、上拉/下拉电阻及 Open Drain 输出选项； ·支持热插拔； ·BANK0 支持 MIPI 输入； ·BANK2 支持 MIPI 输出； ·BANK0 和 BANK2 支持 I3C
	丰富的基本逻辑单元	·4 输入 LUT(LUT4)； ·双沿触发器； ·支持移位寄存器
	支持多种模式的静态随机存储器	·支持双端口、单端口以及伪双端口模式； ·支持字节写使能；
	灵活的 PLL 资源	·实现时钟的倍频、分频和相移； ·全局时钟网络资源
	内置 Flash 编程	·瞬时启动； ·支持安全位操作； ·支持 AutoBoot 和 DualBoot 编程模式
	编程配置模式	·支持 JTAG 配置模式； ·支持 FPGA 片内 DualBoot 配置模式； ·支持多种 GowinConfig 配置模式：AutoBoot、SSPI、MSPI、CPU、SERIAL
GW1NSER 安全芯片	低功耗	·55 nm 嵌入式闪存工艺； ·核电压：1.2 V； ·支持 LV 版本； ·支持时钟动态打开/关闭
	集成 HyperRAM 存储芯片	—
	集成 NOR FLASH 存储芯片	—

器件系列	优　势	特　性
GWINSER 安全芯片	硬核微处理器	·Cortex-M3 32-bit RISC 内核； ·ARM3v7M 架构，针对小封装嵌入式应用方案进行了优化； ·系统定时器，提供了一个简单的 24 位写清零、递减、自装载计数器，具有灵活的控制机制； ·Thumb 兼容，Thumb-2 指令集处理器可以获取更高的代码密度； ·最高支持 80 MHz 的工作频率； ·硬件除法和单周期乘法； ·集成 NVIC，提供中断处理； ·26 个中断，具有 8 个优先级； ·内存保护单元，提供特权模式来保护操作系统的功能； ·非对齐数据访问，数据能够更高效地装入内存； ·Bit-banding，精确的位操作，最大限度地利用了存储空间，改善了对外设的控制； ·Timer0 和 Timer1； ·UART0 和 UART1； ·Watchdog； ·调试端口：JTAG 和 TPIU
	提供 OTP 认证码	—
	用户闪存资源	·256 KB 存储空间； ·32b 数据位宽
	支持多种 I/O 电平标准	·LVCMOS33/25/18/15/12 、 LVTTL33 、 SSTL33/25/18 Ⅰ 、 SSTL33/25/18 Ⅱ、SSTL15、HSTL18 Ⅰ、HSTL18 Ⅱ、HSTL15 Ⅰ、 PCI、LVDS25、RSDS、LVDS25E、BLVDSE MLVDSE、 LVPECLE、RSDSE； ·提供输入信号去迟滞选项； ·支持 4 mA、8 mA、16 mA、24 mA 等驱动能力； ·提供输出信号 Slew Rate 选项； ·提供输出信号驱动电流选项； ·对每个 I/O 提供独立的 Bus Keeper、上拉/下拉电阻及 Open Drain 输出选项； ·支持热插拔； ·支持 MIPI 接口； ·支持 I3C
	丰富的基本逻辑单元	·支持 4 输入 LUT(LUT4)； ·支持双沿触发器； ·支持移位寄存器

续表十二

器件系列	优　势	特　　性
GW1NSER 安全芯片	支持多种模式的静态随机存储器	· 支持双端口、单端口以及伪双端口模式； · 支持字节写使能
	灵活的 PLL 资源	· 实现时钟的倍频、分频和相移； · 全局时钟网络资源
	内置 Flash 编程	· 瞬时启动； · 支持安全位操作； · 支持 AutoBoot 和 DualBoot 编程模式
	编程配置模式	· 支持 JTAG 配置模式； · 支持多种 GowinConfig 配置模式：AutoBoot、SSPI、MSPI、CPU、SERIAL
GW1NRF 蓝牙可编逻辑芯片	用户闪存资源	· 256 KB； · 10 000 次写寿命周期
	低功耗	· 55 nm 嵌入式闪存工艺； · LV 版本：支持 1.2 V 核电压； · UV 版本：支持器件 VCC/ VCCO/ VCCx 统一供电； · 支持时钟动态打开/关闭
	32 位处理器： ARC EM4	· 运行速度 24 MHz； · 支持浮点运算单元； · 136 KB ROM； · 128 KB OTP； · 48 KB 指令缓存； · 28 KB 数据缓存； · 定时器：通用定时器，休眠定时器和蓝牙协议定时器； · 支持 I2C 和 SPI 主机接口； · 支持 8 个 GPIO
	蓝牙 5.0 低功耗技术	· 蓝牙 5.0 控制器子系统(QD ID 93999)； · 蓝牙栈(QD ID 84268)，存储在 ROM 内 SPI 和 UART 接口的 HCI/ACI 传输层支持同时连接 8 个外设扩展的 PDU 长度和增强的安全特性
	安全特性	· TRNG (True Random Number Generator)； · AES-128 硬核加密； · 密钥生成器(ECC-P256)
	固件无线升级	· 支持应用，功能和配置固件
	完善的电源管理系统	· DC-DC 升压/降压； · 支持 1.5 V 和 3.0 V 电池供电； · 调度进程和内存管理器； · 低频 RC 或晶振作为时基

续表十三

器件系列	优　势	特　　　性
GW1NRF 蓝牙可编 逻辑芯片	3 V 低电流消耗	·3.0 mA 峰值接收电流； ·0.4 dBm 时 5.2 mA 峰值发送电流； ·休眠模式时电流为 1.0 μA； ·芯片不使能时电流为 5 nA
	高性能射频信号	·1 Mb/s 的运行速度，37 字节负载时的接收灵敏度为-94 dBm； ·发射功率范围为 -34～+6.1 dBm
	支持多种 I/O 电平标准	·LVCMOS33/25/18/15/12、 LVTTL33、 SSTL33/25/18 Ⅰ、 SSTL33/25/18 Ⅱ、SSTL15、HSTL18 Ⅱ、HSTL18 Ⅱ、HSTL15 Ⅰ、 PCI、 LVDS25、 RSDS、 LVDS25E、 BLVDSE MLVDSE、 LVPECLE、RSDSE； ·提供输入信号去迟滞选项； ·支持 4 mA、8 mA、16 mA、24 mA 等驱动能力； ·提供输出信号 Slew Rate 选项； ·提供输出信号驱动电流选项； ·对每个 I/O 提供独立的 Bus Keeper、上拉/下拉电阻及 Open ·Drain 输出选项支持热插拔
	高性能 DSP 模块	·高性能数字信号处理能力； ·支持 9×9 bit、18×18 bit、36×36 bit 的乘法运算和 54 bit 累加器； ·支持多个乘法器级联； ·支持寄存器流水线和旁路功能； ·预加运算实现滤波器功能； ·支持桶形移位寄存器
	丰富的基本逻辑单元	·4 输入 LUT(LUT4)； ·双沿触发器； ·支持移位寄存器和分布式存储器
	支持多种模式的静态随机存储器	·支持双端口、单端口以及伪双端口模式； ·支持字节写使能
	灵活的 PLL 资源	·实现时钟的倍频、分频和相移； ·全局时钟网络资源
	内置 Flash 编程	·瞬时启动； ·支持安全位操作； ·支持 AutoBoot 和 DualBoot 编程模式
	编程配置模式	·支持 JTAG 配置模式； ·支持 JTAG 透传传输； ·支持多达 6 种 GowinConfig 配置模式：AutoBoot、SSPI、MSPI、 CPU、SERIAL、DualBoot

小蜜蜂家族各系列芯片所包含器件类型的主要参数如表 1.6 所示。

表 1.6　小蜜蜂家族各系列芯片所包含器件类型的主要参数

参　数	GW1N						GW1NR			
	GW1N-1	GW1N-1P5	GW1N-2	GW1N-4	GW1N-9	GW1N-1S	GW1NR-1	GW1NR-2	GW1NR-4	GW1NR-9
逻辑单元(LUT4)	1152	1584	2304	4608	8640	1152	1152	2304	4608	8640
寄存器(FF)	864	1584	2016	3456	6480	864	864	2304	3456	6480
分布式静态随机存储器 SSRAM/bit	0	12 672	18 432	0	17 280	0	0	0	0	17 280
块状静态随机存储器 BSRAM/kb	72	72	72	180	468	72	72	72	180	468
块状静态随机存储器数目 BSRAM/个	4	4	4	10	26	4	4	4	10	26
用户闪存/kb	96	96	96	256	608	96	96	96	256	608
SDR SDRAM/Mb	—	—	—	—	—	—	—	—	64	64
PSRAM/Mb	—	—	—	—	—	—	—	64/32	32/64	64/128
NOR Flash/Mb	—	—	—	—	—	—	4	4	—	—
乘法器(18×18 Multiplier)	0	0	0	16	20	0	0	0	16	20
锁相环(PLLs)	1	1	1	2	2	1	1	1	2	2
I/O Bank 总数	4	6	7	4	4	3	4	7	4	4
最大 I/O 数	120	125	125	218	276	44	120	126	218	276

续表

参　　数	GW1NS/GW1NSR				GW1NZ	GW1NSE		GW1NSER	GW1NRF
	GW1NS-2	GW1NS-2C	GW1NS-4	GW1NS-4C	GW1NZ-1	GW1NSE-2C	GW1NSE-4C	GW1NSER-4C	GW1NRF-4B
逻辑单元(LUT4)	1728	1728	4608	4608	1152	1728	4608	4608	4608
寄存器(FF)	1296	1296	3456	3456	864	1296	3456	3456	3456
分布式静态随机存储器 SSRAM	—	—	—	—	4 kb	4608 bit	—	—	—
块状静态随机存储器 BSRAM/kb	72	72	180	180	72	72	180	180	180
块状静态随机存储器数目 BSRAM/个	4	4	10	10	4	4	10	10	10
用户闪存	1 Mb	1 Mb	256 kb	256 kb	64 kb	1024 bit	256 bit	256 kb	256 kb
HyperRAM	—	—	—	—	—	—	—	64 Mb	—
NOR FLASH	—	—	—	—	—	—	—	32 Mb	—
乘法器 (18×18 Multiplier)	—	—	16	16	—	8	16	16	16
锁相环(PLLs)	1	1	2	2	1	1	2	2	2
OSC	1×(1±5%)	1×(1±5%)	1×(1±5%)	1×(1±5%)	—	1×(1±5%)	1×(1±5%)	1×(1±5%)	—
硬核处理器	Cortex-M3	Cortex-M3	—	Cortex-M3	—	Cortex-M3	Cortex-M3	Cortex-M3	—
USB PHY	USB2.0	USB2.0	—	—	—	USB2.0	—	—	—
ADC	1	1	—	—	—	8	—	—	—
I/O Bank 总数	4	4	4	4	2	4	3	4	4
最大 I/O 数	102	102	106	106	48	102	106	106	25

2. 小蜜蜂家族可编程器系列结构框图

(1) GW1N 系列结构框图。GW1N 系列 GW1N-1/1S/4/9 器件结构示意图如图 1.10 所示，GW1N-2 器件结构示意图如图 1.11 所示。

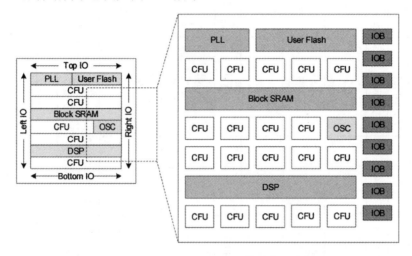

图 1.10　GW1N-1/1S/4/9 器件结构示意图

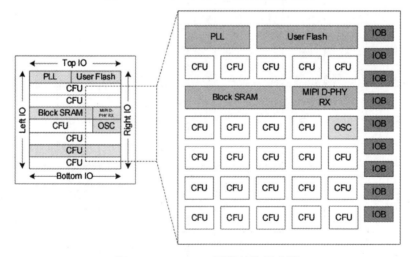

图 1.11　GW1N-2 器件结构示意图

GW1N-1/1S/4/9 系列 FPGA 器件内部是一个逻辑单元阵列，外围是输入输出模块(IOB)，器件内嵌了静态随机存储器(BSRAM)模块、数字信号处理模块 DSP、PLL 资源、片内晶振和用户闪存资源 User Flash，支持瞬时启动功能。GW1N-2 在 GW1N 系列其他器件的基础上内嵌了 MIPI D-PHY RX 硬核模块，同时其多功能高速 FPGA IO 支持 MIPI D-PHY RX TX IP，适用于串行显示接口(Display Serial Interface，DSI)和串行摄像头接口(Camera Serial Interface，CSI-2)，用于接收或发送图像或视频数据，MIPI D-PHY 为其提供物理层定义。

GW1N-4 和 GW1N-9 器件中内嵌了数字信号处理模块 DSP。每个 DSP 包含两个宏单元，每个宏单元包含两个前加法器(Pre-adders)，两个 18 位的乘法器(Multipliers)和一个三输入的算术/逻辑运算单元(ALU54)。GW1N-1、GW1N-2 和 GW1N-1S 暂不支持数字信号处理模块 DSP 资源。

(2) GW1NR 系列结构框图。GW1NR-1/4/9 器件结构示意图如图 1.12 所示，GW1NR-2 器件结构示意图如图 1.13 所示。

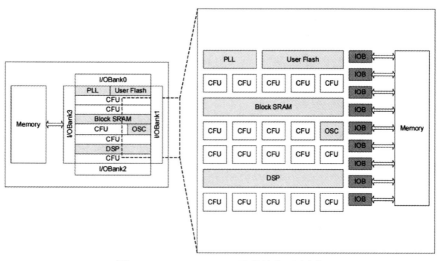

图 1.12　GW1NR-1/4/9 器件结构示意图

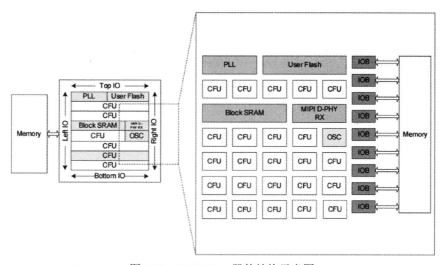

图 1.13　GW1NR-2 器件结构示意图

GW1NR 为系统级封装芯片(SIP)，集成了高云半导体 GW1N 系列 FPGA 产品及 Memory 芯片。GW1NR-2 器件结构在 GW1NR 系列其他器件的基础上内嵌了 MIPI D-PHY RX 硬核模块。GW1NR 系列 FPGA 产品中内嵌了数字信号处理模块 DSP，但 GW1NR-1、GW1NR-2 暂不支持数字信号处理模块 DSP 资源。GW1NR-2 器件包含硬核 MIPI D-PHY RX IP，同时支持软核 MIPI D-PHY RX TX IP，适用于串行显示接口(Display Serial Interface，DSI)和串行摄像头接口(Camera Serial Interface，CSI-2)，用于接收或发送图像或视频数据，MIPI D-PHY 为其提供物理层定义。

(3) GW1NS 系列结构框图。GW1NS-2 器件和 GW1NS-2C 器件的结构示意图分别如图 1.14(a)和(b)所示，GW1NS-4 器件和 GW1NS-4C 器件结构示意图分别如图 1.15(a)和(b)所示。

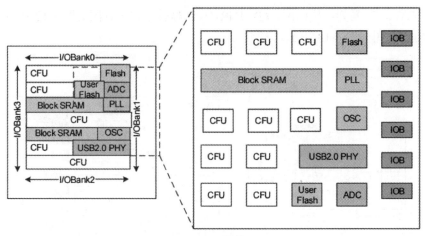

(a) GW1NS-2 器件

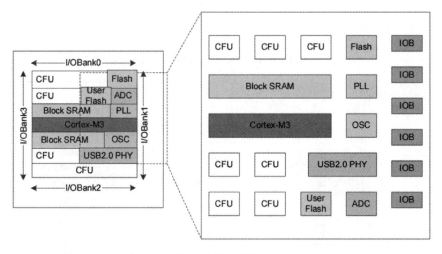

(b) GW1NS-2C 器件

图 1.14　GW1NS-2 器件和 GW1NS-2C 器件的结构示意图

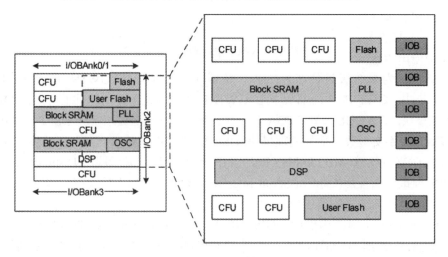

(a) GW1NS-4 器件

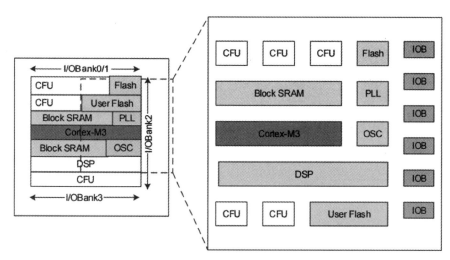

(b) GW1NS-4C 器件

图 1.15　GW1NS-4 器件和 GW1NS-4C 器件的结构示意图

GW1NS 系列 FPGA 产品中除了 CFU(可配置功能单元)、I/O 等基本组成单元,还内嵌了 BSRAM 资源、PLL 资源、用户闪存资源、片内晶振、下载 Flash 资源、Cortex-M3 硬核处理器、USB2.0 PHY 和 ADC 资源等。GW1NS-4C/4 器件中内嵌了数字信号处理模块 DSP。

块状静态随机存储器(BSRAM)在器件内部按照行排列,一个 BSRAM 在器件内部占用 3 个 CFU 的位置。BSRAM 提供两种使用方式:一是用作 Cortex-M3 处理器系统的 SRAM 资源,用于存储器数据的读写。高云半导体提供的云源软件支持配置 SRAM 资源,比如 2 kb/4 kb/8 kb 等,用作 Cortex-M3 的 SRAM 资源的一个 BSRAM 容量大小为 16 kb(2 Kb),未使用的 BSRAM 可用作用户的存储资源。二是作为用户的存储资源,一个 BSRAM 的容量大小为 18 kb,支持多种配置模式和操作模式。

内嵌的用户闪存资源,掉电数据不会丢失。GW1NS-2C/2 器件的用户闪存支持三种使用方式,并且三种使用方式是互斥的。一是用于存储 Cortex-M3 处理器的 ARM 程序,这样使用时用户闪存资源只能读取,不能写入。二是用作用户的非易失性存储资源。三是用于 FPGA 下载的 DualBoot 模式。GW1NS-4C/4 器件的用户闪存仅支持前两种使用方式,并且两种使用方式是互斥的。

GW1NS-2C/4C 器件内嵌 Cortex-M3 的硬核处理器,系统启动时支持 30 MHz 的程序加载,支持和“内存”之间更高速的数据/指令传输。通过 AHB 扩展总线方便与外部存储设备通信。通过 APB 总线方便与外部设备进行通信,如 UART 等。通过 GPIO 接口可以灵活方便地与外部接口通信,FPGA 编程实现不同接口/标准的控制器功能,如 SPI、I2C、I3C 等。

GW1NS-2C/2 器件内嵌 USB2.0 PHY,FPGA 逻辑资源实现特定功能的 USB 控制器功能,实现与外部 USB 设备的通信。同时内嵌一个逐次逼近型模/数转换(ADC)模块,支持 8 通道数据转换,转换速率可达 1 MHz。

(4) GW1NZ 系列结构框图。GW1NZ 系列 FPGA 结构示意图如图 1.16 所示。

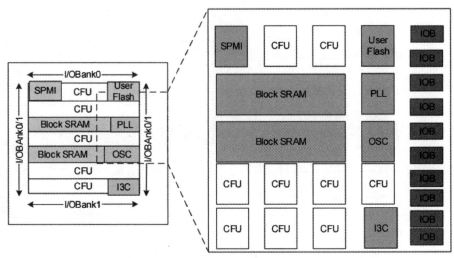

图 1.16   GW1NZ 器件的结构示意图

GW1NZ 系列 FPGA 内嵌了 SPMI 接口模块,同时提供 SPMI 控制器 IP,支持作为 Master 通过 SPMI 接口控制外部的 Slave 器件进行电源管理,同时也支持作为 Slave 控制 FPGA 的电源管理。该系列 FPGA 支持两种方式控制主电源,一是通过硬件 I/O VCCEN 关断,当 VCCEN 为 0 时主电源关断,当 VCCEN 为 1 时 FPGA 主电源正常供电;另外一种是通过 Master 发送 shut down 命令的方式关断主电源,可以通过 Master 发送 reset/ sleep/wakeup 命令恢复 FPGA 主电源,也可以通过 SPMI_EN 信号低脉冲方式恢复 FPGA 主电源。

(5) GW1NSE 系列结构框图。GW1NSE-2C 器件结构示意图如图 1.17 所示。

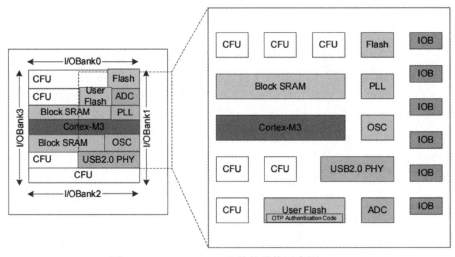

图 1.17   GW1NSE-2C 器件的结构示意图

GW1NSE 系列安全 FPGA 器件中除了 CFU(可配置功能单元)、I/O 等基本组成单元外,还内嵌了 BSRAM 资源、PLL 资源、用户闪存资源、片内晶振、下载 Flash 资源、USB2.0 PHY 和 ADC 资源。此外,GW1NSE 器件还内嵌了 Cortex-M3 硬核处理器。

GW1NSE-2C 器件的用户闪存支持三种使用方式,并且三种使用方式是互斥的。一是用于存储 Cortex-M3 处理器的 ARM 程序,这样使用时用户闪存资源只能读取,不能写入。

二是用作用户的非易失性存储资源。三是用于 FPGA 下载的 DualBoot 模式。GW1NSE-4C 器件的用户闪存仅支持前两种使用方式，并且两种使用方式是互斥的。

GW1NSE 系列安全 FPGA 芯片支持基于 SRAM PUF 技术的安全根。在制造过程中，GW1NSE 系列安全 FPGA 产品内部非易失性 User Flash 中提前存储了一次性编程(OTP)认证码，该认证码唯一且不可改变。基于该认证码，用户可以创建自己的安全应用软件，通过使用 Intrinsic ID 安全软件库，实现加密、解密、密钥/公钥生成、安全通信等功能。

(6) GW1NSER 系列结构框图。GW1NSER-4C 器件结构示意图如图 1.18 所示。

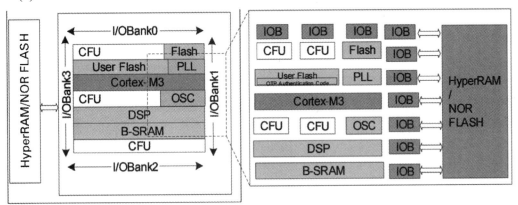

图 1.18　GW1NSER-4C 器件的结构示意图

GW1NSER 为系统级封装安全芯片，集成了高云半导体 GW1NSE 系列 FPGA 产品及存储芯片，内嵌 Cortex-M3 硬核处理器、CFU(可配置功能单元)、I/O、BSRAM 资源、HyperRAM、PLL 资源、用户闪存资源、片内晶振、下载 Flash 资源。封装后缀是 "G" 的器件，如 QN48G，内嵌 NOR Flash，用来存储 Cortex-M3 的程序。Gowin 设计一款通用 SPI NOR Flash Interface IP，该 IP 提供一个通用的命令接口，使其与 SPI NOR Flash 芯片进行互连，完成用户的访问需求。

器件支持基于 SRAM PUF 技术的安全根。在制造过程中，GW1NSER 系列安全 FPGA 产品内部非易失性 User Flash 中提前存储了一次性编程(OTP)认证码。该认证码唯一且不可改变。基于该认证码，用户可以创建自己的安全应用软件，通过使用 Intrinsic ID 安全软件库，实现加密、解密、密钥/公钥生成、安全通信等功能。

Gowin HyperRAM Memory Interface embedded IP 是一个通用的 HyperRAM 内存接口 IP，符合 HyperRAM 标准协议，应用于 GW1NSR-4C、GW1NSER-4C 等系列 FPGA。该 IP 包含 HyperRAM 内存控制逻辑(Memory Controller Logic)与对应的物理层接口(Physical Interface，PHY)设计。Gowin HyperRAM Memory Interface embedded IP 为用户提供一个通用的命令接口，主要包含 Memory Controller Logic、Physical Interface 等模块，使其与 HyperRAM 内存芯片进行互连，完成用户的访问需求。FPGA 中需要与外部 HyperRAM 芯片连接的用户设计(User Design)结构图如图 1.19 所示。Memory Controller Logic 是 Gowin HyperRAM Interface embedded IP 的逻辑模块，位于 User Design 与 PHY 之间。Memory Controller Logic 接收来自用户接口的命令、地址与数据，并按照一定逻辑顺序进行存储。用户发送的写、读等命令和地址在 Memory Controller Logic 中进行排序重组，组合成满足 HyperRAM 协议的数据格式。同时，写数据时 Memory Controller Logic 会对数据进行重组

和缓存，以满足命令和数据之间的初始延时值；读数据时，Memory Controller Logic 会对读回的数据进行采样和重组，恢复成正确数据。PHY 提供了 Memory Controller Logic 与外部 HyperRAM 之间的物理层定义与接口，接收来自 Memory Controller Logic 的命令地址和数据，并向 HyperRAM 接口提供满足时序与顺序要求的信号。需要注意的是，HyperRAM 必须经过读校准操作才能进行正常的写、读操作。因此上电后 PHY 会对 HyperRAM 进行初始化读校准操作，初始化完成后返回初始化完成标志。

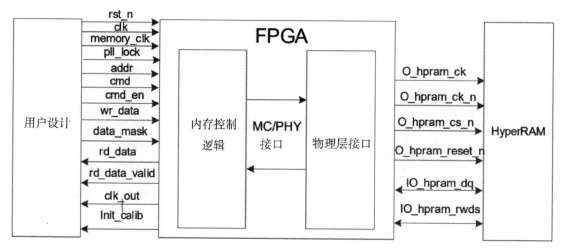

图 1.19　HyperRAM Memory 接口嵌入式 IP 与用户设计连接结构图

(7) GW1NRF 系列结构框图。GW1NRF 系列蓝牙 FPGA 芯片结构示意图如图 1.20 所示。

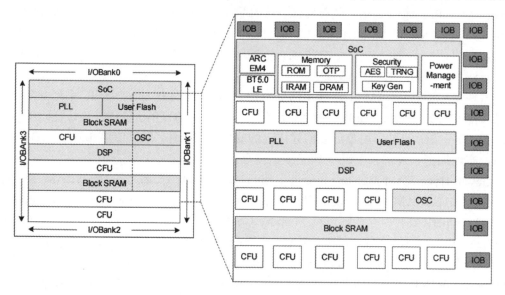

图 1.20　GW1NRF 系列蓝牙 FPGA 芯片结构示意图

GW1NRF 系列蓝牙 FPGA 芯片资源丰富，使用灵活，封装尺寸小，低功耗，是支持蓝牙功能的 SoC 芯片。32 位 MCU 有效的控制射频调制解调器、存储器和外设接口之间的数据移动。GPIO 接口类型丰富，支持连接不同接口类型的外设，如传感器、存储器、显示器等设备。SoC 内嵌浮点运算单元，支持复杂的算术运算。器件内嵌的 B-SRAM 资源和 PLL

资源可提供高速度、高带宽的数据存储。SoC 内嵌 ROM 资源，掉电数据不会丢失。蓝牙 5.0 的链路层控制器及控制器接口存储在 ROM 中，蓝牙栈及应用控制器接口、用户配置文件和无线固件更新例程也存储在 ROM 中。蓝牙低功耗控制器和主机最多支持 8 个设备同时连接。内嵌的 AES-128 硬核、TRNG 和密钥生成器保障数据的安全传输。

SoC 内部有一个完善的电源管理系统，内嵌 DC-DC 转换器，可以自动配置为 1.5 V 或者 3.0 V。SoC 支持多种工作模式，使用调度进程和内存管理器，可以使应用程序所有模式的功耗降到最低。用户通过配置内存配置选项可以最优化应用程序的性能。在 SoC 连接状态下，一个稳定的低功耗的休眠定时器(RC 或者晶体)可以将功耗降到最低。器件集成极低功耗的 2.4 GHz 的收发器，具有出色的灵敏度，发射器可编程，输出功耗可优化。

SoC 的内存分为 ROM、RAM 和 OTP，有效使用这些内存可以降低系统功耗。由于 ROM 掉电数据不会丢失，因此，在睡眠模式时可以关闭 ROM，而 RAM 掉电后数据会丢失需要重新加载。因此，蓝牙控制器和主机这种重要的功能需要存储在 ROM 中。128 KB 的 OTP 可用于指令或数据存储。使用无线固件更新机制时，在生产过程中或者后期的现场调试过程中，可以将裁剪数据、配置数据、蓝牙配置文件和服务、应用程序和代码补丁存储在 OTP 中。程序可以从 OTP 启动，也可以将程序拷贝到 RAM 启动。

器件的安全特性是由硬件和软件功能组合实现的。器件内部有一个硬件真随机数发生器，符合 NIST 800-90A 标准。支持数据包的加密/解密，RF 数据包处理器模块内嵌 AES-128 的硬核，可以实现数据实时加密/解密功能。内嵌的第二个 AES-128 硬核用于非实时的加密/解密功能。此外，软件中实现了 ECC P-256 功能，用于密钥的生成。

GW1NRF 系列集成的 RF 调制解调器单独供电，可以根据需求开关电源，将系统功耗降到最低。RF 收发器的结构框图如图 1.21 所示，采用中低频架构，其性能超出了蓝牙 5.0 PHY 规范定义的规格和要求。

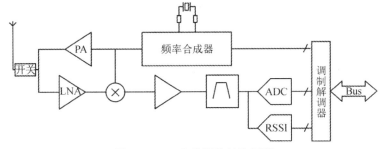

图 1.21　RF 收发器的结构框图

1.2.3　GoBridge 家族 ASSP 器件

高云半导体 GoBridge ASSP 产品线包括 GWU2X 和 GWU2U USB 接口桥接器件，旨在通过为不需要可编程性的应用场景提供固定功能设备来最大限度地减少开发工作。GWU2X 和 GWU2U ASSP 芯片实现了高度集成、低功耗、单芯片 USB 总线转接，支持多种电平标准，包括 3.3 V、2.5 V 以及 1.8 V，可广泛应用于消费、汽车、工业和通信市场领域，灵活实现接口转换，简化系统设计。GWU2X ASSP 可以将 USB 接口转换为 SPI、JTAG、I2C 和 GPIO，而 GWU2U ASSP 可实现 USB 到 UART 的接口转换。GWU2U 和 GWU2X

支持 WinUSB 驱动及多种操作系统，兼容高云半导体 FPGA 开发 EDA 工具，还提供基于 C/C++ 的 API 来创建的 USB 接口程序。表 1.7 所示为 GoBridge 家族两款 ASSP 器件主要特性及典型应用。

表 1.7   GoBridge 家族 ASSP 器件主要特性及典型应用

GoBridge ASSP	特　性	典　型　应　用
GWU2X	·支持全速 USB 设备接口，兼容 USB V1.1 协议。 ·全内置 USB 协议处理，无须外部编程。 ·支持 USB to JTAG/SPI/I2C 功能。 ·I/O 独立供电，支持多种电平标准。 ·16 路通用输入/输出管脚。 ·支持 120 kHz～30 MHz 的时钟频率范围。 ·支持 I2C、SPI、JTAG 主机接口，时钟可调节，内部包含独立数据接收缓存。 ·提供用于主机设备使用的 API	·USB 产品现场升级。 ·USB 工业控制。 ·USB Flash 读卡器。 ·USB 仪器。 ·USB 到 SPI 总线接口。 ·USB JTAG 下载器
GWU2U	·支持全速 USB 设备接口，兼容 USB V1.1 协议。 ·全内置 USB 协议处理，无须外部编程。 ·支持 USB 转 UART 功能。 ·支持全双工异步通信，内置独立的收发缓冲区。 ·支持数据波特率 64 b/s～4 Mb/s。 ·支持 5、6、7、8 数据位宽。 ·支持 none、even、odd、space、mark 校验方式。 ·I/O 独立供电，支持多种电平标准。 ·提供用于主机设备使用的 API	·USB 产品现场升级。 ·USB 工业控制。 ·USB 仪器。 ·USB 到 UART 总线接口

1. 内部结构

GWU2X 内部结构框图如图 1.22 所示。

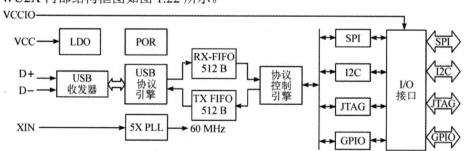

图 1.22   GWU2X 结构框图

GWU2U 内部结构框图如图 1.23 所示。

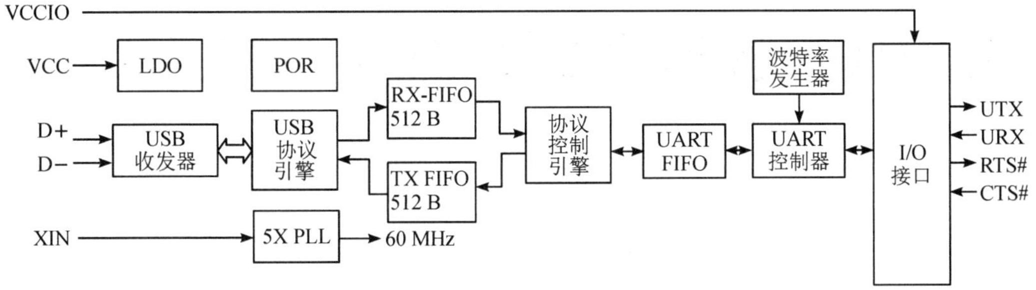

图 1.23　GWU2U 结构框图

2. 硬件设计说明

(1) GWU2X/U 芯片正常工作时需要外部提供两路电源，分别是 VCC 和 VCCIO，建议在每个芯片电源管脚外接容量为 0.01～0.1 μF 的电源退耦电容；可通过 VCCIO 动态调整同步串口接口电压，调整范围为 2.5～3.4 V。

(2) GWU2X/U 芯片正常工作时需要外部向 XIN 管脚提供 12 MHz 的时钟信号。一般情况下，时钟信号由 GWU2X/U 内置的反相器通过晶体稳频振荡产生。外围电路只需要在 XIN 和 XOUT 管脚之间连接一个 12 MHz 的晶体，并且分别为 XIN 和 XOUT 管脚对地连接振荡电容。

(3) GWU2X/U 芯片内置了电源上电复位电路，不需要外部提供复位。

(4) GWU2X/U 芯片 USB 端口无内置上拉电阻，需要在 DP 端提供外加的 1.5 kΩ 上拉电阻，建议为保障芯片安全串接保险电阻、电感或者 ESD 保护器件，交直流等效串联电阻应该在 5 Ω 之内。

(5) GWU2X 芯片的部分管脚具有多个功能，所以在芯片复位期间与复位完成后的正常工作状态下具有不同的特性。所有类型为三态输出的管脚，都内置了上拉电阻，在芯片复位完成运行固件后作为输出管脚，而在芯片复位期间三态输出被禁止，由内置的上拉电阻提供上拉电流。如果必要，外部电路可以在电路中再提供外置上拉电阻或者下拉电阻，从而设定相关管脚在 GWU2X 芯片复位期间的默认电平，外置上拉电阻或者下拉电阻的阻值通常在 2 ～5 kΩ 之间。

第 2 章　实验平台及 Gowin 开发工具

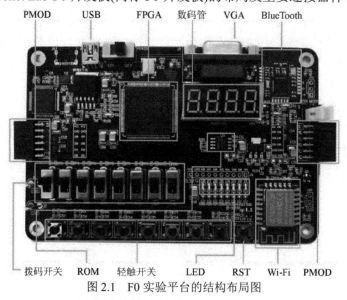

2.1　实验平台——Pocket Lab-F0 开发板介绍

2.1.1　实验平台功能概述

Pocket Lab-F0 实验平台(也称为 FPGA 口袋实验室)以国产高云 GW1N-9C FPGA 为核心芯片,外扩基础实验模块和接口,板上集成了下载电路,只需要一根 USB 电缆线即可进行开发,板上集成了蓝牙、Wi-Fi 模块,可以方便地与电脑、手机进行无线连接。该实验平台可以直接通过 USB 线进行供电,具有体积小、功耗低、方便携带等特点,非常适合于学生随时随地进行实验,有助于充分利用学生的自由空间,促进学生实践和创新能力的培养。

图 2.1 是 Pocket Lab-F0 开发板(简称 F0 开发板)的布局及主要连接器件和相关组件标注。

图 2.1　F0 实验平台的结构布局图

下面介绍 Pocket Lab-F0 开发板的基本特性。

1. FPGA 芯片介绍

(1) FPGA 名称为 GW1N-LV9LQ144C6/I5,采用 LQFP144 封装。

(2) 内嵌非易失性存储 Flash 模块,掉电不丢失。

(3) 具有丰富的 LUT4 资源。

(4) 具有多种模式,并有容量丰富的 B-SRAM。

(5) 支持 LV 版本(核电压为 1.2 V)。

(6) 支持 JTAG、AutoBoot、MSPI 配置模式。

2. 时钟资源

50 MHz 时钟晶振。

3. 开发板的基础实验资源

(1) 按键和滑动开关:1 个复位按键,8 个普通按键开关,8 个滑动开关。

(2) LED:1 个电源指示灯,1 个 DONE 指示灯,8 个 LED 灯。

(3) 存储器:64 Mb SPI Flash。

4. LDO 电源

(1) 具有电压反向保护、过流保护功能。

(2) 提供 3.3 V、1.2 V 电源。

Pocket Lab-F0 开发板的主要参数指标及功能描述如表 2.1 所示。

表 2.1 Pocket Lab-F0 开发板的主要参数指标及功能描述

序号	开发板资源	参　数	功 能 描 述
1	USB 供电和下载	Mini USB 接口	直接使用 USB 进行供电;支持 USB 下载调试;支持 JTAG、AutoBoot 和 MSPI 模式
2	PMOD 接口	2 路标准 PMOD 接口	提供 FPGA 扩展功能
3	拨码开关	8 位拨码开关	用于用户测试控制输入(拨上为高电平,拨下为低电平)
4	轻触按键	8 路轻触按键	用于用户测试控制输入(按下为低电平)
5	指示灯	8 路 LED 指示灯	当 FPGA 对应管脚输出信号为逻辑低电平时,LED 被点亮
6	时钟	1 路 50 MHz 时钟	为 FPGA 提供 50 MHz 时钟信号
7	数码管	4 位 8 段数码管	段选低电平段有效时,位选高电平数码管被选中
8	存储器	板载 64 Mb 存储器	外部程序存储器
9	显示接口	1 路 VGA 接口	提供与显示屏连接的接口
10	蓝牙	1 路蓝牙模块	实现蓝牙的无线通信功能
11	Wi-Fi	1 路 Wi-Fi 模块	实现 Wi-Fi 的无线通信功能
12	工作温度	0～+70℃商业级	—
13	环境湿度	20%～90%,非冷凝	—
14	机械尺寸	124 mm×81 mm	—
15	PCB 规格	2 层,黑底白字	—
16	电源供电	5 V/0.5 A,Mini USB 接口	—
17	安装孔距离	114 mm×71 mm	—
18	系统功耗	<1.5 W	—

2.1.2　实验平台详细介绍

1. USB 下载接口

Pocket Lab-F0 开发板提供 USB 下载接口，可根据需要下载至片内 SRAM、内部 Flash 或外部 Flash 中。需要注意的是，下载至 SRAM 时，当开发板掉电后 FPGA 数据流文件会丢失，上电后需要重新下载数据流文件；如果要进行固化设计，则需要将数据流文件下载至 Flash 中。

Pocket Lab-F0 开发板提供的 USB 下载电路原理图如图 2.2 所示。下载电路的管脚分配如表 2.2 所示。

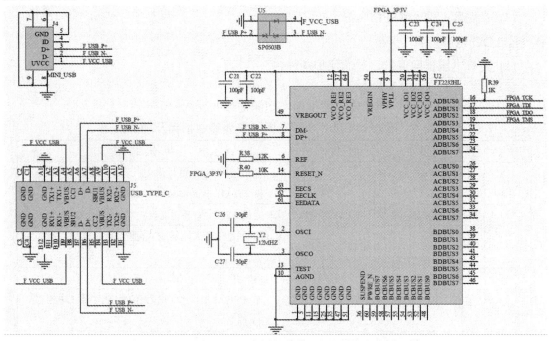

图 2.2　Pocket Lab-F0 开发板提供的 USB 下载电路原理图

表 2.2　Pocket Lab-F0 开发板下载电路的管脚分配

信号名称	FPGA 管脚	BANK	管脚功能	I/O 电平
FPGA_TMS	Pin_13	BANK_3	TMS	3.3 V
FPGA_TCK	Pin_14	BANK_3	TCK	3.3 V
FPGA_TDI	Pin_16	BANK_3	TDI	3.3 V
FPGA_TDO	Pin_18	BANK_3	TDO	3.3 V

2. 下载方式及流程

1）SRAM 方式

这种方式将开发板通过 USB 电缆线与计算机连接好上电后，开始进行 bit 文件下载。当 Done 指示灯亮起时，表示下载成功。

注意：在该模式下，用户无须关心开发板上 MODE0 和 MODE1 的设置。

2) 内部 Flash 方式

这种方式将开发板通过 USB 电缆线与计算机连接好上电后，开始进行 bit 文件下载。下载成功后，开发板可断电重启，从内部 Flash 加载 FPGA 数据流文件。当 Done 指示灯亮起时，表示加载成功。

注意：该模式需要将开发板上的 MODE0 和 MODE1 设置为"00"状态。

3) 外部 Flash 方式

这种方式将开发板通过 USB 电缆线与计算机连接好上电后，开始进行 bit 文件下载。下载成功后，开发板可断电重启，从外部 Flash 加载 FPGA 数据流文件。当 Done 指示灯亮起时，表示加载成功。

注意：该模式需要将开发板上 MODE0 和 MODE1 设置为"01"状态。

3. 开发板电源

Pocket Lab-F0 开发板通过 USB 电缆线提供的 DC 5 V 输入供电，同时开发板上提供了 2 A 的过流保护和反向保护功能。开发板采用 LDO 电源实现由 5 V 到 3.3 V 以及由 3.3 V 到 1.2 V 的电压转换，输出电流可达 2 A，可满足开发板的电源需求。Pocket Lab F0 开发板的电源电路如图 2.3 所示，FPGA 的电源管脚分配如表 2.3 所示。

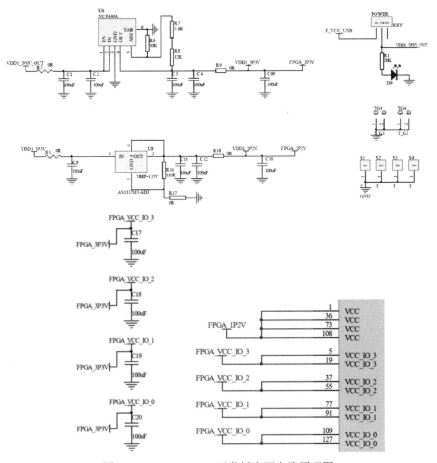

图 2.3　Pocket Lab F0 开发板电源电路原理图

表 2.3　　Pocket Lab-F0 开发板的电源管脚分配

电源信号名称	FPGA 管脚	BANK	描　述	I/O 电平
FPGA_VCC_IO_0	Pin_127	BANK_0	I/O Bank 电压	3.3 V
	Pin_109			3.3 V
FPGA_VCC_IO_1	Pin_91	BANK_1		3.3 V
	Pin_77			3.3 V
FPGA_VCC_IO_2	Pin_55	BANK_2		3.3 V
	Pin_37			3.3 V
FPGA_VCC_IO_3	Pin_19	BANK_3		3.3 V
	Pin_5			3.3 V
FPGA_1P2V	Pin_1	—	内核电压	1.2 V
	Pin_36			1.2 V
	Pin_73			1.2 V
	Pin_108			1.2 V

4. 时钟和复位

Pocket Lab-F0 开发板提供了一个 50 MHz 晶振作为时钟源，连接到 FPGA 的锁相环 (PLL)输入管脚，可作为 FPGA 内部 PLL 的时钟输入信号，通过 PLL 的分倍频可以输出用户所需的时钟。开发板上的时钟和复位电路如图 2.4 所示，管脚分配如表 2.4 所示。

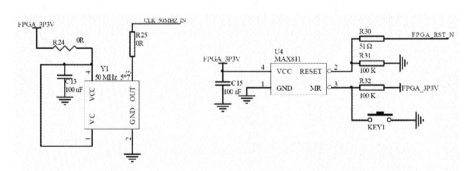

图 2.4　Pocket Lab-F0 开发板的时钟和复位电路原理图

表 2.4　　Pocket Lab-F0 开发板的时钟和复位电路的管脚分配

信　号　名　称	FPGA 管脚	BANK	描　述	I/O 电平
CLK_50 MHz_IN	Pin_6	BANK_3	50 MHz 有源晶振输入	3.3 V
FPGA_RST_N	Pin_92	BANK_1	复位信号，低电平有效	3.3 V

5. LED 灯

Pocket Lab-F0 开发板提供了 8 个绿色的 LED 灯，当 FPGA 对应管脚输出信号为逻辑低电平时，对应连接的 LED 灯被点亮，当输出信号为高电平时，LED 灯熄灭。8 个 LED 灯的电路连接如图 2.5 所示，管脚分配如表 2.5 所示。

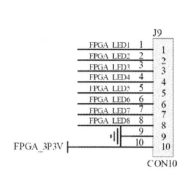

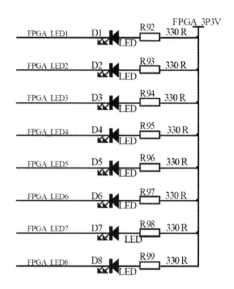

图 2.5　Pocket Lab-F0 开发板 LED 灯电路原理图

表 2.5　Pocket Lab-F0 开发板 LED 灯的管脚分配

信 号 名 称	FPGA 管脚	BANK	描　述	I/O 电平
FPGA_LED1	Pin_63	BANK_2	LED 指示灯 1	3.3 V
FPGA_LED2	Pin_62	BANK_2	LED 指示灯 2	3.3 V
FPGA_LED3	Pin_61	BANK_2	LED 指示灯 3	3.3 V
FPGA_LED4	Pin_60	BANK_2	LED 指示灯 4	3.3 V
FPGA_LED5	Pin_59	BANK_2	LED 指示灯 5	3.3 V
FPGA_LED6	Pin_58	BANK_2	LED 指示灯 6	3.3 V
FPGA_LED7	Pin_57	BANK_2	LED 指示灯 7	3.3 V
FPGA_LED8	Pin_56	BANK_2	LED 指示灯 8	3.3 V

6. 拨码开关

Pocket Lab-F0 开发板提供了 8 个滑动拨码开关，拨上为高电平，拨下为低电平。拨码开关电路如图 2.6 所示，管脚分配如表 2.6 所示。

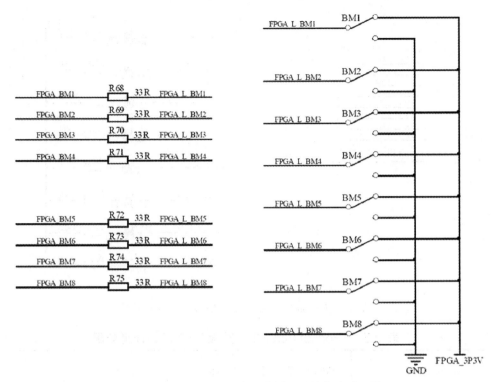

图 2.6　Pocket Lab-F0 开发板的拨码开关电路原理图

表 2.6　Pocket Lab-F0 开发板的拨码开关的管脚分配

信 号 名 称	FPGA 管脚	BANK	描　述	I/O 电平
FPGA_BM 1	Pin_50	BANK_2	滑动开关 1	3.3 V
FPGA_ BM 2	Pin_48	BANK_2	滑动开关 2	3.3 V
FPGA_ BM 3	Pin_46	BANK_2	滑动开关 3	3.3 V
FPGA_ BM 4	Pin_44	BANK_2	滑动开关 4	3.3 V
FPGA_ BM 5	Pin_42	BANK_2	滑动开关 5	3.3 V
FPGA_ BM 6	Pin_40	BANK_2	滑动开关 6	3.3 V
FPGA_ BM 7	Pin_39	BANK_2	滑动开关 7	3.3 V
FPGA_ BM 8	Pin_38	BANK_2	滑动开关 8	3.3 V

7. 按键开关

Pocket Lab-F0 开发板提供了 8 个按键开关，按键按下为低电平。8 个按键开关的电路如图 2.7 所示，管脚分配如表 2.7 所示。

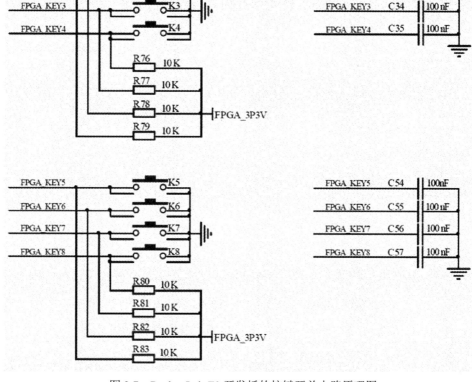
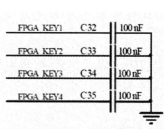

图 2.7 Pocket Lab-F0 开发板的按键开关电路原理图

表 2.7 Pocket Lab-F0 开发板按键开关的管脚分配

信 号 名 称	FPGA 管脚	BANK	描 述	I/O 电平
FPGA_KEY 1	Pin_54	BANK_2	按键 1	3.3 V
FPGA_ KEY 2	Pin_52	BANK_2	按键 2	3.3 V
FPGA_ KEY 3	Pin_51	BANK_2	按键 3	3.3 V
FPGA_ KEY 4	Pin_49	BANK_2	按键 4	3.3 V
FPGA_ KEY 5	Pin_47	BANK_2	按键 5	3.3 V
FPGA_ KEY 6	Pin_45	BANK_2	按键 6	3.3 V
FPGA_ KEY 7	Pin_43	BANK_2	按键 7	3.3 V
FPGA_ KEY 8	Pin_41	BANK_2	按键 8	3.3 V

8. 数码管

Pocket Lab-F0 开发板提供了 4 个 8 段数码管,通过扫描方式控制,段选低电平段有效,位选高电平数码管被选中。数码管电路如图 2.8 所示,管脚分配如表 2.8 所示。

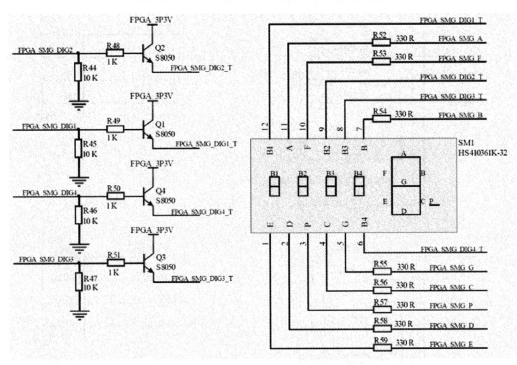

图2.8　Pocket Lab- F0 开发板的数码管电路原理图

表 2.8　Pocket Lab-F0 开发板数码管电路的管脚分配

信 号 名 称	FPGA 管脚	BANK	描　述	I/O 电平
FPGA_SMG_A	Pin_106	BANK_2	a	3.3 V
FPGA_SMG_B	Pin_102	BANK_2	b	3.3 V
FPGA_SMG_C	Pin_100	BANK_2	c	3.3 V
FPGA_SMG_D	Pin_98	BANK_2	d	3.3 V
FPGA_SMG_E	Pin_97	BANK_2	e	3.3 V
FPGA_SMG_F	Pin_104	BANK_2	f	3.3 V
FPGA_SMG_G	Pin_101	BANK_2	g	3.3 V
FPGA_SMG_P	Pin_99	BANK_2	p	3.3 V
FPGA_SMG_DIG1	Pin_112	BANK_0	位选 1	3.3 V
FPGA_SMG_DIG2	Pin_113	BANK_0	位选 2	3.3 V
FPGA_SMG_DIG3	Pin_110	BANK_0	位选 3	3.3 V
FPGA_SMG_DIG4	Pin_111	BANK_0	位选 4	3.3 V

9. Wi-Fi 模块

Pocket Lab-F0 开发板上集成了 Wi-Fi 模块，其电路如图 2.9 所示。

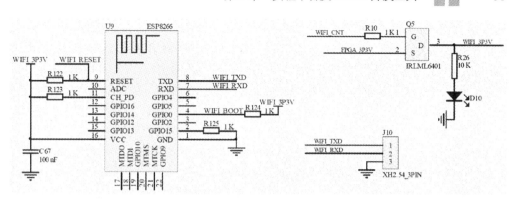

图 2.9　Pocket Lab-F0 开发板的 Wi-Fi 模块电路原理图

Wi-Fi_RESET 为 Wi-Fi 模块复位信号，低电平有效，一般配置为高电平(即不复位)。Wi-Fi_BOOT 为程序加载选择信号，高电平时 Wi-Fi 模块从内部 Flash 加载程序，低电平为从外部加载程序，此处配置为高电平(即从内部加载)。Wi-Fi_CNT 为模块电源控制信号，低电平时给 Wi-Fi 模块供电，高电平时 Wi-Fi 模块掉电。Wi-Fi_TXD 为 Wi-Fi 模块的串口数据输出(接 FPGA 的数据输入)；Wi-Fi_RXD 为 Wi-Fi 模块的串口数据输入(接 FPGA 的数据输出)。

出厂状态下，Wi-Fi 模块工作在透传模式，串口速率为 9600 b/s，Wi-Fi 名称为 WifiTest，密码为 12345678。

Wi-Fi 模块与 FPGA 连接的管脚分配如表 2.9 所示。

表 2.9　Pocket Lab-F0 开发板的 Wi-Fi 模块的管脚分配

信 号 名 称	FPGA 管脚	BANK	描　　　述	I/O 电平
Wi-Fi_TXD	Pin_72	BANK_2	Wi-Fi_TXD(Wi-Fi 模块输出，FPGA 输入)	3.3 V
Wi-Fi_RXD	Pin_75	BANK_2	Wi-Fi_RXD(Wi-Fi 模块输入，FPGA 输出)	3.3 V
Wi-Fi_RESET	Pin_78	BANK_2	Wi-Fi_RESET(Wi-Fi 模块输入，FPGA 输出)	3.3 V
Wi-Fi_BOOT	Pin_76	BANK_2	Wi-Fi_BOOT(Wi-Fi 模块输入，FPGA 输出)	3.3 V
Wi-Fi_CNT	Pin_71	BANK_2	Wi-Fi_CNT(FPGA 输出)	3.3 V

10. 蓝牙模块

Pocket Lab-F0 开发板上集成了蓝牙模块，其电路如图 2.10 所示。

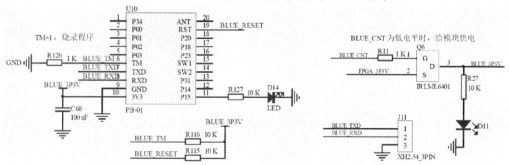

图 2.10　Pocket Lab-F0 开发板的蓝牙模块电路原理图

BLUE_RESET 为蓝牙模块复位信号，低电平有效，一般配置为高电平(即不复位)。BLUE_TM 为模块控制信号，高电平时为透传模式，低电平时为命令模式，一般配置为高电平(即透传模式)。BLUE_CNT 为模块电源控制信号，接低电平时给蓝牙模块供电，高电平时蓝牙模块掉电。BLUE_TXD 为蓝牙模块的串口数据输出(接 FPGA 的数据输入)，BLUE_RXD 为蓝牙模块的串口输出输入(接 FPGA 的数据输出)。

蓝牙模块出厂默认配置：串口速率为 9600 b/s，数据位为 8 位，停止位为 1 位，无奇偶校验。在使用时，可在手机微信的小程序中搜索"蜂汇蓝牙透传"，打开小程序，找到蓝牙设备"SPP-1862E..."，进行连接，这时在发送窗口和接收窗口就可以进行收发数据了，这样就可以通过蓝牙收发数据了(FPGA 中要设计相应的串口发送数据和接收数据程序)。

蓝牙模块与 FPGA 连接的管脚分配如表 2.10 所示。

表 2.10　Pocket Lab-F0 开发板蓝牙模块的管脚分配

信 号 名 称	FPGA 管脚	BANK	描　　　述	I/O 电平
BLUE_TXD	Pin_116	BANK_0	BLUE_TXD(BLUE 模块输出，FPGA 输入)	3.3 V
BLUE_RXD	Pin_117	BANK_0	BLUE_RXD(BLUE 模块输入，FPGA 输出)	3.3 V
BLUE_RESET	Pin_115	BANK_0	BLUE_RESET(BLUE 模块输入，FPGA 输出)	3.3 V
BLUE_TM	Pin_118	BANK_0	BLUE_TM(BLUE 模块输入，FPGA 输出)	3.3 V
BLUE_CNT	Pin_114	BANK_0	BLUE_CNT(FPGA 输出)	3.3 V

11. PMOD 扩展接口

Pocket Lab-F0 开发板提供 2 个 PMOD 扩展接口。PMOD 接口标准是由原 Xilinx 公司的第三方合作伙伴迪芝伦(Digilent)制定的接口扩展规范，适合于 FPGA I/O 接口的灵活特性，主要针对低频、管脚需求不多的外设连接模块。

Pocket Lab-F0 开发板上 2 个 PMOD 扩展接口与 FPGA 的连接原理图如图 2.11 所示，两个 PMOD 扩展接口 J6 和 J7 的管脚分配分别如表 2.11 和表 2.12 所示。

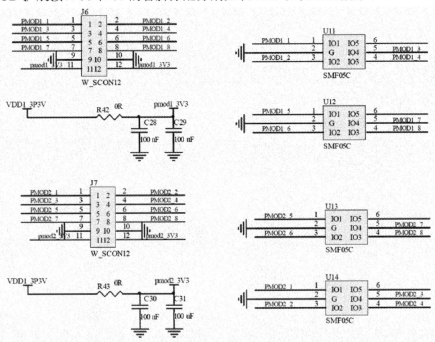

图 2.11　Pocket Lab-F0 开发板的 PMOD 扩展接口电路原理图

表 2.11　Pocket Lab-F0 开发板 PMOD 扩展接口 J6 的管脚分配

信 号 名 称	FPGA 管脚	BANK	描　述	I/O 电平
PMOD1_1	Pin_30	BANK_3	IO 1	3.3 V
PMOD1_2	Pin_29	BANK_3	IO 2	3.3 V
PMOD1_3	Pin_28	BANK_3	IO 3	3.3 V
PMOD1_4	Pin_27	BANK_3	IO 4	3.3 V
PMOD1_5	Pin_26	BANK_3	IO 5	3.3 V
PMOD1_6	Pin_25	BANK_3	IO 6	3.3 V
PMOD1_7	Pin_24	BANK_3	IO 7	3.3 V
PMOD1_8	Pin_23	BANK_3	IO 8	3.3 V

表 2.12　Pocket Lab-F0 开发板 PMOD 扩展接口 J7 的管脚分配

信 号 名 称	FPGA 管脚	BANK	描　述	I/O 电平
PMOD2_1	Pin_86	BANK_1	IO 1	3.3 V/2.5 V/1.2 V
PMOD2_2	Pin_85	BANK_1	IO 2	3.3 V/2.5 V/1.2 V
PMOD2_3	Pin_84	BANK_1	IO 3	3.3 V/2.5 V/1.2 V
PMOD2_4	Pin_83	BANK_1	IO 4	3.3 V/2.5 V/1.2 V
PMOD2_5	Pin_82	BANK_1	IO 5	3.3 V/2.5 V/1.2 V
PMOD2_6	Pin_81	BANK_1	IO 6	3.3 V/2.5 V/1.2 V
PMOD2_7	Pin_80	BANK_1	IO 7	3.3 V/2.5 V/1.2 V
PMOD2_8	Pin_79	BANK_1	IO 8	3.3 V/2.5 V/1.2 V

12. VGA 接口

Pocket Lab-F0 开发板提供了 1 个 VGA 接口,可用于连接电脑的 VGA 标准接口。VGA 接口共有 15 针,分成 3 排,每排 5 个孔,是显卡上应用最为广泛的接口类型,可传输红、绿、蓝模拟信号以及水平和垂直同步信号。Pocket Lab-F0 开发板上的 VGA 接口电路如图 2.12 所示,VGA 接口与 FPGA 连接的管脚分配如表 2.13 所示。

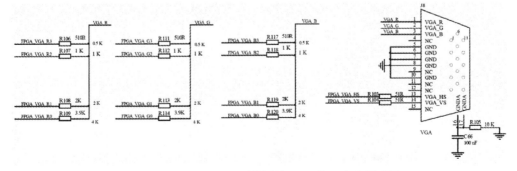

图 2.12　Pocket Lab-F0 开发板的 VGA 接口电路原理图

表 2.13　Pocket Lab-F0 开发板 VGA 接口的管脚分配

信 号 名 称	FPGA 管脚	BANK	描　述	I/O 电平
FPGA_VGA_R0	Pin_120	BANK_0	R0	3.3 V
FPGA_VGA_R1	Pin_121	BANK_0	R1	3.3 V
FPGA_VGA_R2	Pin_123	BANK_0	R2	3.3 V
FPGA_VGA_R3	Pin_124	BANK_0	R3	3.3 V
FPGA_VGA_G0	Pin_128	BANK_0	G0	3.3 V
FPGA_VGA_G1	Pin_129	BANK_0	G1	3.3 V
FPGA_VGA_G2	Pin_131	BANK_0	G2	3.3 V
FPGA_VGA_G3	Pin_132	BANK_0	G3	3.3 V
FPGA_VGA_B0	Pin_135	BANK_0	B0	3.3 V
FPGA_VGA_B1	Pin_136	BANK_0	B1	3.3 V
FPGA_VGA_B2	Pin_138	BANK_0	B2	3.3 V
FPGA_VGA_B3	Pin_139	BANK_0	B3	3.3 V
FPGA_VGA_HS	Pin_141	BANK_0	HS	3.3 V
FPGA_VGA_VS	Pin_142	BANK_0	VS	3.3 V

2.2　Gowin 云源 EDA 软件应用

Gowin 云源 EDA 软件可以从高云官方网站 www.gowinsemi.com.cn 下载，如图 2.13 所示，有商业版本或者教育版本。商业版本需要申请 License 才能使用，教育版本不需要申请 License。

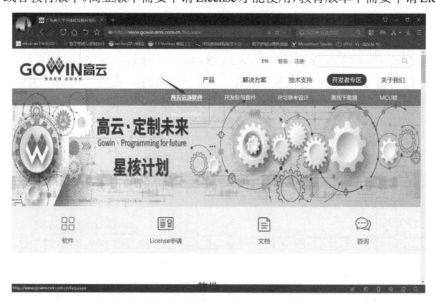

图 2.13　Gowin 云源 EDA 软件下载网站

下载相应版本的 Gowin 云源软件并安装后，在网站点击 License 申请，按要求填写相关信息，并正确填写安装该软件的计算机的 MAC 地址(可在命令窗口输入 ipconfig-all 命令查看计算机网卡的物理地址)后提交，一般 1～2 个工作日即可收到 License 文件。收到 License 文件后，启动 Gowin 云源 EDA 软件，按图 2.14 所示指定 License 文件保持的位置，可以点击 Check 按钮查看授权到期时间，到期后可以再继续申请新的 License 文件。点击 Save 按钮后点击 Close 按钮，再重新启动 Gowin 云源软件就可以正常使用了，如图 2.15 所示。

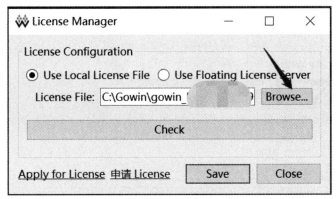

图 2.14　Gowin 云源 EDA 软件的 License 文件设置

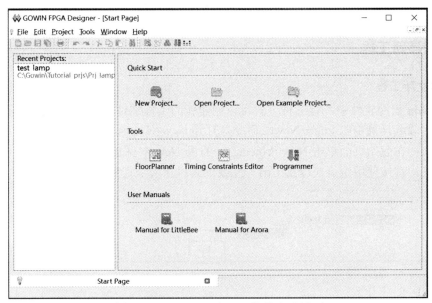

图 2.15　Gowin 云源 EDA 软件启动界面

在使用 Gowin 软件前，应首先了解软件界面各个区域的功能。图 2.16 所示为 Gowin 云源 EDA 软件在打开一个工程后展示的各个功能区域，包括标题栏、菜单栏、工具栏、工程管理区、过程管理区、设计层级显示区、源文件编辑区以及信息输出区等。其中，工具栏除了提供工程或文件编辑的操作工具外，还提供了云源软件集成工具的快速访问入口；工程管理区(Design 窗口)提供工程及其相关文件的管理和显示功能；过程管理区(Process 窗口)主要提供 FPGA 设计流程，包括综合(Synthesize)、布局布线(Place & Route)以及下载比特流文件(Program Device)等；设计层级显示区("Hierarchy"窗口)显示当前工程的设计层级关系。

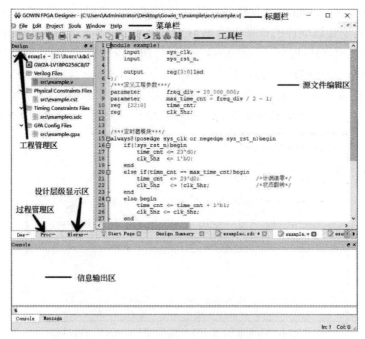

图 2.16　Gowin 云源 EDA 软件的相关工作区

2.2.1　创建新工程

1. 建立新工程

在 Gowin 云源软件中，有三种方式可以创建新的工程文件夹，如图 2.17 所示。

方法一：选择菜单栏 File→New...命令，打开 New 对话框，如①所示。

方法二：在起始页面单击 New Project...，打开 New 对话框，如②所示。

方法三：直接使用组合快捷键 Ctrl + N 或工具栏上的快捷按钮，打开 New 对话框。

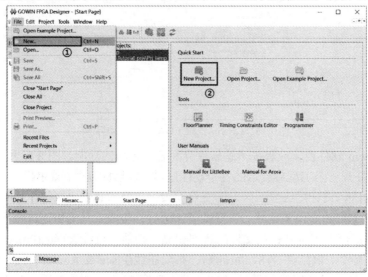

图 2.17　Gowin 云源 EDA 软件新建工程目录

采用以上任一新建工程的方法，都会弹出如图 2.18 所示的新建工程目录对话框。选择 FPGA Design Project 并点击 OK 按钮进入工程向导(Project Wizard)。

图 2.18　新建工程目录对话框

2. 新工程向导

在 Project Wizard 界面(如图 2.19 所示)创建工程名并选择工程路径。在 Name 栏后输入当前新建工程的名字，如图中①所示的 lampa_project1；在 Create in 栏单击②处的...按钮，选择当前新建工程存放的路径，如 C:\Gowin\Tutorial_prjs\Prj_lamp_one。需要注意的是，软件布局布线操作尚不支持含有中文或空格的文件路径，所以工程路径中不应含有中文或空格。若选中 Use as default project location，则会将该工程路径设置为默认存放路径，在下一次新建工程文件夹时也会默认存放在该路径。单击 Next 按钮进入 Select Device 界面。

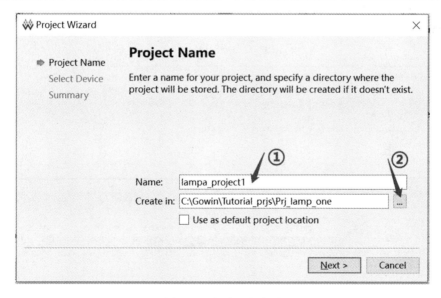

图 2.19　新建工程向导

3. 选择 FPGA 芯片型号

在 Select Device 界面，如图 2.20 所示，首先在①所示的 Series 下拉列表中选择目标实验板上所用的 FPGA 芯片系列，这里选择 Pocket-F0 开发板上对应的 FPGA 芯片为 GW1N

系列。为了快速找到对应的目标芯片的具体型号，可以在图中②所示的 Device 下拉列表中进一步选择 GW1N-9C 芯片，即可在下面的列表中找到开发板上对应的芯片型号，如图中③所示的 GW1N-LV9LQ144C6/I5。为了更快地锁定开发板上芯片型号，也可以在 Package 和 Speed 下拉列表中选择芯片的封装和速度等级，如图 2.21 所示，选择所用 FPGA 的封装为 LQFP144，速度等级为 C6/I5，这样在芯片列表中会列出满足条件的芯片，可以更快地找到所用目标芯片型号。点击 Next 按钮，进入 Summary 页面，如图 2.22 所示，进一步核实工程信息和 FPGA 芯片设置信息，如果有误可以点击 Back 按钮返回修改设置，如果完全正确，点击 Finish 按钮完成新工程的创建。

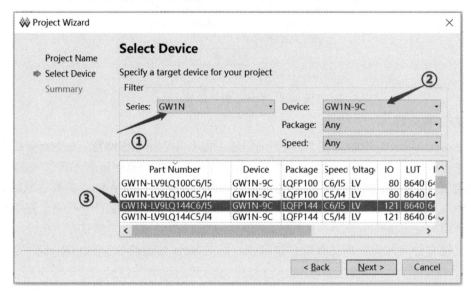

图 2.20　选择 FPGA 芯片型号

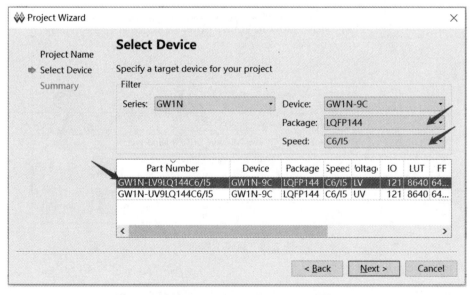

图 2.21　选择 FPGA 芯片对应的封装和速度等级

图 2.22　新建工程参数核实

2.2.2　在工程中新建设计文件

完成新的工程创建后，即可在新工程中新建设计文件。新建文件有多种方法：可以直接点击快捷按钮上的 New File or Project，如图 2.23 中①所示；将鼠标指针移动到 Design 窗口的空白处，点击鼠标右键，在右键菜单中选择 New File…，如图 2.23 中②所示，如果已经存在编辑好的设计文件，则可以在②中选择 Add Files…添加新建工程；选择 File→New…命令，如图 2.23 中的③所示。然后，打开 New 对话框，如图 2.24 所示。

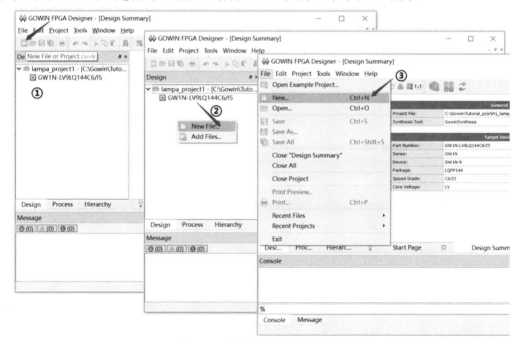

图 2.23　为新工程新建设计文件

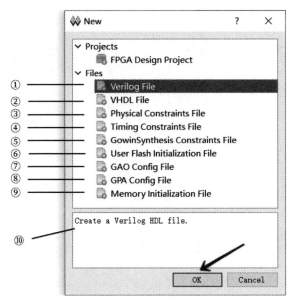

图 2.24 新建文件界面

在图 2.24 所示的 New 对话框中,可以选择新建以下不同类型的文件:

(1) 用户 Verilog HDL 设计文件。

(2) 用户 VHDL 设计文件。

(3) 物理约束文件。

(4) 时序约束文件。

(5) GowinSynthesis 约束文件。

(6) User Flash 初始化文件。

(7) GAO 配置文件。

(8) GPA 配置文件。

(9) 块存储器初始化文件。

(10) 文件类型解释区。

这里选择新建 Verilog File 文件,点击 OK 按钮,打开 New Verilog file 对话框,如图 2.25 所示。

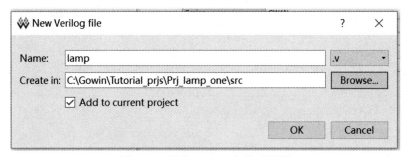

图 2.25 新建 Verilog 文件对话框

在图 2.25 中,点击 Create in 栏右侧的 Browse…按钮,选择新建文件所在目录(最好与图 2.19 的工程目录一致)。这里将设计文件保存在图 2.19 所示工程目录的 src 子目录中。在 Name 栏输入文件名(文件名最好见名知意),如此处为 lamp(verilog 文件的默认扩展名为.v)。

因为这里要实现的是一个简单的流水灯功能。图 2.25 中的 Add to current project 复选框默认是选中的，即将新建文件添加到当前工程中(如果不选中，则需要手动将新建文件添加到工程中)，最后点击 OK 按钮，打开新建的 lamp.v 空白文件。

2.2.3　编辑设计文件

在图 2.25 中点击 OK 按钮后，Gowin 软件打开空白设计文件，在设计文件中即可输入设计代码。这里在 lamp.v 中输入如下代码，其功能是实现实验板上 8 个 LED 灯的循环点亮，每个 LED 的点亮时间为 1 s，从而达到流水灯的效果。

```verilog
module lamp(        //注意，模块名最好与文件名相同
    input          sys_clk,       // 系统时钟，频率为 50 MHz
    input          sys_rst_n,     // 全局复位，低电平有效

    output    reg[7:0] led        // 8 个 LED
);


/***定义工程参数***/
parameter        freq_div = 50_000_000;              //50 MHz
parameter        max_time_cnt = freq_div/2 - 1;
reg    [31:0]        time_cnt;
reg                  clk_1hz;                         //1 Hz 分频输出


/***定时器模块***/
always@(posedge sys_clk or negedge sys_rst_n)
begin
    if (!sys_rst_n) begin
        time_cnt <= 32'd0;
        clk_1hz   <= 1'b0;
    end
    else if (time_cnt == max_time_cnt) begin
        time_cnt   <= 32'd0;             /*计满清零*/
        clk_1hz    <= 1'b1;              /*状态翻转*/
    end
    else begin
        time_cnt <= time_cnt + 1'b1;
        clk_1hz   <= 1'b0;
    end
end
```

```
/***移位寄存器模块***/
always@(posedge sys_clk or negedge sys_rst_n)
begin
    if (!sys_rst_n) begin
        led <= 8'b1111_1110;
    end
    else if (clk_1hz) begin
        led <= {led[6:0],led[7]};        /*循环左移*/
    end
end
endmodule
```

代码输入完成后，点击如图 2.26 所示的 Save 按钮保存文件，再点击图中的 Process 标签，切换到工程文件处理窗口。

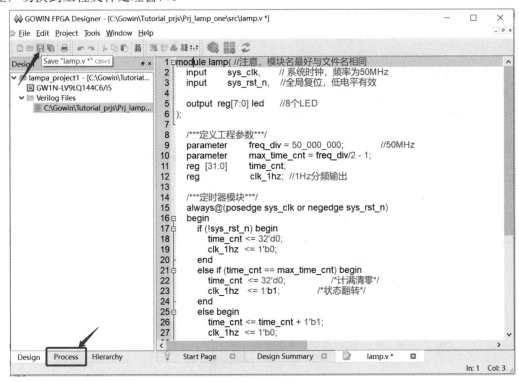

图 2.26　Verilog 文件编辑窗口

2.2.4　设计文件综合

在图 2.26 中切换到 Process 窗口，如图 2.27 所示，Synthesize 提供了运行综合、设置综合属性参数、网表文件(Netlist File)和综合报告(Synthesis Report)等功能。在 Synthesize 上点击鼠标右键，在右键菜单中选择 Configuration 命令，弹出如图 2.28 所示的 Configuration 窗口。

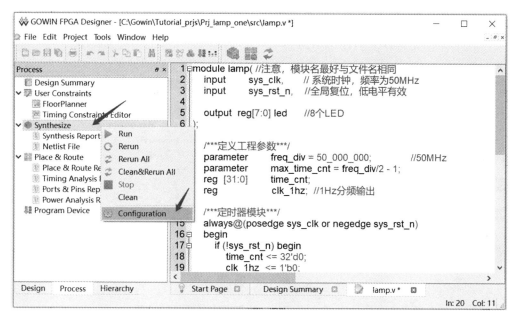

图 2.27　设计文件综合一

在 Configuration 窗口中可以指定 Top Module/Entity(当工程中包含多个设计文件时，需要在这里指定顶层模块的名称)、Include Path 以及 Verilog Language，配置完成后再点击 OK 按钮即可完成设置操作。

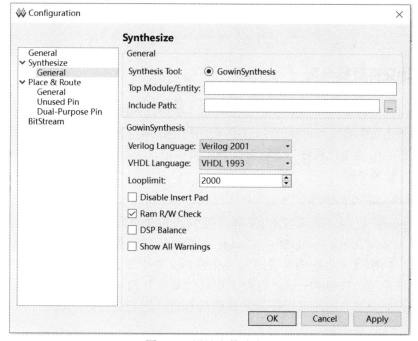

图 2.28　设计文件综合二

设置完成后，在图 2.27 中双击 Synthesize 即可对设计文件进行综合。如果出现错误提示，则既可以根据 Console 窗口中的错误信息对设计文件进行修改，也可以在错误信息上单击鼠标右键，选择 Help 命令查看错误信息编号对应的帮助信息。错误信息修改后，再次双击 Synthesize，直到综合正确。综合完成后，可以双击 Synthesis Report 查看综合报告，如图 2.29 所示。在综合报告中可以根据需要查看综合结果。双击 Netlist File 可以查看网表文件。

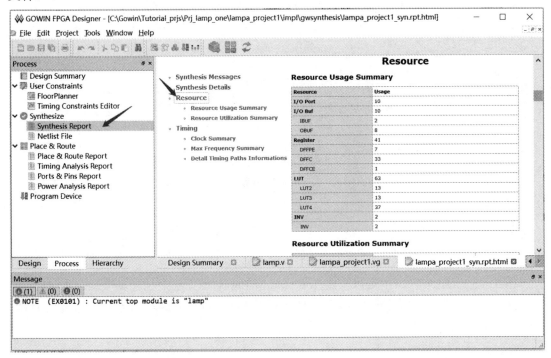

图 2.29   设计文件综合完成及综合报告查看

2.2.5 设计文件管脚分配

FPGA 内部包括逻辑单元和输入/输出模块。在对设计进行布局布线(Place & Route)之前，需要将设计文件的输入和输出端口(即管脚)指定到所用 FPGA 开发板的特定管脚上(根据开发板的布局)，这个过程称为管脚分配或管脚锁定。下面用两种方式对前面所设计的流水灯文件进行管脚分配。

1. 借助 FloorPlanner

FloorPlanner 是 Gowin 云源 EDA 软件提供的物理约束编辑器，支持对 I/O、Primitive (原语)、Block(BSRAM、DSP)、Group 等的属性及位置信息的读取与编辑功能，同时可根据用户的配置生成新的布局与约束文件，文件中规定了 I/O 的属性信息与原语、模块的位置信息等。FloorPlanner 提供了快捷的布局与约束编辑功能，可有效提高编写物理约束文件的效率，同时可以根据器件布局和时序路径进行时序优化，且支持高云半导体的各款 FPGA 产品。

在图 2.29 中选择 Tools→FloorPlanner 命令，或在 Process 界面直接双击 User Constraints 下面的 FloorPlanner，或在 FloorPlanner 上点击鼠标右键选择 Run 命令，如图 2.30 所示。在弹出的 Constraint File 对话框中点击 OK 按钮，打开 FloorPlanner 界面，如图 2.31 所示。FloorPlanner 分为 Summary、Netlist、Chip Array、Package View 以及各项约束窗口。

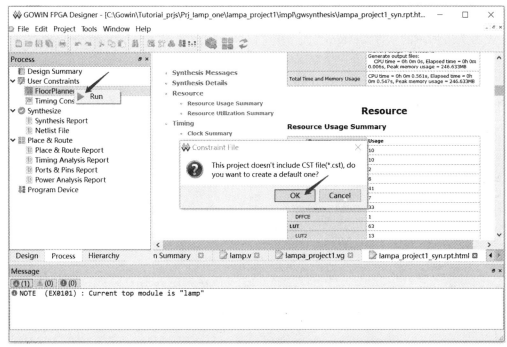

图 2.30　运行 FloorPlanner 创建 Constraint File

在图 2.31 中，点击左下角的 I/O Constraints 标签，切换到 I/O Constraints 界面，在每个管脚的 Location 列所对应的框中，根据实验板上的对应连接输入 FPGA 的管脚编号，进行管脚约束。例如，这里使用的是 Pocket Lab-F0 实验板，设计输入包括 sys_clk、sys_rst_n 和 8 个 LED。根据表 2.4 中时钟和复位所对应的 FPGA 管脚编号，以及表 2.5 中 8 个 LED 对应的 FPGA 管脚编号，完成 lamp.v 设计文件的管脚分配，如图 2.31 所示。所有管脚都分配成后，在 FloorPlanner 界面点击 File→Save 命令，保持为 *.cst 约束文件。

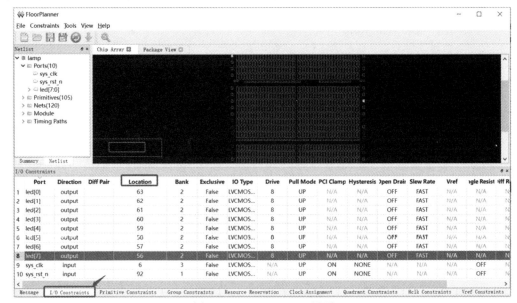

图 2.31　FloorPlanner 界面

2. 直接编写*cst 文件进行物理管脚的约束

在图 2.26 所示的软件 Design 界面，在空白区域(如图 2.32 中①所示)点击鼠标右键，选择 New File…命令，打开新建文件对话框，在 Files 类型中选择 Physical Constraints File，即物理约束文件，点击 OK 按钮。打开 New Physical Constraints File 对话框，并在 Name 栏输入 cst 文件名。目录默认为工程文件所在目录。最后点击 OK 按钮创建约束文件。

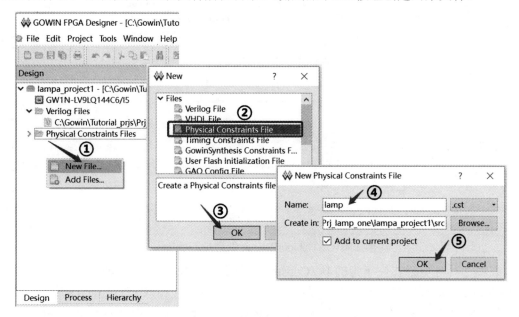

图 2.32　新建 Physical Constraints File 约束文件

在新建的 cst 文件中，通过 IO_LOC 设置设计文件中的所有管脚，如图 2.33 所示，点击保存为 cst 文件。

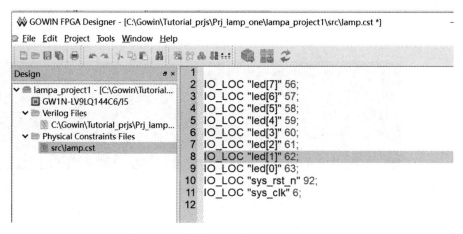

图 2.33　通过新建 cst 编写物理约束文件

2.2.6　布局布线

布局布线(Place & Route)提供运行布局布线、设置布局布线参数及管理布局布线后生成

文件等功能。布局布线与综合(Synthesize)的配置方法类似,在 Process 界面将鼠标移至 Place
& Route 旁点击鼠标右键,单击 Configuration,如图 2.34 所示。

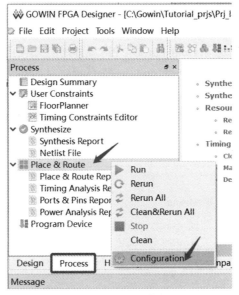

图 2.34　布局布线的配置

弹出的 Configurations 对话框如图 2.35 所示。

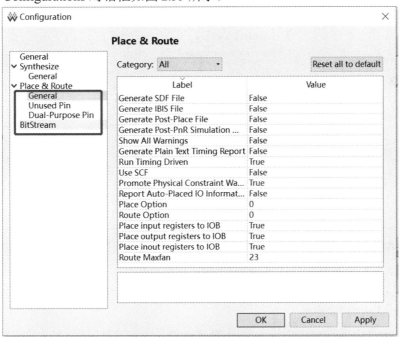

图 2.35　布局布线的 Configurations 对话框

1. 布局布线的配置属性

Place & Route 的配置属性包括 General 属性、Unused Pin 属性、Dual-Purpose Pin 属性
以及 BitStream 属性。各属性的功能如下:

(1) General：用于配置运行布局布线时的参数信息。

(2) Dual-Purpose Pin：用于配置所选器件信息中封装方式对应的 I/O 信息，主要用于配置复用管脚，将鼠标悬浮在选项处会显示其解释，这里包括 JTAG、SSPI、MSPI、READY、DONE、RECONFIG_N 以及 I2C 管脚。

(3) Unused Pin：用于配置除 Dual-Purpose Pin 以外所有未使用的管脚(不包括复用管脚)。可配置选项包括 As input tri-stated with pull-up (default)、As open drain driving ground。默认未使用的管脚设置为带有上拉的三态输入。

(4) BitStream：用于配置产生的 BitStream 文件是否允许 CRC 校验、是否压缩以及下载频率等，如图 2.36 所示。

各种属性配置完成后点击 OK 按钮。

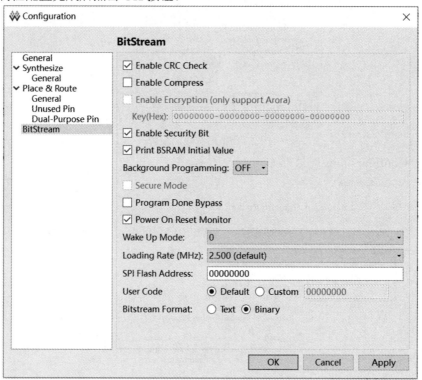

图 2.36　BitStream 配置信息

2. 布局布线各选项介绍

图 2.35 所示配置布局布线的各选项的使用说明如下：

(1) Generate SDF File：产生标准延迟格式文件，扩展名为.sdf，用于仿真布局布线后的网表时序，默认值为 False。

(2) Generate IBIS File：产生输入/输出缓冲区信息指定文件，扩展名为.ibs，默认为 False。

(3) Generate Post-Place File：产生只含有 BSRAM 布局信息的文件，扩展名为.posp，默认值为 False。

(4) Generate Post-PnR Simulation Model File：产生时序仿真模型文件，用于时序仿真，扩展名为.vo，默认值为 False。

(5) Show All Warnings：PNR 运行时输出所有的 Warning 信息，默认值为 False。

(6) Generate Plain Text Timing Report：产生文本格式的时序报告，扩展名为.tr，默认值为 False。

(7) Run Timing Driven：时序驱动优化布局布线结果，默认值为 True。

(8) Use SCF：将 Synplify Pro 综合器软件生成的*.scf 文件作为附加的时序约束文件，默认值为 False，即不使用。

(9) Promote Physical Constraint Warning to Error：将物理约束警告提升为错误信息，默认值为 True。

(10) Report Auto-Placed IO Information：报告自动布局 IO 的位置信息，默认值为 False。

(11) Place Option：布局算法选项，可选项有 0 和 1，默认值为 0。

① Place Option 为 0 时，使用默认布局算法。

② Place Option 为 1 时，在算法 0 的基础上，牺牲一些时间效率尝试寻找更优的布局结果。

(12) Route Option：布线算法选项，可选项有 0、1 和 2，默认值为 0：算法 0 的布线算法效果不好时建议尝试 1 或 2 算法。

① Route Option 为 0 时，采用默认布线算法，根据拥塞调整布线。

② Route Option 为 1 时，根据时序数据调整布线。

③ Route Option 为 2 时，布线速度会相对快一点。

(13) Place input register to IOB：布局输入 Buffer 驱动的寄存器到 IOB 上，默认值为 True。

(14) Place output register to IOB：布局输出/三态 Buffer 驱动的寄存器到 IOB 上，默认值为 True。

(15) Place input register to IOB：布局双向 Buffer 驱动的寄存器到 IOB 上，默认值为 True。

(16) Route Maxfan：基于布线优化，设置布线的最大扇出数目，取值应为大于 0 且小于等于 100 的整数，设置的数值较小时可能会出现布线失败的情况。该选项不会对与 long wire 和 clk 相关的布线进行控制。当器件为 GW1NZ-1、GW1NZ-1C、GW1N-2、GW1NR-2、GW1N-1P5、GW1N-2B、GW1NR-2B、GW1N-1P5B、GW1N-2C、GW1NR-2C、GW1N-1P5C 时，Route Maxfan 的默认值为 10，为其他器件时默认值为 23。

3. BitStream 各项配置信息介绍

图 2.36 所示的 BitStream 配置信息的各项参数的使用说明如下：

(1) Enable CRC Check：使能循环冗余校验，默认为勾选。

(2) Enable Compress：使能码流文件压缩，默认为不勾选。

(3) Enable Encryption (only support Arora)：对码流文件进行加密处理，仅支持晨熙家族，默认为不勾选。

(4) Key (Hex)：勾选"Enable Encryption(only support Arora)"后才可以对该项进行编辑，该项可以使用户对加密的密钥进行自定义，默认 Key 全为 0。

(5) Enable Security Bit：使能安全位控制，给码流文件添加安全位，添加之后码流无法再次回读，默认为勾选。

（6）Print BSRAM Initial Value：打印 BSRAM 的初始值到码流文件中，默认为勾选。

（7）Background Programming：背景升级功能，在不中断 FPGA 芯片当前正在执行的码流文件的前提下对 Flash 进行再次烧录。如果当前器件的 Background Programming 取值只有 OFF，则在配置界面中不会显示该配置选项。注意，当设计中含有 User Flash 时不能配置 Background Programming 选项，否则会报出 Error 提示。

支持背景升级的器件及其取值情况如表 2.14 所示。

表 2.14　支持背景升级的器件及其取值情况

器 件 类 型	Background Programming
GW1N-1P5、GW1N-2、GW1NR-2、GW1N-4B、GW1NR-4B、GW1NR-4D、GW1NRF-4B、GW1NS-4、GW1NSR-4、GW1N-9、GW1N-9C、GW1NR-9、GW1NR-9C、GW1NZ-1、GW1NZ-1C	OFF、JTAG 默认为 OFF
GW1N-1P5B、GW1N-2B、GW1NR-2B、GW1N-2C、GW1NR-2C、GW1N-1P5C	OFF、JTAG、I2C 默认为 OFF
GW2AN-18X、GW2AN-9X	OFF、Internal、I2C/JTAG/SSPI/QSSPI 默认为 OFF

Background Programming 各取值的功能介绍如下：

① OFF：关闭 Background Programming 功能，如果器件为 GW2AN-18X 或 GW2AN-9X，"Dual-Purpose Pin"对话框中的"Use MSPI as regular IO"为不勾选且不可配置状态。

② JTAG：使用 JTAG 模式进行背景升级。

③ I2C：使用 I2C 模式进行背景升级。对于器件 GW1N-1P5B、GW1N-2B、GW1NR-2B，配置对话框中会出现选项"I2C Slave Address(Hex)"，对用户操作 I2C 设备的地址进行设置，可设置值的范围为 00~7F，如图 2.37 所示。选择 I2C 后"Dual-Purpose Pin"对话框中的"Use JTAG as regular IO"为不勾选且不可配置状态。对于器件 GW1N-2C、GW1N-1P5C、GW1NR-2C，使用 I2C 模式进行背景升级时，配置对话框中不会出现选项"I2C Slave Address(Hex)"，"Dual-Purpose Pin"对话框中的"Use RECONFIG as regular IO"为不勾选且不可配置状态。

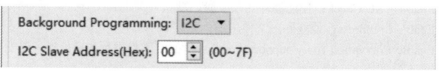

图 2.37　Background Programming 设置为 I2C

④ Internal：使用内部逻辑进行背景升级，"Dual-Purpose Pin"对话框中的"Use MSPI as regular IO"为勾选且不可配置状态。

⑤ I2C/JTAG/SSPI/QSSPI：使用 I2C/JTAG/SSPI/QSSPI 模式进行背景升级，"Dual-Purpose Pin"对话框中的"Use MSPI as regular IO"为不勾选且不可配置状态。

⑥ 选择 Internal 或 I2C/JTAG/SSPI/QSSPI 时，对话框中会出现配置选项"HOTBOOT"，如图 2.38 所示。此时该选项为可选状态，默认不勾选。

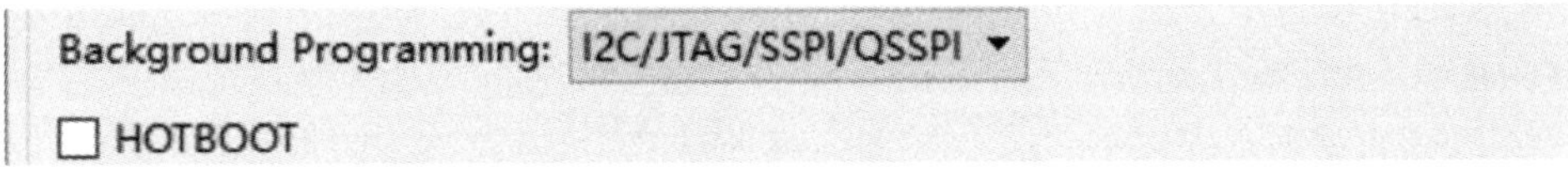

Background Programming: I2C/JTAG/SSPI/QSSPI ▼

☐ HOTBOOT

图 2.38　Background Programming 设置为 I2C/JTAG/SSPI/QSSPI

⑦ 配置项更改或"HOTBOOT"勾选状态更改后，Place & Route 的状态会变为过期状态。如果配置项切换前后包含 I2C，则 Synthesize 和 Place & Route 的状态都会改为过期状态。

(8) Secure Mode：启用安全模式，此时 JTAG 管脚为 GPIO，码流文件只能对设备编程一次。只有器件 GW1NSER-4C 支持该功能，默认为不勾选状态。

(9) Program Done Bypass：在 Done Final 内部信号生效时，外部 Done Pin 保持低电平，使码流加载完成后可以转发新的码流数据。

(10) Power On Reset Monitor：使能上电复位控制，默认为不勾选状态。勾选该选项后，上电工作时会先进入复位模式，将所有 RAM 位清除，并通过内部弱上拉电阻将使用的 I/O 置为三态，然后依次完成配置、初始化工作。

(11) Wake Up Mode：使能芯片唤醒模式，可选值有 0 和 1，默认值为 0。当 Wake Up Mode 为 0 时，DONE 管脚拉高或拉低对 Wake Up 没有影响；当 Wake Up Mode 为 1 时，如果 DONE 管脚处于拉高状态，则可以正常下载且芯片正常工作，如果 DONE 管脚处于拉低状态，则可以正常下载，下载完后 DONE 管脚需要拉高且同时保持 TCK 连接脉冲信号芯片才能唤醒。

(12) Loading Rate(MHz)：在 AutoBoot 配置模式和 MSPI 配置模式下，码流文件从 Flash 到 SRAM 的加载速度。注意，不同器件 Loading Rate 的取值及其计算方式不同。

(13) SPI Flash Address：指定 SPI Flash 地址，是指下一次 MultiBoot 时，加载码流文件的起始地址，默认为 00000000，具体可参考 Gowin Programmer 用户手册。

(14) User Code：用户可以自定义 User Code，定义的值会体现在产生的码流文件中，通过编程器下载码流文件时会对 User Code 进行校验。默认为 Default(00000000)。

(15) Bitstream Format：用于指定生成的码流文件内容的格式，可选项有 Text 和 Binary，默认为 Binary。当选择 Text 选项时，会生成纯文本格式的 *.fs 文件；选择 Binary 选项时会生成 *.fs 、*.bin 和*.binx 格式的码流文件。*.bin 和 *.binx 是二进制格式的码流文件，*.binx 文件含有头部注释信息，*.bin 没有头部注释信息。

布局布线的 Configurations 设置完成后，在 Gowin 软件 Process 窗口的 Place & Route 上双击鼠标左键开始运行自动布局布线，如图 2.39 所示，在 Console 中可以查看相关信息。布局布线成功完成后会生成 FPGA 下载的 Bit 流文件以及相关报告文件，如 Place & Route Report(布局布线报告)、Timing Analysis Report(时序分析报告)、Ports & Pins Report(端口及管脚报告)以及 Power Analysis Report(功耗分析报告)，在对应的报告名称上双击鼠标左键即可查看报告信息。

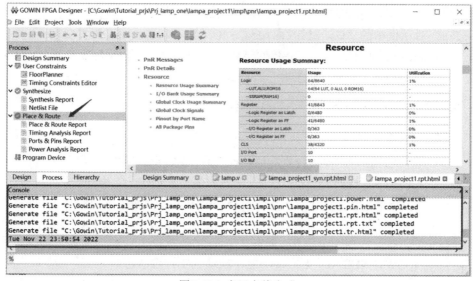

图 2.39　布局布线完成

2.2.7　设计文件下载编程

布局布线完成后，Gowin 云源软件自动生成可供 FPGA 芯片读取的比特流文件(*.fs)，此时可以通过 USB 下载电缆连接好实验板与计算机的 USB 接口，并给实验板加电，通过 USB 下载电缆将比特流文件下载到 FPGA 芯片的 SRAM、嵌入式 Flash 或外部 Flash 中。设计文件下载编程，在图 2.39 的 Process 界面双击 Program Device 命令，或选择菜单 Tools →Programmer 命令，进入下载界面，如图 2.40 所示。首先弹出的是下载电缆设置界面，可以选择可用的下载线类型、端口和频率等信息，也可以在 Gowin Programmer 下载界面选择菜单 Edit→Setting→Cable Setting 打开电缆设置对话框。如果下载电缆的驱动安装好，这里会自动选择好可用的下载线类型、端口和频率，只需要点击 Save 按钮即可。

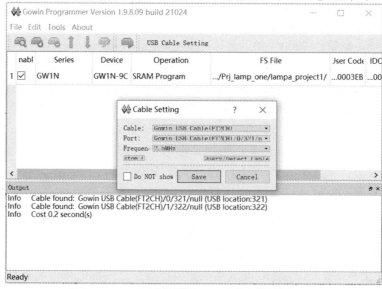

图 2.40　Gowin 下载界面——下载电缆设置

如果器件类型不正确，可以在 Gowin Programmer 界面点击 Scan Device 快捷键，如图 2.41 所示，扫描完成后，所有的设备将按其所在链中顺序依次列在设备列表中，在扫描结果中找到与实验板对应的设备，点击 OK 按钮。然后选择菜单 Edit→Configure Device 打开设备配置对话框，选择 Access Mode 为 SRAM Mode，Operation 为 SRAM Program 方式，即把配置数据流文件直接下载到 FPGA SRAM 中。

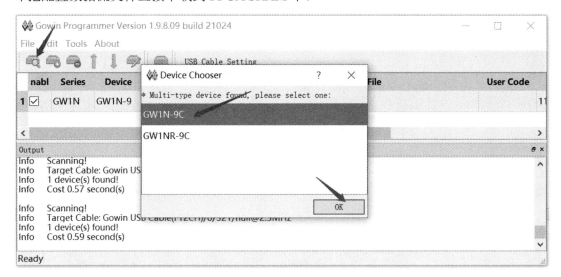

图 2.41　扫描设备菊花链

在编程界面，注意下载文件 *.fs 是否已经添加，然后点击 Program/Configure 快捷键，或菜单 Edit→Program/Configure 命令，如图 2.42 所示，即可完成实验板上 FPGA 的下载编程，观察实验板上 8 个 LED 灯是否按程序设计功能依次点亮。

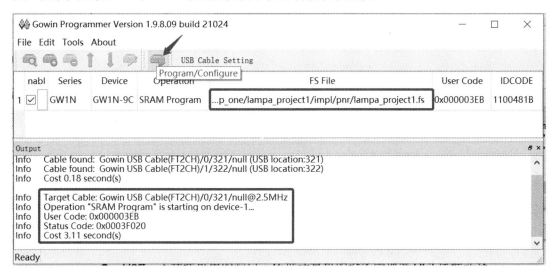

图 2.42　Gowin 下载界面——下载编程

前面默认的下载模式是 SRAM 方式，在 Gowin Programmer 界面，可以通过菜单 Edit→Configure Device 命令，或双击 Operation 打开设备配置(Device Configuration)对话框来选择配置设备，如图 2.43 所示，点击 Save 按钮完成配置选择。根据 Access Mode 中的配置方式选择，Device Configuration 对话框会有以下不同设置：

(1) Access Mode：选择设备的编程模式。

(2) Operation：选择设备编程操作，如表 2.15 所示(不同 Gowin 版本编程操作选择会有所不同，参考对应的设备编程操作指南)。

(3) Programming File：选择编程数据文件。

(4) Device：当编程模式选择为 External Flash Mode 时，需要选择外部 Flash 型号。

(5) Start Address：当编程模式选择为 External Flash Mode 时，需要选择外部 Flash 的起始地址。

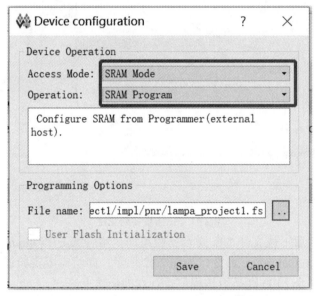

图 2.43　Gowin 下载界面——设备配置对话框

表 2.15　Device Configuration 设备编程操作描述

Access Mode 选择	Operation 选择	操 作 描 述
SRAM Mode	Bypass	Bypass(非高云设备 JTAG-NOP 操作)
	Read Device Code	可读取设备 ID、User Code、Status Code
	Read User Code	读取设备 User Code
	Read Status Register	读出设备状态信息
	Reprogramm	—
	SRAM Programm JTAG 1149	JTAG 写纯数据模式，不支持 CRC 校验，不支持加密或压缩的数据流文件
	SRAM Erase	擦除 SRAM 数据
	SRAM Program	配置数据流文件到 FPGA SRAM

续表

Access Mode 选择	Operation 选择	操 作 描 述
Embedded Flash Mode	embFlash Erase，Program	先擦除内嵌 Flash，然后将数据写入
	embFlash Erase，Program，Verify	先擦除内嵌 Flash，然后将数据写入并进行验证
	EmFlash Erase Only	仅擦除内嵌 Flash
External Flash Mode	exFlash Erase，Program	先擦除外部 Flash，然后将数据写入外部 Flash
	exFlash Erase，Program，Verify	先擦除外部 Flash，然后将数据写入并进行验证
	exFlash Program Without Erasure	将数据写到外部 Flash，不擦除
	exFlash Bulk Erase	擦除外部 Flash
	exFlash Verify	验证外部 Flash 数据
	exFlash Erase，Program in bscan	使用 bscan 模式，先擦除外部 Flash，然后将数据写入外部 Flash
	exFlash Erase，Program，Verify in bscan	使用 bscan 模式，先擦除外部 Flash，然后将数据写入并进行验证
	exFlash Verify in bscan	—
	exFlash Program in bscan without erasure	使用 bscan 模式，将数据写到外部 Flash，不擦除
	exFlash Bulk Erase in bscan	使用 bscan 模式，验证外部 Flash 数据
	exFlash C Bin Erase，Program	先擦除外部 Flash，然后将 RISC-V 的 bin 文件写入到外部 Flash
	exFlash C Bin Erase，Program，Verify	先擦除外部 Flash，然后将 RISC-V 的 bin 文件写入到外部 Flash，并进行验证
	exFlash C Bin Program	将 RISC-V 的 bin 文件写入到外部 Flash
	Slave SPI Read ID Code	SSPI 模式下读设备 ID
Slave SPI Mode	Slave SPI Scan exFlash	SSPI 模式下扫描外部 Flash
	Slave SPI Program SRAM	SSPI 模式下将数据写入 SRAM

注：GW2A/GW2AR 系列芯片没有 Embedded Flash，不支持此模式。

高云小蜜蜂系列芯片为用户提供了 User Flash 空间，User Flash 数据可通过 Gowin

Programmer 在编程内置 Flash 的同时可烧录 User Flash 空间。从安全设计上考虑，在 Programmer 端的这个操作仅支持 User Flash 烧录，不支持 Flash 的数据回读。用户在烧录的同时，可以选择以.fi 为文件扩展名的 User Flash 初始化文件，如图 2.44 所示。嵌入式的 User Flash 相关参数如表 2.16 所示。

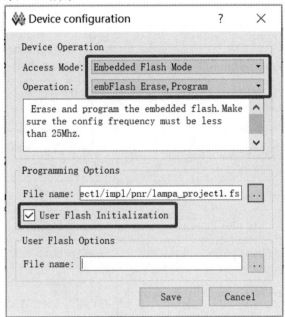

图 2.44　Gowin 下载界面——User Flash 初始化

表 2.16　User Flash 参考表

芯 片 系 列	器件型号	Flash 类型	地 址	数据宽度
GW1N	GW1N-1	FLASH96K	48*64	32B
	GW1N-1S			
	GW1N-2	FLASH256K	128*64	
	GW1N-2B			
	GW1N-4			
	GW1N-4B			
	GW1N-6	FLASH608K	304*64	
	GW1N-9			
GW1NR	GW1NR-4	FLASH256K	128*64	
	GW1NR-4B			
	GW1NR-9	FLASH608K	304*64	
GW1NS	GW1NS-2	FLASH128K	32768	
GW1NSR	GW1NSR-2	FLASH128K	32768	
GW1NZ	GW1NZ-1	FLASH64KZ	32*64	

2.3　GAO 在线逻辑分析仪

高云在线逻辑分析仪(Gowin Analyzer Oscilloscope，简称 GAO)是高云半导体自主研发的一款数字信号分析工具，可更加简便地分析设计中信号之间的时序关系，快速进行系统分析和故障定位，提高了设计效率。其工作原理是 FPGA 工作时利用器件中未使用的存储器资源，根据用户设定的触发条件将信号实时保存到存储器中。GAO 包括 Gowin GAO 配置和 Gowin Analyzer Oscilloscope 两个工具。Gowin GAO 配置主要用于把定位信息配置到设计中，这些定位信息主要基于采样时钟、触发单元和触发表达式；Gowin Analyzer Oscilloscope 通过 JTAG 接口连接软件和目标硬件，将 GAO 配置文件设置的采样信号的数据直观地通过波形显示出来。

Gowin 软件的 GAO 支持 RTL 级信号、综合后网表级信号捕获的标准版(Standard)和精简版(Lite)两个版本。标准版 GAO 最多可以支持 16 个功能内核，每个内核可配置一个或多个触发端口，支持多级静态或动态触发表达式，每个匹配单元均支持 6 种触发匹配类型，支持捕获 RTL 综合优化前或者综合优化后信号。精简版 GAO 配置简便，无须设置触发条件，精简版 GAO 还可以捕获信号的初始值，方便用户分析上电瞬间的工作状态。信号捕获后可将其波形导出，支持 *.csv、*.vcd 和 *.prn 三种导出文件格式，*.csv 和 *.prn 两种类型的文件可直接被 Matlab 等第三方仿真工具使用，*.vcd 类型文件可被 ModelSim 工具使用。

2.3.1　GAO 配置文件

GAO 的内核主要由控制内核和功能内核两部分组成：控制内核是所有功能内核与 JTAG 扫描电路的通信控制器；功能内核主要负责实现触发信号的配置、数据的采集与存储。控制内核连接上位机与功能内核，配置过程中接收上位机指令并传送给功能内核，数据读取过程中将功能内核采集的数据传送给上位机并显示在云源界面上；功能内核与控制内核直接通信，接收控制内核传输的指令，根据指令进行数据采集和传输。

GAO 配置窗口主要用于配置和更改控制内核和功能内核的参数，其目的是帮助用户快速简便地分析设计文件综合、布局布线后的数据信号，有效提高时序分析效率。下面分别介绍 Standard 和 Lite 两个版本的 GAO 配置文件。

1. Standard Mode GAO 配置文件

1) 启动 Standard Mode GAO 配置窗口

启动 Standard Mode GAO 配置窗口，首先需要创建或加载配置文件(.gao/.rao)，Standard Mode GAO 创建类型包括"For RTL Design"和"For Post-Synthesis Netlist"。其中"For RTL Design"类型用于捕获综合优化前 RTL 信号，生成配置文件扩展名为.rao；"For Post-Synthesis Netlist"类型用于捕获综合优化后 Netlist 信号，生成配置文件扩展为.gao。两种类型 Standard GAO 配置过程相似，以下内容仅针对"For Post-Synthesis Netlist"类型

Standard GAO 配置文件进行介绍。

(1) 创建 Standard Mode GAO 配置文件。

① 在 Gowin 云源软件的 Design 窗口空白处，点击鼠标右键，在弹出的菜单中选择 New File…，弹出 New 对话框，如图 2.45 所示。在 New 界面选择 GAO Config File，点击 OK 按钮弹出 New GAO Wizard 对话框。

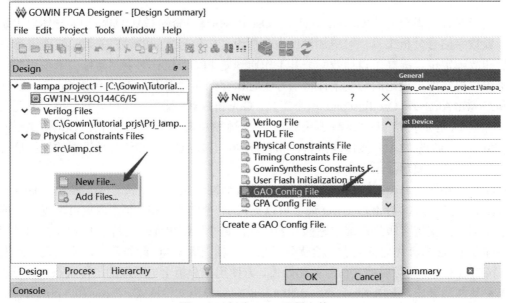

图 2.45　创建 GAO 配置文件

② 如图 2.46 所示，在 GAO Setting 页面的 Type 中选择"For Post-Synthesis Netlist"，在 Mode 中选择"Standard"，点击 Next 按钮进行下一个页面。

图 2.46　New GAO Wizard 对话框(Standard Mode)

③ 如图 2.47 所示，在 GAO Configure File 页面的 Name 编辑框中输入配置文件的名称，默认为工程名称，这里输入为"lampa_project1_std"，扩展名为.gao，点击 Next 按钮进入下一个页面。

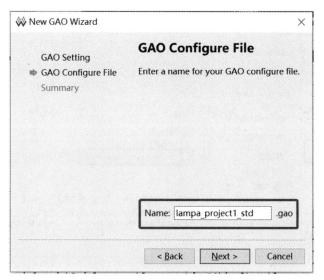

图 2.47　输入 Standard Mode GAO 配置文件名称

④ 在 Summary 页面，可以查看 GAO 配置文件模式及存放路径，如图 2.48 所示，点击 Finish 按钮完成配置文件的创建，创建的 GAO 配置文件在 Gowin 云源软件 Design 窗口的 GAO Config Files 栏可以看到。

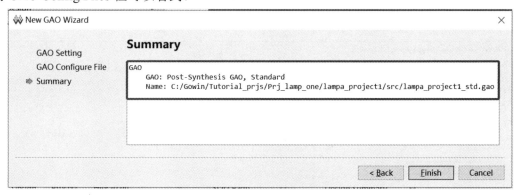

图 2.48　GAO 配置文件模式及存放路径(Standard Mode)

如果在 Gowin 软件的 Design 窗口没有加载已经创建好的 GAO 配置文件，如图 2.49 所示，可以按照如下步骤操作：

① 在 Gowin 云源软件的 Design 窗口空白处，点击鼠标右键，选择 Add File…命令，弹出 Select Files 对话框。

② 在 Select Files 窗口，选择前面已经创建好的"Standard Mode"配置文件(.gao)，点击"打开"按钮，将 GAO 配置文件加载到工程的 Design 窗口。

如果在 GAO Config Files 栏已经存在 GAO 配置文件，可以跳过该步骤。

(2) 启动 Standard Mode GAO 配置窗口。在 Gowin 云源软件的 Design 窗口中，鼠标左键双击配置文件(.gao)，在 Gowin 云源软件主界面中将弹出 GAO 配置窗口，如图 2.50 所示。需要注意的是，如果设计工程未通过 Synthesize，双击.gao 配置文件时会弹出警告提示框。

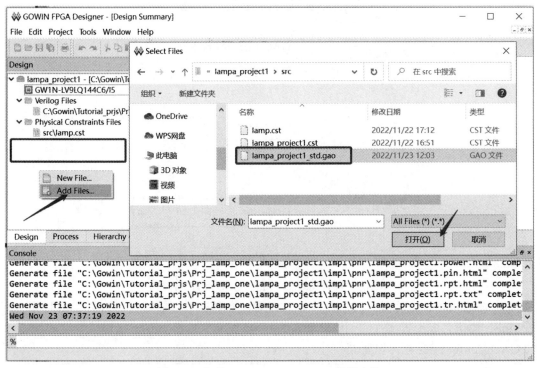

图 2.49　加载 Standard Mode GAO 配置文件

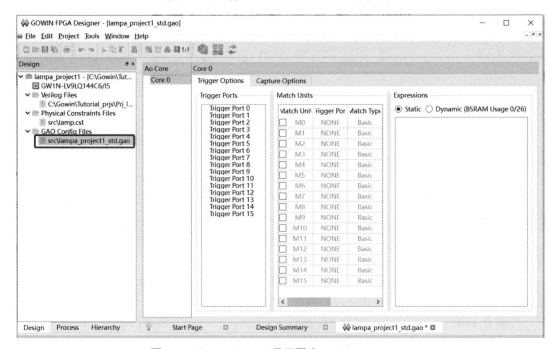

图 2.50　Gowin GAO 工具配置窗口(Standard Mode)

　　GAO 配置窗口包括配置功能内核数量的 Ao Core 视图和对应 Core 的信号配置视图，其中 Core 信号配置视图包括配置信号触发条件的 Trigger Options 视图和配置信号采样条件的 Capture Options 视图。

2) 配置 Standard Mode GAO

图 2.50 所示的 Standard Mode GAO 配置窗口用于功能内核数量、信号触发条件、信号采样条件的配置。

(1) 配置功能内核数量。图 2.50 所示的 AO Core 视图用于显示及管理当前工程所使用的功能内核数量。AO Core 视图默认只含有 Core 0，最多可支持 16 个 Core，按 Core 0～Core15 依次排序，可进行如下操作：

① 在"AO Core"视图任意位置，点击鼠标右键，选择"Add"，添加新的 AO Core。

② 在"AO Core"视图选中某一个 Core 后右击选择"Remove"，可删除相应 Core。

③ 删除中间编号 Core 时，后面 Core 编号依次减小，Core 编号始终连续递增。

④ 单击选中某个 Core，则右侧信号配置视图显示对应"Core"的配置视图，如图 2.51 所示，例如 AO Core 视图选中 Core2，则右侧显示 Core2 配置视图。

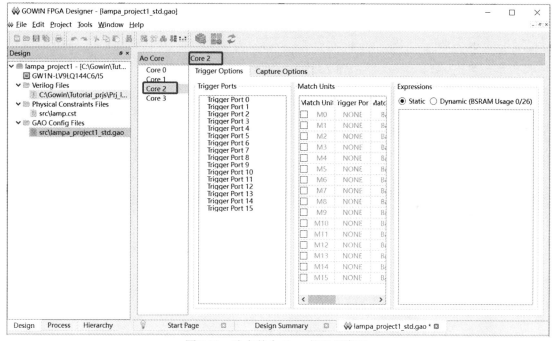

图 2.51　选中某个 Core 的配置窗口

注意，在 AO Core 视图中只包含一个 Core 时禁止删除，若选中该 Core，并用鼠标右键选择 Remove 时，则弹出禁止删除提示对话框；AO Core 视图最多支持 16 个 Core，当添加超过 16 个 Core 时会弹出 error 提示框。

图 2.51 中 Trigger Options 页面用于配置信号触发条件。其中，左上角显示当前所配置的 AO Core，Trigger Ports 视图用于配置功能内核触发端口，Match Units 视图用于配置触发匹配单元，Expressions 视图用于配置触发表达式。

(2) 配置触发端口(Trigger Ports)。在图 2.51 中，Trigger Options 页面中的 Trigger Ports 视图用于配置功能内核的触发端口，具体操作如下：

① 双击触发端口，弹出 Trigger Port 对话框，如图 2.52 所示。

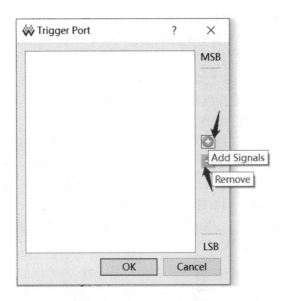

图 2.52 Trigger Port 对话框

图 2.52 的 Trigger Port 对话框中的信号可进行如下操作：

a. 支持删除触发信号：鼠标左键单选、Shift + 左键或 Ctrl + 左键多选触发信号，点击"Remove"按钮完成删除；

b. 支持信号拖曳排序：鼠标左键单选、Shift + 左键或 Ctrl + 左键多选触发信号，用鼠标左键选中并拖动完成信号排序。

② 点击图 2.52 中 Add Signals 按钮，弹出 Search Nets 对话框，点击 Search 按钮，如图 2.53 所示，其中不可捕获的信号被置成灰色。

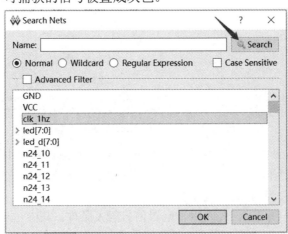

图 2.53 Search Nets 对话框

在图 2.53 的 Search Nets 对话框中，Normal、Wildcard、Regular Expression 三个选项互斥，不能同时选择，与 Case Sensitive 复选框配合，它们的功能分别是：

a. Normal 选项：表示使用普通方式进行设置，选择该选项时，单击"Search"按钮会对"Name"文本框中的字符串进行匹配，如图 2.54 所示，匹配搜索出带有字母 c 的网络名称(不区分大小写)。

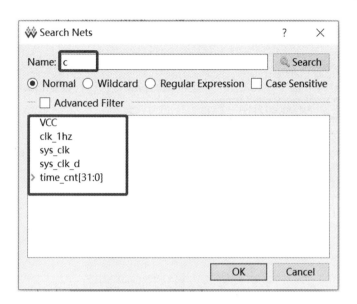

图 2.54　Search Nets 对话框——Normal 模式

b. Wildcard 选项：表示使用通配符进行设置，选择该选项时，单击"Search"按钮会对"Name"文本框中的字符串进行匹配，该字符串可以使用通配符(*、?)，如图 2.55 所示，匹配搜索出以字母 c 开头的网络名称。

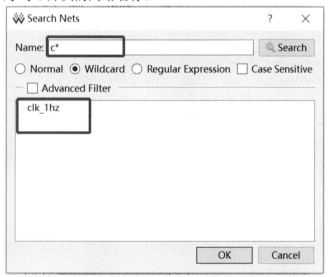

图 2.55　Search Nets 对话框——Wildcard 模式

c. Regular Expression 选项：表示使用正则表达式进行匹配，选择该选项时，单击"Search"按钮会对"Name"文本框中的字符串进行匹配，该字符串可以使用正则表达式。

d. 选中"Case Sensitive"复选框：表示进行信号匹配时，区分大小写。Search Nets 对话框下方的 Signal 区域支持左键单选、Shift + 左键和 Ctrl + 左键多选等功能。

Search Nets 对话框中的 Advanced Filter 复选框表示使用高级筛选方式，可以通过该方式进一步设置筛选条件，更加精确查找所需的信号，如图 2.56 所示。

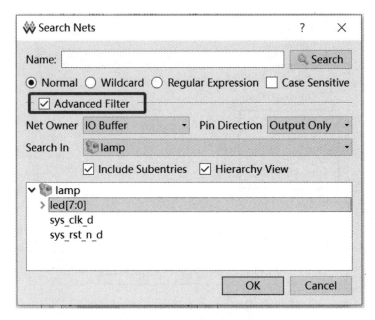

图 2.56 Search Nets 对话框——高级筛选方式

高级筛选方式中各选项的功能说明：

a. Net Owner 选项：用于设置信号所属模块的类型，可以选择某个模块，也可以选择 All。

b. Pin Directions 选项：用于设置信号是 Output only、Input only 或 All Directions。

c. Search In 选项：用于设置从哪个模块筛选信号。

d. Include Subentries 选项：用于设置是否从子模块中筛选信号。

e. Hierarchy View 选项：用于将信号通过用户设计的层级结构进行显示。

如图 2.54 所示，"Net Owner"选择"IO Buffer"，"Pin Directions"选择"Output Only"，"Search In"选择"lamp"，同时选中"Include Subentries"和"Hierarchy View"，单击"Search"按钮，则 lamp 模块及其子模块中所有与 IO Buffer 有关的输出信号将以层级结构的形式显示出来。

③ 在图 2.53 所示的对话框中，选择触发信号，点击 OK 按钮，完成触发信号的选择。

需要注意的是：

a. Trigger Options 视图中共有 16 个触发端口，分别为 Trigger Port 0～Trigger Port 15，每个触发端口的宽度范围为 1～64。

b. 网表更新后，若图 2.52 的 Trigger 对话框中已选择的信号不存在于更新后的网表中，则该触发信号会被标红显示。

(3) 配置匹配单元(Match Units)。在图 2.49 中，Trigger Options 页面中的 Match Units 视图用于配置触发端口的匹配单元，最多 16 个触发匹配单元，16 个匹配单元对应 M0～M15。匹配单元是 GAO 功能内核实现触发条件的最小单元，功能内核通过匹配单元对用户设计的触发端口信号进行处理，当触发端口信号满足要求时，可实现触发。

需要注意的是，一个触发端口(Trigger Port)可使用一个或多个触发匹配单元，但一个触发匹配单元只能属于一个触发端口；在图 2.51 中，当 Trigger Options 页面中的 Expressions

选中"Static"时，使用静态触发表达式，所有使用的触发端口最多只能使用 16 个触发匹配单元；当 Expressions 选中"Dynamic"时，使用动态触发表达式，所有使用的触发端口最多只能使用 10 个触发匹配单元。

配置匹配单元的具体操作如下：

① 在 Match Units 视图中，勾选"Match Unit"复选框，可选择触发匹配单元，如图 2.57 所示。

Match Unit	Trigger Port	Match Type	Function	Counter	Value
☑ M0	NONE	Basic	==	Disabled	
☐ M1	NONE	Basic	==	Disabled	
☐ M2	NONE	Basic	==	Disabled	
☐ M3	NONE	Basic	==	Disabled	
☐ M4	NONE	Basic	==	Disabled	
☐ M5	NONE	Basic	==	Disabled	
☐ M6	NONE	Basic	==	Disabled	
☐ M7	NONE	Basic	==	Disabled	
☐ M8	NONE	Basic	==	Disabled	
☐ M9	NONE	Basic	==	Disabled	
☐ M10	NONE	Basic	==	Disabled	
☐ M11	NONE	Basic	==	Disabled	
☐ M12	NONE	Basic	==	Disabled	
☐ M13	NONE	Basic	==	Disabled	
☐ M14	NONE	Basic	==	Disabled	
☐ M15	NONE	Basic	==	Disabled	

图 2.57　Match Units 视图

② 双击匹配单元行，可在弹出的"Match Unit Config"对话框中对触发条件进行配置，如图 2.58 所示。

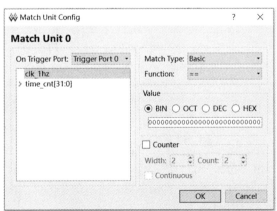

图 2.58　Match Units Config 对话框

③ 单击"On Trigger Port"下拉框，在下拉列表中选择触发端口。

④ 在"Match Type"和"Function"的下拉列表中，可进行匹配类型的选择，详细内容介绍如下：

a. Basic：执行"=="和"!="操作，用于一般的信号比较，是一种比较节约资源的类型。

b. Basic w/edges：执行"=="" !="和跳变检测操作，用于控制信号的跳变需要考虑的情况。

c. Extended：执行"=="" !="" >"" >="" <"和" <="操作，用于地址或数据信号的值需要考虑的情况。

d. Extended w/edges：执行"=="" !="" >"" >="" <"" <="和跳变检测操作，用于地址或数据信号的值和跳变都需要考虑的情况。

e. Range：执行"=="" !="" >"" >="" <"" <="范围内检测和范围外检测操作，用于对特定范围的地址或数据信号的值需要考虑的情况。

f. Range w/edges：执行"=="" !="" >"" >="" <"" <="范围内检测、范围外检测和跳变检测操作，用于对特定范围的地址或数据的信号的值和跳变需要考虑的情况。

图 2.58 对话框中的 Value 项用于设置 Bit Value 值，与匹配类型结合，如表 2.17 所示。目前 Bit Value 支持二进制、八进制、十进制和十六进制。

表 2.17　触发匹配单元支持的匹配类型

类型	Bit Values	匹配函数	说　明
Basic	0、1、X	==、!=	用于一般的信号比较，是一种比较节约资源的类型
Basic w/edges	0、1、X、R、F、B、N	==、!=、跳变检测	用于控制信号的跳变需要考虑的情况
Extended	0、1、X	==、!=、>、>=、<、<=	用于地址或数据信号的值需要考虑的情况
Extended w/edges	0、1、X、R、F、B、N	==、!=、>、>=、<、<=、跳变检测	用于地址或数据信号的值和跳变都需要考虑的情况
Range	0、1、X	==、!=、>、>=、<、<=、范围内检测、范围外检测	用于对特定范围内地址或数据信号的值需要考虑的情况
Range w/edges	0、1、X、R、F、B、N	==、!=、>、>=、<、<=、范围内检测、范围外检测、跳变检测	用于对特定范围内地址或数据的信号的值和跳变需要考虑的情况

需要注意的是，在 Bit values 中，"0"表示低电平 0；"1"表示高电平 1；"X"表示任意；"R"表示上升沿 0→1 变化；"F"表示下降沿 1→0 变化；"B"表示上升沿或下降沿转换均可；"N"表示没有逻辑电平转换。

⑤ 当"Match Type"选择"Range"或"Range w/edges"类型，Function 选择 in range 范围内检测或 not in range 范围外检测类型时，则 Minimun 框中所设置的值为下限值，Maximun 框中所设置的值为上限值，如图 2.59 所示。

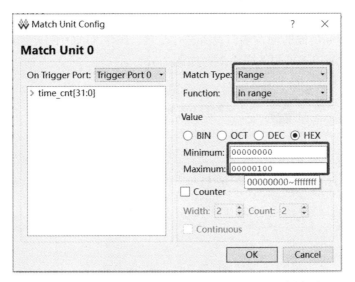

图 2.59　范围内/外检测的 Minimum/Maximum 范围设置

每个触发匹配单元均有一个计数器，用于设置触发条件满足 N 次后开始采样数据，N 是计数器数值。详细内容介绍如下：

a. 勾选"Counter"复选框，可设置使用计数器，若不使用计数器，则默认匹配 1 次后开始采集数据。

b. 勾选"Counter"复选框，在"Width"框中直接输入数值，也可单击文本框右边的上下按钮或滑动鼠标中间滚轮，修改或加/减框中的数值。

c. Counter Width 有效范围是[1,16]，该值决定 Counter 允许设置的最大值。

d. 若 Counter Width 设置为 3，则 Count 最大值为 2^3。

e. 在 Count 框中输入值 n，则匹配 n 次后触发，若勾选"Continuous"并在 Count 框中输入值 n，则连续匹配 n 次后触发。

在进行匹配单元配置时需要注意以下几点：

a. GAO 配置出现 error 时，需要单击 Hide Details 才会对 error 进行详细描述。

b. 保存配置文件(.gao)时，如果修改触发单元的信号个数，但匹配单元未进行相应的修改，会弹出匹配单元与触发端口不匹配的提示框，如图 2.60 所示。

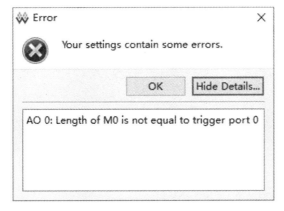

图 2.60　匹配单元与触发端口不匹配错误提示框

　　c. 如果匹配单元所属的触发端口没有进行配置，保存 GAO 配置时，会弹出未选择匹配单元所属的触发端口不可用的提示框，如图 2.61 所示。

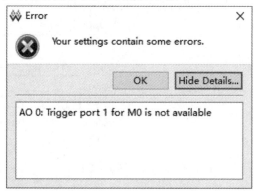

图 2.61　未选择匹配单元所属的触发端口提示框

　　d. 匹配单元的 Function 选择 not in range 或 in range 时，如果 Minimum 大于 Maximum，会弹出数值非法提示框。

　　e. 光标悬浮在 Value 输入框上时，将显示 Value 可配置范围，如图 2.59 所示。

　　(4) 配置触发表达式(Expressions)。在图 2.51 中，Trigger Options 页面中的 Expressions 视图用于设置触发表达式，一个功能内核最多有 16 个触发表达式。

　　Expressions 视图中，触发表达式按照 Expression0～Expression15 依次排序。配置触发表达式可进行如下操作：

　　① 选择"Static"静态触发表达式类型，此时可使用 Match Unit 数量为 16 个，但捕获窗口不可动态修改触发表达式。

　　② 选择"Dynamic"动态触发表达式类型，此时可使用 Match Unit 数量为 10 个，捕获窗口可动态修改触发表达式而不需要重新进行 GAO 综合和布局布线。

　　③ 双击 Expressions 视图中任意触发表达式，可对选中的触发表达式进行编辑。

　　④ 鼠标右键点击 Expressions 视图任意空白处，选择"Add"，可添加触发表达式。

　　⑤ 编辑或者点击"Add"添加触发表达式时，弹出 Expression 对话框，如图 2.62 所示，在弹出的对话框中进行触发表达式的配置。

图 2.62　Expression 对话框

　　⑥ 选中需要删除的表达式，右键选择"Remove"按钮，即可删除触发表达式。

注意，当选择"Static"时，图 2.62 所示的 Expression 对话框可编辑 M0～M15 共 16 个 Match Unit；当选择"Dynamic"时，Expression 对话框可编辑 M0～M9 共 10 个 Match Unit，M10～M15 置灰不可选中。

触发表达式 Expression0～Expression15 对应触发等级为 Level0～Level15。在功能内核的触发条件设置中，Trigger Level 最少为 1 级(Level0)，最多为 16 级(Level0～Level15)，Trigger Level 的级数与触发表达式的个数相对应；若 Trigger Level 为 N 级，则第 1 级触发条件满足后，开始判断第 2 级触发条件，依次类推，直到第 N 级的触发条件满足，生成最后的 Trigger 信号，功能内核开始采集数据。

触发表达式可对一个或多个触发匹配单元进行逻辑组合，遵循以下规则：

① 支持与(&)、或(|)和非(!)逻辑运算符，以及"()"运算符。

② 触发表达式仅支持对已选择的触发匹配单元进行逻辑组合。

③ 一个触发表达式中可一次或多次使用同一个触发匹配单元。

④ 不同的触发表达式之间触发匹配单元的逻辑组合不受影响，可使用相同的触发匹配单元，相同的运算符。

⑤ 不同的 Expression 可调用相同的触发匹配单元，也可调用同样数量或不同数量的触发匹配单元。

例如，用户设置了 8 个匹配单元 M0～M7，对于每一级的触发表达式，可从这 8 个匹配单元中挑选任意数量的匹配单元进行组合逻辑，例如：

M0&M1

!M4&(M3|M6)

…

双击触发表达式单元格，对该触发表达式进行配置，配置完成后，单击"OK"按钮，即可完成触发表达式的设置。

勾选"Dynamic"使用动态触发表达式，会占用器件的 BSRAM 资源，Trigger Level 为 N 时，则使用 N 个 BSRAM，如图 2.63 所示，Trigger Level 为 2，则 Dynamic Expression 占用 2 个 BSRAM 资源。

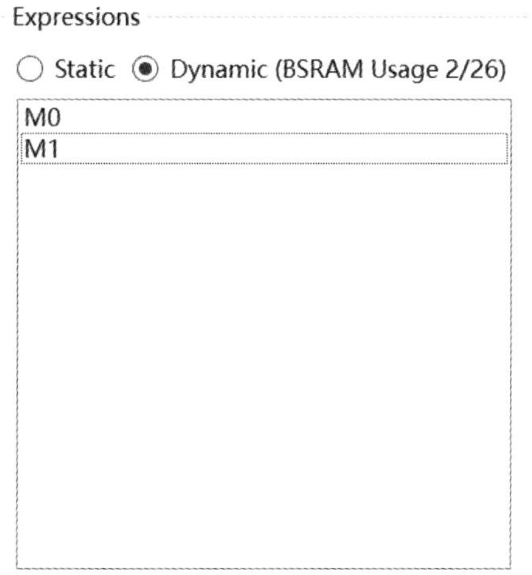

Expressions

○ Static ● Dynamic (BSRAM Usage 2/26)

M0
M1

图 2.63 勾选 Dynamic 占用 BSRAM 资源情况

在设置触发表达式时需要注意：

① 如触发表达式中存在错误的语法格式，单击"OK"保存时会弹出 error 提示框。

② 保存配置文件(.gao)时，如触发表达式中使用未选择的触发匹配单元，会弹出触发表达式中的匹配单元未被选择的信息提示框，如图 2.64 所示。

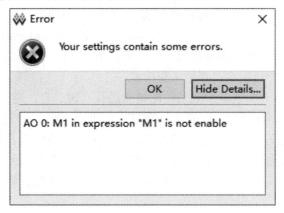

图 2.64　触发表达式中的匹配单元未被选择时错误提示框

③ 一个功能内核最多可以添加 16 个触发表达式，当添加多于 16 个触发表达式会弹出 error 提示框。

(5) 配置采样信号(Capture Options)。如图 2.65 所示，Capture Options 页面主要用于配置采样时钟、存储深度、采样数据信号等信号采样信息，并显示当前 AO Core 的 Capture Signals 使用的 BSRAM 资源数目。

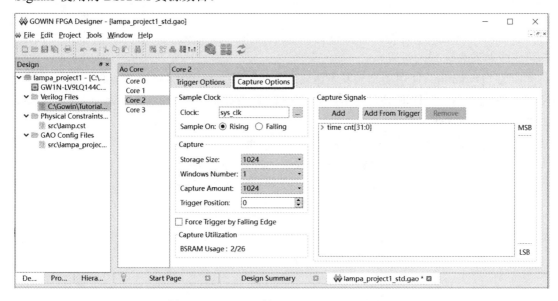

图 2.65　AO Core 的 Capture Options 配置页面

图 2.65 中，采样时钟(Sample Clock)一般选择用户设计中的时钟信号，亦可选择其他信号，但需要满足采样定理。时钟采样方式支持上升沿采样和下降沿采样。可通过以下两种方式添加采样时钟信号：

① 在"Sample Clock"文本框中直接输入采样时钟信号的名称。

② 单击"Sample Clock"文本框右侧的"..."按钮，弹出"Search Nets"对话框，选择采样时钟信号，如图 2.66 所示。单击"OK"，将信号添加到"Clock"文本框中。

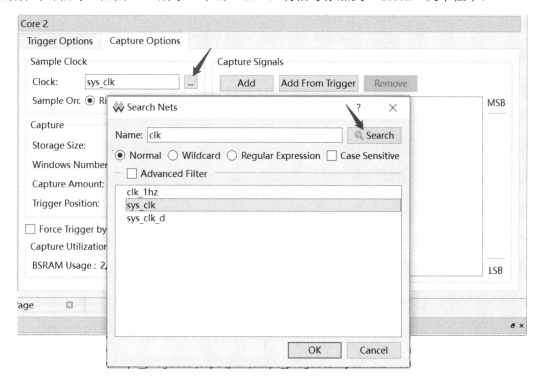

图 2.66 Search Nets 对话框(Standard Mode)

这里需要注意以下问题：

a. 网表更新后，若 Capture Signals 视图中已选择的信号不存在于更新后的网表中，则该捕获信号标红显示。

b. 采样时钟需与配置的触发信号和采样数据信号是 2 倍频及以上的倍频关系(即要满足奈奎斯特采样定理)，且建议二者属于同一时钟域。

c. 保存配置文件(.gao)时，如配置的采样时钟信号不存在，会弹出不存在该采样时钟信号的信息提示框，如图 2.67 所示。

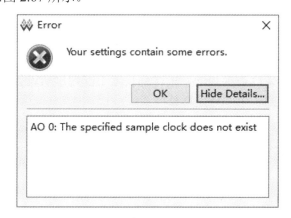

图 2.67 不存在该采样时钟信号的错误提示框

d. 如无配置采样时钟，会弹出未选择采样时钟的信息提示框，如图 2.68 所示。

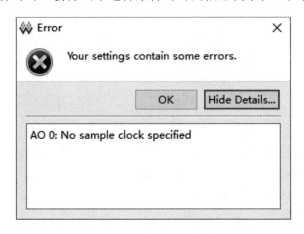

图 2.68　没有配置采样时钟的错误提示框

(6) 配置存储信息。如图 2.69 所示，Capture Options 页面的 Capture 视图部分主要用于配置采样信号的存储深度、采集窗口数目、采样长度以及触发点位置。

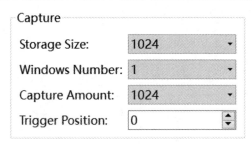

图 2.69　Capture 视图部分(Standard Mode)

Capture 部分主要配置参数说明如下：

① Storage Size：存储深度，即允许的数据采样存储器存储容量。单击 Storage Size 下拉列表框，显示列表项为 256，512，1024，2048，4096，8192，16 384，32 768，65 536，从中选择所需的数据深度。

② Windows Number：采集窗口数目，即采集缓冲区页面数目。功能内核采用窗口采集模式。在此模式中，采集缓冲区被划分为一个或多个容量大小的页面。每个功能内核最多支持 8 个窗口，最少 1 个窗口。可在 Windows Number 下拉列表中选择采集窗口数目。

③ Capture Amount：采样长度，即每个采集缓冲区页面实际使用的采样存储器的存储容量。每个采集窗口的采样长度相同，采样总长度不能超过所设置的 Storage Size。可在 Capture Amount 的下拉列表中选择采样长度。

④ Trigger Position：触发点位置，即触发时所采样数据在存储器地址中的位置。可在 Trigger Position 中输入或选择相应数值，存储地址从 0 开始。

(7) 配置采样数据信号。如图 2.70 所示，Capture Options 页面的 Capture Signals 视图部分用于配置采样数据信号。数据端口连接的输入信号，来源于用户设计。

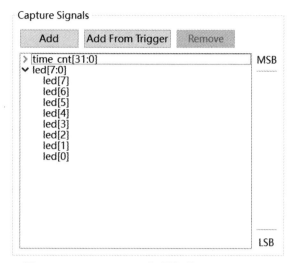

图 2.70　Capture Signals 视图部分(Standard Mode)

配置采样数据的方法可以如下操作：

① Add 按钮：选择需要功能内核采样存储数据的信号作为采样数据信号；点击 Add 按钮，弹出 Search Nets 对话框，选择所需的数据端口信号，点击"OK"即可完成配置；这里也可以添加 Bus 总线信号，如图 2.70 中的"time_cnt[31:0]"和"led[7:0]"。

② Add From Trigger 按钮：直接使用触发端口采样触发信号作为采样数据信号；可在 Add From Trigger 下方的列表中选择一个或多个触发端口，使用已经选择的触发端口采集信号作为采样数据信号，如图 2.71 所示。

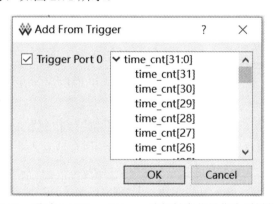

图 2.71　通过 Add From Trigger 选择触发信号作为采样信号

③ Remove 按钮：删除选中的信号。

④ 支持信号拖拽排序，左键单选、Shift + 左键和 Ctrl + 左键多选触发信号，鼠标左键点击并拖动完成信号排序。

⑤ 选中信号并点击鼠标右键，在弹出的右键菜单中可以进行 Group、Ungroup、Rename、Restore Original Name 和 Reverse 等操作，如图 2.72 所示。

(8) Capture Signals 使用 BSRAM 资源数量。如图 2.73 所示，Capture Signals 页面的左下角是 Capture Utilization 视图部分，用于显示当前 AO Core "Capture Signals" 使用 BSRAM 的资源数量信息。

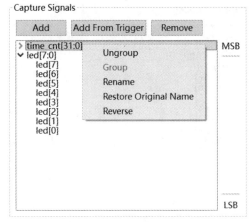

图 2.72　信号右键菜单

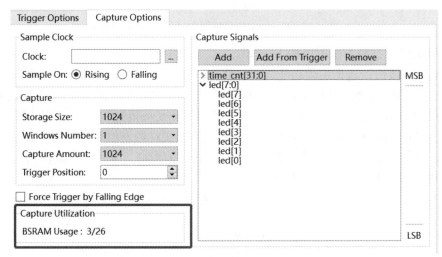

图 2.73　AO Core Capture Signals 使用 BSRAM 资源数量

3) 产生码流文件

按照以上操作，完成 Standard Mode GAO 文件的所有配置信息后，保存 GAO 文件，如果有错误，根据错误信息修改 GAO 的配置，直到保存成功为止。

成功完成 GAO 的配置后，在 Gowin 云源软件界面的 Process 窗口中，双击 Place & Route，进行整个用户设计的布局布线操作，生成一个包含用户设计与 GAO 配置信息的码流文件，文件名默认为"ao_0.fs"，默认放置在工程路径下的"/impl/pnr/"目录中，如图 2.74 所示。

2. Lite Mode GAO 配置文件

1) 启动 Lite Mode GAO 配置窗口

启动 Lite Mode GAO 配置窗口，首先需要创建或加载配置文件(.gao/.rao)，Lite Mode GAO 创建类型包括"For RTL Design"和"For Post-Synthesis Netlist"两种。其中"For RTL Design"类型用于捕获综合优化前 RTL 信号，配置文件扩展名为.rao；"For Post-Synthesis Netlist"类型用于捕获综合优化后 Netlist 信号，配置文件扩展名为.gao。两种类型的 Lite GAO 配置过程相似，以下仅针对"For Post-Synthesis Netlist"类型 Lite GAO 进行介绍。

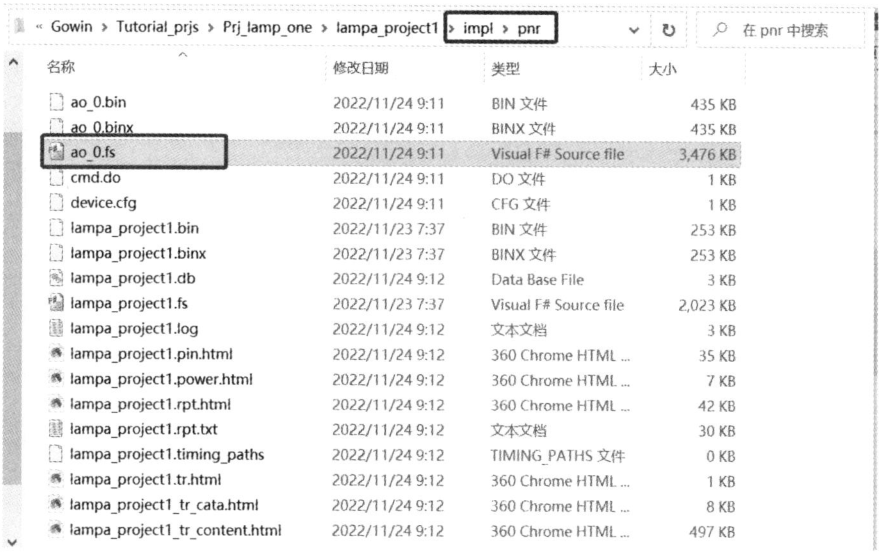

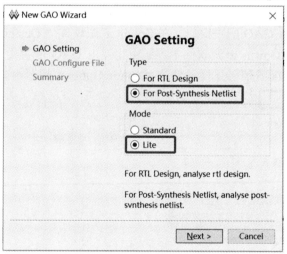

图 2.74　布局布线后产生的 Standard Mode GAO 码流文件

(1) 创建 Lite Mode GAO 配置文件操作步骤。

① 在 Gowin 云源软件的 Design 窗口空白处,点击鼠标右键,在弹出的菜单中选择 New File…,弹出 New 对话框,如图 2.45 所示。在 New 界面选择 GAO Config File,点击 OK 按钮弹出 New GAO Wizard 对话框。

② 如图 2.75 所示,在 New GAO Wizard 对话框中 GAO Setting 页面的 Type 中选择"For Post-Synthesis Netlist",在 Mode 中选择"Lite",点击 Next 按钮进入下一个页面。

图 2.75　New GAO Wizard 对话框(Lite Mode)

③ 如图 2.76 所示,在 GAO Configure File 页面中的 Name 编辑框中输入配置文件的名称默认为工程名称,这里输入为"lampa_project1_lite",扩展名为.gao,点击 Next 按钮进入下一个页面。

④ 在 Summary 页面,可以查看 GAO 配置文件模式及存放路径,如图 2.77 所示,点击 Finish 按钮完成配置文件的创建,创建的 GAO 配置文件在 Gowin 云源软件 Design 窗口的 GAO Config Files 栏可以看到。

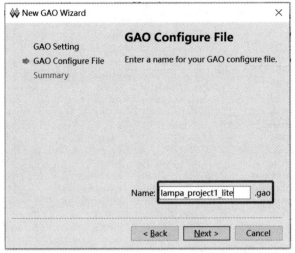

图 2.76   输入 Lite Mode GAO 配置文件名称

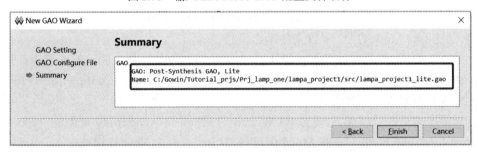

图 2.77   GAO 配置文件模式及存放路径(Lite Mode)

(2) 启动 Lite Mode GAO 配置窗口。在 Gowin 云源软件的 Design 窗口中，鼠标左键双击配置文件(.gao)，在 Gowin 云源软件主界面中将弹出 GAO 配置窗口，如图 2.78 所示。GAO 配置窗口主要由配置信号采样条件的 Capture Options 视图组成。

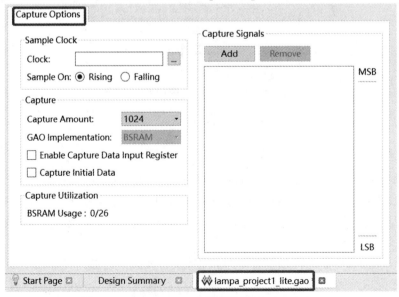

图 2.78   Gowin GAO 工具配置窗口(Lite Mode)

2) 配置 Lite Mode GAO

图 2.78 所示的 Lite Mode GAO 配置窗口主要用于信号采样条件的配置。

(1) 配置采样信号(Capture Options)。如图 2.78 所示，Capture Options 页面主要用于配置采样时钟、采样数据信号等信号采样信息，并显示当前 GAO 使用的 BSRAM 资源数目。

采样时钟一般选择用户设计中的时钟信号，亦可选择其他信号。时钟采样方式支持上升沿采样和下降沿采样。添加采样时钟的方法与 Standard Mode 相同，请参考图 2.66。

(2) 配置存储信息。如图 2.79 所示，Capture 视图部分主要用于配置采样信号的采样长度、GAO 实现方式、调整时序以及抓取上电瞬间的数据。

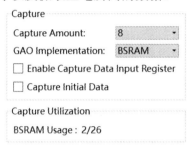

图 2.79　Capture 视图部分(Lite Mode)

Capture 部分主要配置参数说明如下：

① Capture Amount：采样长度，即每个采集缓冲区页面实际使用的采样存储器的存储容量。

② GAO Implementation：GAO 实现方式，即采样的数据信号的存储方式。采样的数据信号可以占用 BSRAM 资源或 Logic 资源，可从"GAO Implementation"的下拉列表中选择；对于 GW1NZ-1-ZV 器件，GAO Implementation 除支持 BSRAM 和 Logic 实现外，还支持 SSRAM 实现。

③ Enable Capture Data Input Register：调整时序。如果用户设计的 clk 到 GAO 中的 BSRAM 延时很大的话，可以勾选该选项调整时序，给捕获数据增加一层 reg。

④ Capture Initial Data：抓取上电瞬间的数据。如果用户需要抓取上电瞬间数据，可勾选该选项。

(3) 配置采样数据信号。如图 2.80 所示，Capture Options 页面的 Capture Signals 视图用于配置采样数据信号。数据端口连接的输入信号，来源于用户设计。

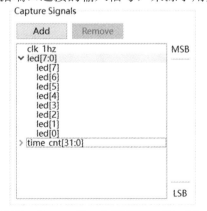

图 2.80　Capture Signals 配置视图(Lite Mode)

配置采样数据可以按照以下方法操作：

① Add 按钮：选择需要功能内核采样存储数据的信号作为采样数据信号；单击 Add 按钮，弹出 Search Nets 对话框，选择所需的数据端口信号，单击 OK 即可完成配置；这里也可以添加 Bus 信号，如图 2.80 的"time_cnt[31:0]"和"led[7:0]"。

② Remove 按钮：删除选中的信号。

③ 支持信号拖拽排序，左键单选、Shift + 左键和 Ctrl + 左键多选触发信号，鼠标左键点击并拖动完成信号排序。

④ 选中信号并点击鼠标右键，在弹出的右键菜单中可以进行 Group、Ungroup、Rename、Restore Original Name 和 Reverse 等操作。

(4) GAO 使用 BSRAM 资源数量。如图 2.79 所示，Capture Utilization 部分用于显示当前 AO Core 使用 BSRAM 的资源数量信息。

3) 产生码流文件

按照以上操作，完成 Lite Mode GAO 文件的所有配置信息后，保存 GAO 文件，如果有错误，根据错误信息修改 GAO 的配置，直到保存成功为止。成功完成 GAO 的配置后，在 Gowin 云源软件界面的 Process 窗口中，双击 Place & Route，进行整个用户设计的布局布线操作，生成一个包含用户设计与 GAO 配置信息的码流文件，文件名默认为"ao_0.fs"，默认放置在工程路径下的"/impl/pnr/"目录中。

2.3.2　GAO 工具使用

GAO 工具主要用于显示采集信号的波形，同时可通过 JTAG 接口对功能内核的采集窗口数目和采样长度、匹配单元的部分匹配条件以及触发表达式等信息重新配置。旨在便于用户更加形象直观地观察数据信号。

1. Standard Mode GAO 工具使用

1) 启动 Standard Mode GAO

Gowin 云源软件既可以创建扩展名为 .rao 的"For RTL Design"Standard Mode GAO 配置文件，也可以创建扩展名为 .gao 的"For Post-Synthesis Netlist"Standard Mode GAO 配置文件，两者捕获窗口相同，因此，此处介绍加载.gao 配置文件的捕获窗口。

具体操作步骤如下：

(1) 在 Gowin 云源软件，选择菜单 Tools→Gowin Analyzer Oscilloscope 命令或直接点击快捷按钮，启动 GAO 工具，如图 2.81 所示。默认会加载工程中的 gao 配置文件，或者单击"Open"按钮，选择需要打开的 Standard Mode gao 配置文件(.gao)或工程文件(.analyzer_prj)。

(2) 根据 2.3.1 节配置 Standard Mode GAO，当配置触发表达式中 Expressions 选择"Static"或者"Dynamic"不同时，加载 .gao 配置文件后的捕获窗口也不同；配置为"Static"时，捕获窗口如图 2.82 所示，配置为"Dynamic"时，捕获窗口如图 2.83 所示。两者的区别为是否能对捕获窗口的触发表达式进行动态编辑，这里仅介绍触发表达式配置为"Dynamic"时的捕获窗口。

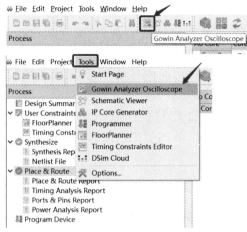

图 2.81 启动 GAO(Standard Mode)

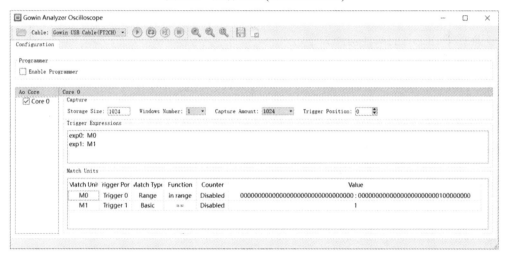

图 2.82 Gowin Analyzer Oscilloscope 工具配置窗口(Static Standard Mode)

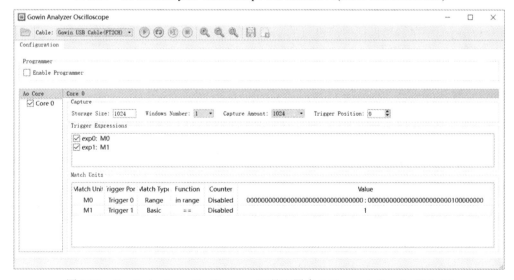

图 2.83 Gowin Analyzer Oscilloscope 工具配置窗口(Dynamic Standard Mode)

2) 运行 Standard Mode GAO

如图 2.83 所示，GAO 工具窗口包括工具栏、Configuration 视图和 Window 视图三个区域。工具栏可加载配置文件(.gao/.rao)或工程文件(.analyzer_prj)，设备初始化等操作；Configuration 视图可对功能内核的动态参数进行配置；Window 视图用于波形显示。

(1) 工具栏操作。GAO 工具的工具栏包括 Open、Cable、启/停控制、Auto Run、强制触发、放大/缩小/全屏显示、保存、导出等工具按钮，如图 2.84 所示。

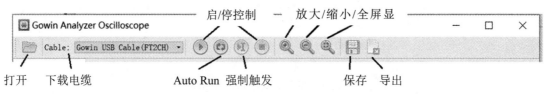

图 2.84　Gowin Analyzer Oscilloscope 工具栏(Standard Mode)

工具栏中各工具的具体功能如下：

① 打开(Open)：用来加载配置文件(.gao/.rao)。

② 下载电缆(Cable)：捕获窗口支持串口下载(Gowin USB Cable)和并口下载(Parallel Port)，可以通过下拉箭头进行选择。

③ 启/停控制、Auto Run 和强制触发：可以通过键盘上的快捷键操作，F1 为启动、F2 为 Auto Run、F3 为强制触发、F4 为停止；需要注意的是，目前 Gowin 软件版本仅在 Window 数量为 1 时支持 Auto Run 功能，Analyzer 将循环执行并将匹配的信号状态实时显示在 Window 中，直至用户单击 Stop 按钮。

④ 放大/缩小/全屏显示：对应的快捷键分别是"F8""F7"和"F6"。

⑤ 导出：用于导出波形数据。

⑥ 保存：将波形及其配置保存到工程文件*.analyzer_prj，具体使用步骤如下：

a. 允许用户将当前捕获窗口波形数据及其对应.gao/.rao 文件保存至工程文件 *.analyzer_prj，保存信息包括用户设置的 group 信息、rename 信息及数据进制信息等。

b. 打开 GAO 捕获窗口时，用户可手动加载*.analyzer_prj 工程。

c. 加载完成*.analyzer_prj 工程文件后，捕获窗口将显示用户保存的波形及配置信息。

(2) 配置功能内核。Gowin Analyzer Oscilloscope 界面的 Configuration 视图主要功能如下：

① 集成了 Programmer 下载功能，对是否需要使用 Programmer 进行设置。

② 对是否使用 device chain 进行设置，可以选择 General JTAG Device 或 Gowin Device。

③ 显示功能内核的采样数据以及触发表达式和匹配单元等信息。

④ 对部分采样数据信息、匹配单元的部分匹配条件以及触发表达式等动态参数进行更改。

Configuration 视图包括 Programmer 视图、AO Core 视图(包括 Capture 视图、Trigger Expressions 视图和 Match Unit 视图)，如图 2.85 所示。

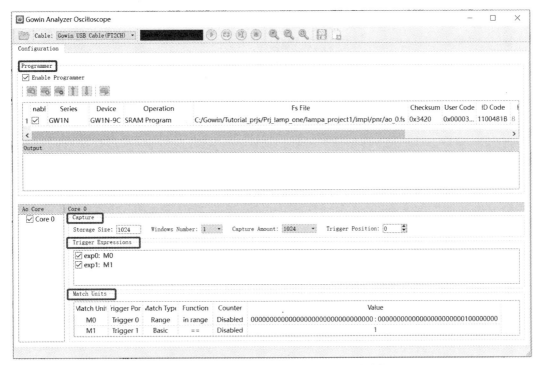

图 2.85　Gowin Analyzer Oscilloscope 的 Configuration 视图(Standard Mode)

Gowin Analyzer Oscilloscope 界面 Configuration 视图中的 Programmer 功能如下：

① 勾选 Enable Programmer 之后，支持 Programmer 下载功能，根据 GAO programmer 下载需求，目前软件版本只支持 IDE programmer 中部分编程模式(Access Mode)及设备编程操作(Operation)，可以在图 2.85 中的 Programmer 区域的 Operation 栏双击鼠标左键弹出的 Device Configuration 对话框选择。

② 单击 Programmer 区域第一个快捷键 可以搜索器件并显示当前器件的详细信息(包括 Series、Device、Operation、ID Code 和 IRCode)，若当前扫描器件的 ID Code 与其他器件相同，则弹窗显示所有具有相同 ID Code 的器件信息供用户选择，如图 2.86 所示。双击选择与实验板匹配的器件，在 Output 窗口即可看到扫描的相关信息。

③ 可实现 Device Chain 功能，通过单击 可以增加器件，器件的 Series 类型默认为 General JTAG Device(非 Gowin Device)，Device 类型默认为 JTAG_NOP。选择器件的 Series 及 Device 列双击，弹出下拉框，可根据需要选择 Series 类型及相应 Device。另外，General JTAG Device 的 IRCode 可配置，范围为 1~16，Gowin Device 的 IRCode 默认为 8 且不可修改，如图 2.87 所示。

④ 单击快捷键 可以删除用户选中的器件。

⑤ 单击快捷键 可以向上移动用户选中的器件。

⑥ 单击快捷键 可以向下移动用户选中的器件。

⑦ 单击快捷键 可以下载码流文件。

⑧ GAO 只能抓取 Gowin Device 的信号数据，不能抓取 General JTAG Device 的信号数据，所以 Enable 列只能对 Gowin Device 进行勾选。

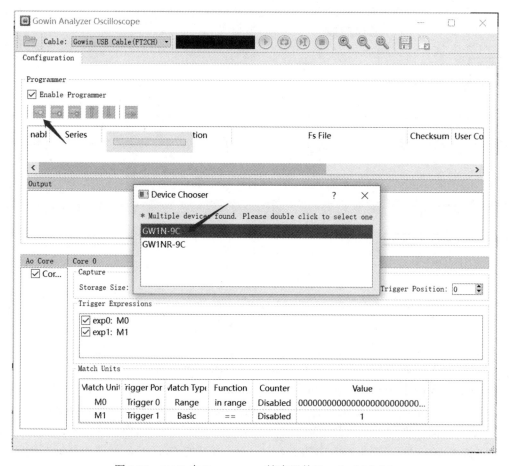

图 2.86　GAO 中 Programmer 搜索器件(Standard Mode)

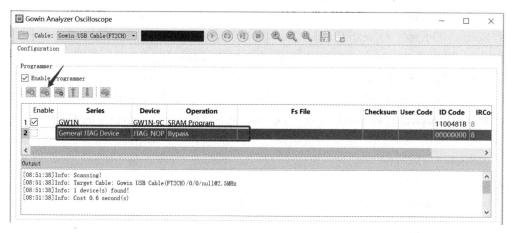

图 2.87　GAO 中 Programmer 的 device chain 功能(Standard Mode)

⑨ Output　视图显示下载状态和下载结果等信息。

Gowin Analyzer Oscilloscope 界面的 AO Core 区域包括 Capture、Trigger Expressions 和 Match Unit 三部分。

Capture 区域的功能如下：

① 显示采样的存储深度(Storage Size)、采集窗口数目(Windows Number)、采样长度(Ca-pture Amount)以及触发点位置(Trigger Position)信息。

② 对采集窗口数目(Windows Number)、采样长度(Capture Amount)和触发点位置(Tri-gger Position)信息进行更改。

Trigger Expressions 区域的功能如下：

① 加载.gao 文件后，捕获窗口默认勾选所有触发表达式。

② 双击任意触发表达式将弹出 Expression 对话框，可对该触发表达式进行编辑，GAO 配置窗口未勾选的 Match Unit 选项将置灰，如图 2.88 所示。

③ 不可添加触发表达式。

④ 所有触发表达式都不勾选时将实现任意条件触发。

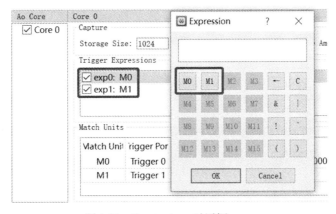

图 2.88　Expressions 对话框

Match Unit 区域的功能如下：

① 显示当前功能内核所含触发匹配单元的名称、触发端口以及匹配类型等信息。

② 双击触发匹配单元，可在弹出的"Match Unit Config"对话框中，对匹配函数和 Bit Value 进行更改，如功能内核使用计数器，还可对 Counter 的匹配次数进行更改，如图 2.89 所示。

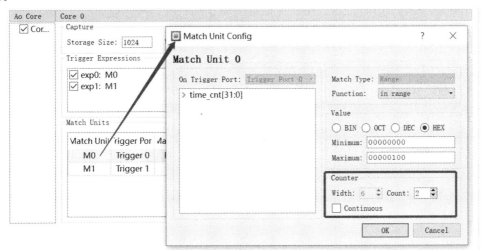

图 2.89　Match Unit Config 对话框

Gowin Analyzer Oscilloscope 启动后的 Windows 界面用于显示捕获的采样信号波形，且支持以下功能：

① 游标标记位置信息。

② 波形的放大、缩小和全屏显示。

③ 改变信号排列顺序。

④ 信号的 Group、Ungroup、Rename、Restore Original Name、Reverse 操作和 Format 进制转换。

在启动 GAO 前必须保证已经正确下载设计文件，或者在 Gowin Analyzer Oscilloscope 界面选中 Enable Programmer 并正确扫描到开发板 FPGA 芯片后，选择下载文件，点击下载快捷按钮完成开发板 FPGA 编程，如图 2.90 所示。

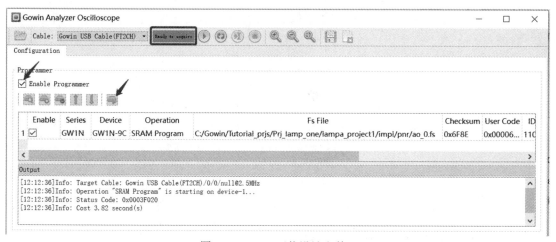

图 2.90　GAO 下载设计文件

设计文件下载完成后，单击 Gowin Analyzer Oscilloscope 界面工具栏上的"▶"图标，或使用键盘快捷键"F1"，启动运行 GAO 工具。当触发条件满足时，GAO 工具窗口显示 Windows 视图，其视图数目等于设定的采集窗口的数目，视图中显示捕获的采样信号名称、Value 值和波形图，如图 2.91 所示。单击波形信号，可黄色高亮显示。

若单击"▶"图标后，如果触发条件不满足未能触发时，可单击"▶|"图标或使用键盘快捷键"F3"强制触发，也可单击"■"图标或使用键盘快捷键"F4"停止数据捕获。

另外，单击"↻"图标或使用键盘快捷键"F2"启动 GAO 自动连续运行功能，目前软件版本仅在 AO Core 数量为 1 且 Window 数量为 1 时支持该功能，Analyzer 将循环执行并将匹配的信号状态实时显示在 Window 中，直至用户单击"■"图标停止。

如图 2.92 所示，游标初始位置默认在触发点位置，触发点位置采用黄色竖线标记(这里触发点位置设置为 50)。在标尺上方空白处点击鼠标右键弹出并点击"Create Marker at Clock Period:xxx"，则可以新增游标。将鼠标移至游标顶端，在鼠标变成左右箭头时可以按住鼠标左键拖动游标。另外，在游标处右击选择"Remove Marker"可将游标删除。

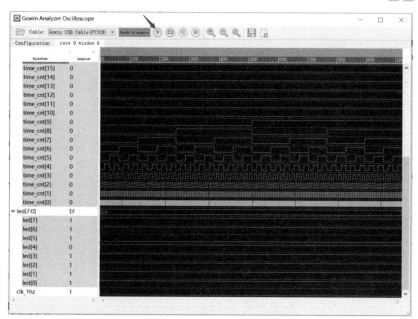

图 2.91　GAO 逻辑分析仪波形显示 Window 窗口(Standard Mode)

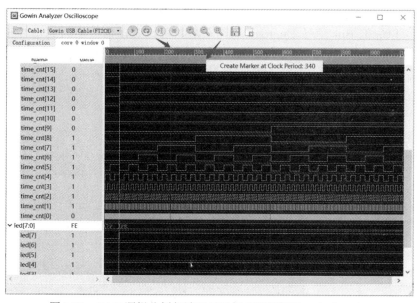

图 2.92　GAO 逻辑分析仪波形显示标尺和游标(Standard Mode)

在波形显示区域点击鼠标右键可以弹出"Zoom In"和"Zoom Out"右键菜单，单击 "Zoom In""Zoom Out"可以放大或缩小波形显示，也可以单击快捷图标" "" "，或使用键盘快捷键"F8""F7"，或 Ctrl+鼠标滚轮对波形进行放大、缩小显示操作；单击快捷图标" "，或使用键盘快捷键"F6"对波形进行全屏显示。

在图 2.92 波形显示窗口，鼠标左键点击 Name 列中信号的名称，选择信号，鼠标左键或滚轮进行上/下拖拽，可改变信号排列顺序。Name 列及 Value 列宽度可根据具体显示需要拖动调节，再次触发时将保持触发前用户做出的调整。

使用 Shift + 左键或 Ctrl + 左键，在 Name 列单击信号名称，实现信号的多选，右击菜单选择 Group，进行 Bus 信号组合。对于名称相同且下标连续的信号，如 cnt[1]，cnt[0]，组合后的 Bus 信号名称为 cnt[1:0]；对于名称不同或者名称相同但下标不连续的信号，组合后的 Bus 信号名称默认为 group_index[n:0]，index、n 为大于等于 0 的整数，如图 2.93 所示。

GAO 逻辑分析仪波形显示窗口具有如下特点：

① 在图 2.92 波形显示窗口，再次单击 " ⏵ " 快捷图标启动重复触发，捕捉采样信号波形时，通过 "Group" 产生的 Bus 信号依然存在。

② 不关闭 GAO 捕获窗口进行重复触发，波形显示视图大小与上一次维持相同。

③ 鼠标右键点击 "Name" 栏中某个 Bus 信号的名称，在弹出的右键菜单选择 "Ungroup"，可以拆分该 Bus 信号。

④ 通过 "Group" 产生的 Bus 信号，不保存为 .analyzer_prj 工程文件，使用 GAO 再次打开时，需要重新组合；如果保存为 .analyzer_prj 工程文件且使用 GAO 加载 .analyzer_prj 文件，则会保留手动建立的 Bus 信号。

⑤ Bus 信号可以在 GAO 配置页面的 Capture Signals 处一起添加或者单独添加，一起添加时，波形视图直接显示为 Bus 信号，如图 2.80 所示 "time_cnt[31:0]"。

⑥ 在 GAO 逻辑分析仪波形显示窗口，不可选择 Bus 信号中的部分单独信号重组为新的 Bus；但可以先把 Bus 信号 Ungroup 后再重组为新的 Bus 信号，图 2.93 中的 Bus 信号 time_cnt[9:6] 和 group_0[2:0] 就是先把 time_cnt[31:0] 信号 Ungroup 后再重组的 Bus 信号。

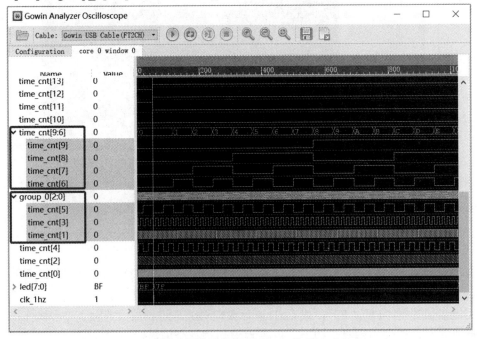

图 2.93　GAO 逻辑分析仪波形组合成 Bus 信号(Standard Mode)

在 GAO 波形显示窗口的 Value 区域，选中某个信号点击鼠标右键，弹出右键菜单，如图 2.94 所示，其中：

① Rename：用于重新命名选中信号。

② Restore Original Name：用于恢复信号为网表名。

③ Reverse：用于对选中的 Bus 信号的子信号顺序进行翻转。

④ Format：包括 Binary/Octal/Signed Decimal/Unsigned Decimal/Hexadecimal，用于设置采样信号 Value 值的进制模式，在默认状态下，Value 值显示为十六进制。

⑤ Color：用于对选中的信号修改颜色，共包括 Green、Light Green、Dark Red、Red、Orange、Yellow、Blue、Light Blue、Dark Blue、Purple 等十种颜色，波形颜色默认为 Green。

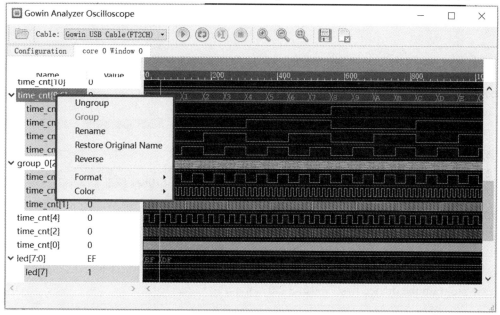

图 2.94　GAO 逻辑分析仪波形窗口单个信号鼠标右键菜单(Standard Mode)

(3) 文件监视功能。GAO 工具可对加载的 GAO 配置文件.gao/.rao 或者 GAO Programmer 加载的码流文件是否更新进行监视，若监视到文件更新将给出相应的提示信息。

① GAO 配置文件更新。GAO 配置文件更新后，若 GAO 此时未捕获数据，则立即弹出配置文件更新提示信息，否则将在捕获数据结束后弹出提示信息，如图 2.95 所示。根据提示信息单击"Reload"按钮即可加载更新后的 GAO 配置文件，同时 GAO Programmer 更新为 Disable 状态，并关闭 Windows 波形视图，如图 2.96 所示为单击"Reload"之后 GAO 窗口。

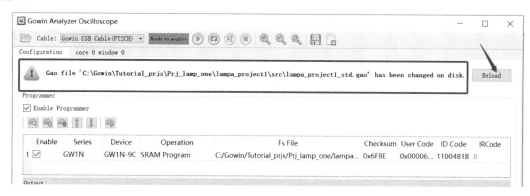

图 2.95　GAO 配置文件更新提示

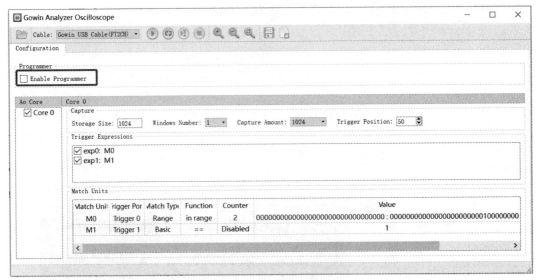

图 2.96　Reload GAO 配置文件

② 码流文件更新。码流文件更新后，根据以下两个状态进行更新提示：

a. 若 GAO 状态提示框提示"Please program the device first"，则不再提示码流文件更新。

b. 若 GAO 状态提示框提示"Ready to acquire"，则需要对码流文件更新进行提示。若 GAO 此时未捕获数据，则在 GAO Programmer Output 视图立即提示码流文件更新，否则将在捕获数据结束后在 Output 视图提示码流文件更新，同时将状态提示框的状态更新为"Please program the device first"，如图 2.97 所示。

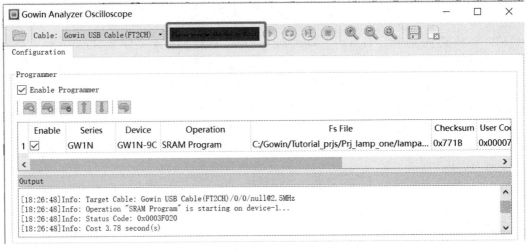

图 2.97　码流文件更新后 GAO 提示

3）导出数据波形

Gowin Analyzer Oscilloscope 的采集波形数据支持导出 csv、prn 和 vcd 格式的波形文件，前两种数据可以使用 MATLAB 进行分析，vcd 格式可以使用 Gtkwave 或 ModelSim 来打开。GAO 波形数据的导出操作步骤如下：

（1）在 GAO 的工具栏中，单击波形导出按钮"　"。

(2) 弹出波形导出对话框，指定波形文件信息，其中时钟信号(Clock Signal)是在 GAO 中指定的采样时钟信号，不可更改，如图 2.98 所示。

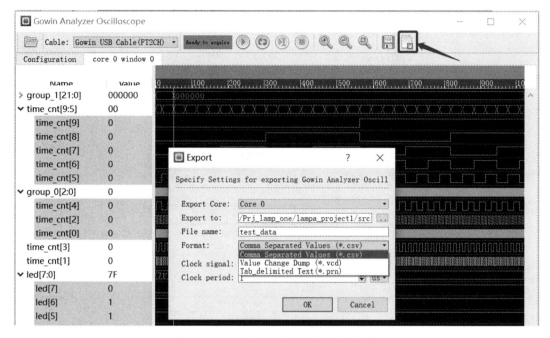

图 2.98　GAO 波形数据导出配置对话框

GAO 导出波形数据文件支持以下设置：

(1) 支持指定需要导出波形数据的 AO core(Export Core)。

(2) 支持指定文件导出路径(Export to)。

(3) 支持指定文件导出格式(Format)，包括*.csv、*.vcd、*.prn 三种格式。

(4) 导出波形数据文件支持二进制、八进制、十进制、十六进制。

(5) Tab_delimited Text-(*.prn) 文件包括三种形式，分别是"All Signals/Buses""Waveform Signals/Buses""Only Buses"，如图 2.99 所示。其中：

① All Signals/Buses：用于导出 prn 文件，将显示所有 signals 和 buses 信号数据，且包括组成 buses 的子信号数据。

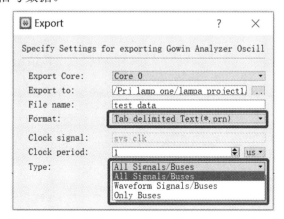

图 2.99　GAO 导出 Tab_delimited Text(*.prn)格式文件

② Waveform Signals/Buses：用于导出 prn 文件，将显示所有 signals 和 buses 信号数据，但不包括组成 buses 的子信号数据。

③ Only Buses：用于导出 prn 文件，将仅显示用户勾选的 bus 信号，如图 2.100 所示。

(6) 时钟周期(Clock period)支持 us、ns、ps。

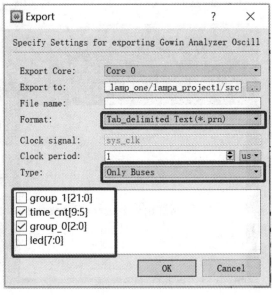

图 2.100　GAO 导出 Type 为 Only Buses 的 prn 格式文件

2. Lite Mode GAO 工具使用

1) 启动 Lite Mode GAO

在 Gowin 软件的设计工程 GAO Config Files 中如果配置的是 Lite Mode GAO，如图 2.101 所示，则可以直接选择菜单 Tools→Gowin Analyzer Oscilloscope 命令，启动 GAO 工具，默认会加载工程中的 GAO 配置文件，或者单击"Open"按钮，选择需要打开的 Lite Mode GAO 配置文件(.gao/.rao)或工程文件(.analyzer_prj)，如图 2.102 所示。

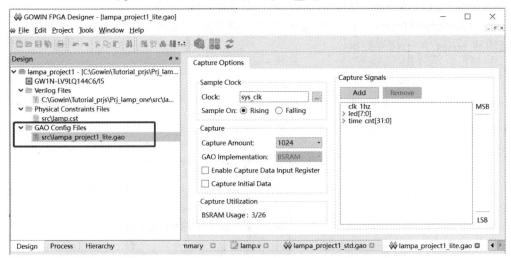

图 2.101　Gowin 工程 GAO 配置为 Lite Mode GAO

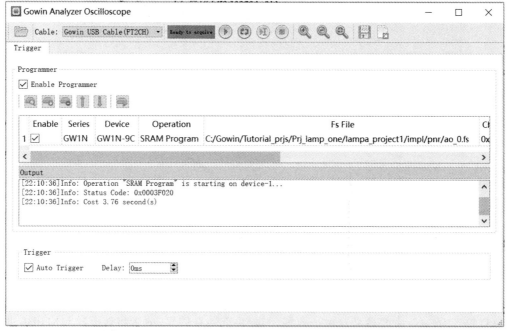

图 2.102　Gowin Analyzer Oscilloscope 工具窗口(Lite Mode)

2) 运行 Lite Mode GAO

工具栏快捷按钮功能包括 Open、Cable、启/停控制、Auto Run、强制触发、放大/缩小/全屏显示、保存、导出等工具按钮，功能与 Standard Mode GAO 相同，如图 2.84 所示。

Lite Mode GAO 界面的 Trigger 功能与 Standard Mode GAO 的 Configuration 功能不同。Lite GAO Trigger 视图如图 2.102 所示，其主要功能如下：

(1) Auto Trigger：勾选该选项时，单击"Start"按钮可进行自动触发。

(2) Delay：用于设置触发的延迟时间。

显示波形、文件监视功能以及导出波形数据操作方法与 Standard Mode GAO 部分相同。

2.3.3　GAO 波形文件导入第三方工具

GAO 提供导出的波形数据文件包括 csv、vcd、prn 三种类型，其中 csv 和 prn 两种波形数据文件可导入 Matlab 工具，vcd 波形数据文件可导入 ModelSim 或 gtkwave 工具。

1. csv 文件导入 Matlab

为方便数据分析，通常情况下将数据以 Bus 形式导出到 csv 文件，下面以十进制形式的 csv 波形数据文件导入 Matlab 为例介绍整个过程。

csv 文件导入 Matlab 的操作步骤如下：

(1) 启动 Matlab 软件，单击 Matlab 工具"Import Data"菜单选择需要导入的数据文件，如图 2.103 所示。

(2) 设置分隔符选项"Delimited"。csv 文件内容是以逗号作为分隔符，因此，利用 Matlab Import 功能导入 csv 文件时，需要设置分隔符为逗号，如图 2.104 所示，"Delimited"下拉框选择为"Comma"。

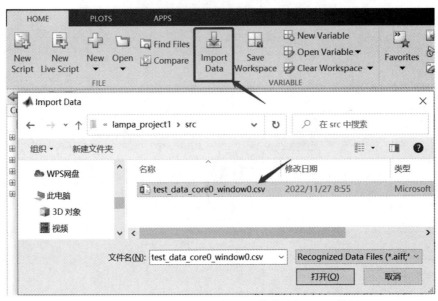

图 2.103　Matlab 工具 Import Data 菜单导入 GAO 数据

(3) 仅保留 csv 中变量名及波形数据，删除头部注释信息，或者将数据导入 Matlab 时，通过菜单"Range"选择需要导入的数据范围，如图 2.104 所示，"Range"选择范围是 A10：AS1033，即导入 45 列 1024 行数据。

(4) 菜单"Variable Names Row"可指定变量名称所在行数，以便将变量名称导入，如图 2.104 所示，变量名称行指定为第 8 行。

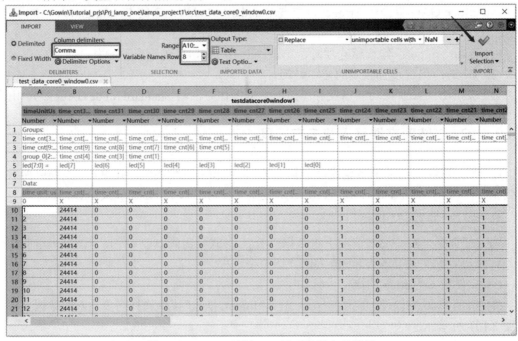

图 2.104　Matlab 导入 csv 波形数据文件设置

(5) 单击"Import Selection"即可将波形数据以矩阵形式导入选中的变量名称和数据，在 Matlab 的 Workspace 窗口可以看到导入的矩阵，双击鼠标左键可以打开，如图 2.105 所示。

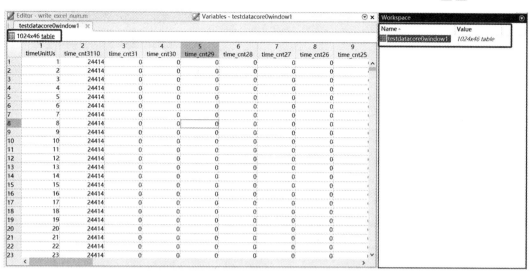

图 2.105　csv 文件数据以矩阵形式导入 Matlab

2. prn 文件导入 Matlab

为方便数据分析，通常情况下将数据以 Bus 形式导出到 prn 文件，此处介绍 Only Buses 方式导出的十进制形式 prn 数据文件用于导入到 Matlab 工具，prn 文件中只含有 Bus 数据。

与 Matlab 导入 csv 文件步骤类似，因 prn 文件无头部注释信息，且变量名称默认为第一行，因此，无须手动选择导入数据部分的范围，且不需要指定变量名称所在行，使用默认值设置即可。另外，prn 文件是以 Tab 作为分隔符的文件，因此，通过 Matlab 的"Import Data"菜单导入 prn 文件时，无须选择分隔符，只需选择默认分隔符即可将数据导入，如图 2.106 所示。导入后的数据为矩阵形式，可以在 Matlab 的 Workspace 中看到，如图 2.107 所示。

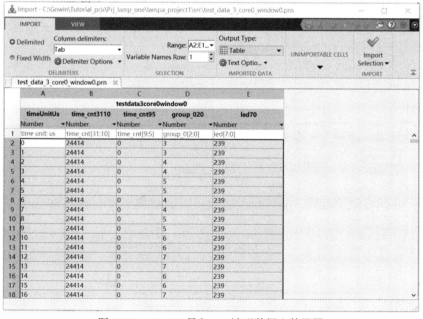

图 2.106　Matlab 导入 prn 波形数据文件设置

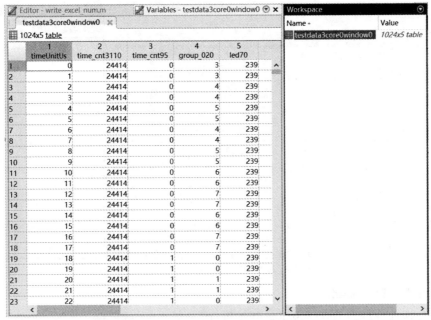

图 2.107　Prn 波形数据以矩阵形式导入 Matlab

3. vcd 文件导入 ModelSim

使用 ModelSim 打开 vcd 波形文件的操作步骤如下：

(1) 启动 ModelSim 软件，在 ModelSim 中首先选择菜单 File→Change Directory…命令改变目录到 vcd 文件所在目录，然后在 ModelSim 软件的 Transcript 区域使用转换命令"vcd2wlf test_data.vcd test.wlf"将 vcd 格式文件转换为 wlf 格式文件，如图 2.108 所示。

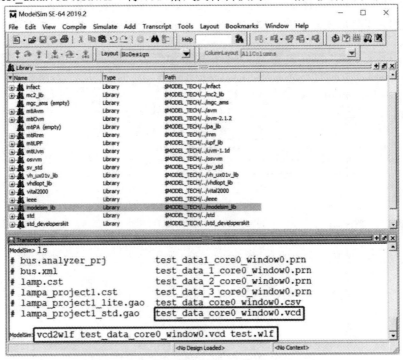

图 2.108　vcd 文件数据转 ModelSim 的 wlf 文件格式

(2) 在 ModelSim 软件中，使用命令 vsim-view test.wlf 或者通过菜单栏 File→Open 即可将 wlf 文件打开，如图 2.109 所示，并在 Instance 窗口通过鼠标右键菜单 Add Wave 将波形显示在 ModelSim 的 Wave 窗口中，如图 2.110 所示。

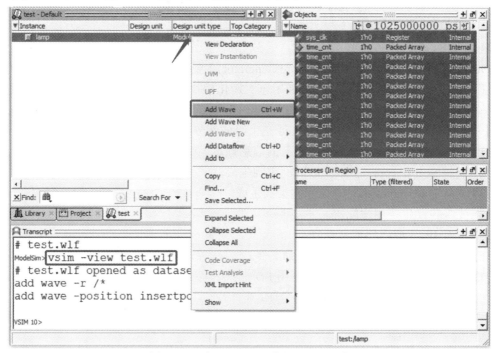

图 2.109　在 ModelSim 中打开 wlf 文件

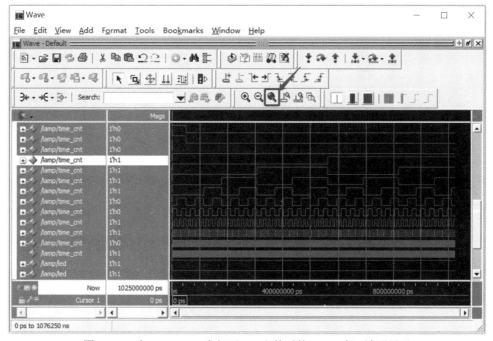

图 2.110　在 ModelSim 中打开 wlf 文件后的 Wave 窗口波形显示

2.4 IP Core 产生器

Gowin 云源软件 IP 核产生器(IP Core Generator)主要用于产生实例化的元件以及 IP 核，通过工具产生实例化的设计之后，可调用该实例化模块实现设计所需的功能，使得复杂设计更容易快速完成。如图 2.111 所示，IP Core Generator 包括与原语相关的 Hard Module、与软核相关的 Soft IP Core 和 Deprecated 三个组成部分，主要功能包括：

(1) 支持 Soft IP core、Hard module 的信息预览。

(2) 支持 Soft IP core、Hard module 定制生成。

(3) 支持 Hard module 实例化示例案例生成。

(4) 支持自动保存用户配置。

(5) 支持 IP 生成代码语言选择。

(6) 部分 Soft IP 支持自动产生激励文件。

(7) 支持器件信息自动过滤显示可用 IP。

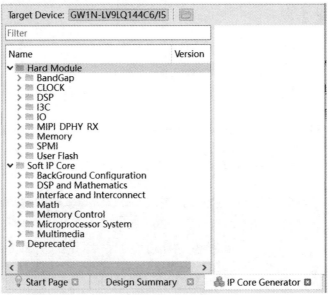

图 2.111   Gowin 云源软件的 IP Core Generator 窗口

本节以实现一个简单的正弦波信号发生器为例介绍 IP Core Generator 的使用方法，分别产生 PADD 和 pROM 两个 IP。

2.4.1 PADD IP 的产生

PADD 是 Hard Module 中 DSP 模块下可以实现预加、预减或移位功能的 IP。在 IP Core Generator 界面中，展开 Hard Module 下面的 DSP 模块，双击 PADD，弹出 PADD 的 IP

Customization 界面，该界面右侧显示 PADD 的相关信息，包括"File"配置框、"Options"配置框和端口显示框，如图 2.112 所示。

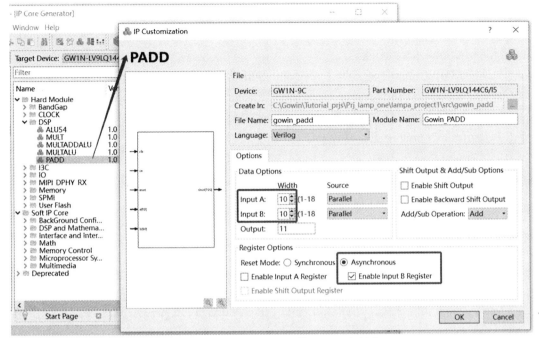

图 2.112　IP Core Generator 的 PADD 定制窗口

1. File 配置栏

File 配置框用于配置产生的 IP 设计文件的相关信息。

(1) Device：用于显示工程选择的芯片系列，这里默认为 GW1N-9C，与前面 Pocket Lab-F0 实验板相匹配。

(2) Part Number：用于显示已选择的器件名称，这里默认为 GW1N-LV9LQ144C6/I5。

(3) Create In：用于显示配置产生的 IP 设计文件的目标路径，可通过文本框右侧选择按钮选择目标路径，默认为工程源文件所在目录。

(4) File Name：用于显示配置产生的 IP 设计文件的文件名。在右侧文本框可重新编辑文件名称，这里默认为 gowin_padd。

(5) Module Name：用于显示配置产生的 IP 设计文件的 Module 名称。在右侧文本框可重新编辑模块名称，这里默认为 Gowin_PADD。Module Name 不能与软件的原语名称相同，若相同，则报出 Error 提示。

(6) Language：用于选择配置产生的 IP 设计文件的硬件描述语言。选择右侧下拉列表框，选择目标语言，支持 Verilog 和 VHDL，这里选择默认为 Verilog。

2. Options 配置框

Options 配置框用于用户自定义配置 IP 参数，如图 2.112 所示。

(1) Data Options：配置数据选项，包括：

① 输入端口(Input A Width/ Input B Width)：最大数据位宽为 18，这里设置为 10 位。

② 输出端口数据位宽(Output Width)：无须用户配置，它会根据输入位宽自动调整位宽，

例化时会根据位宽决定生成 PADD9 或 PADD18。

③ 输入端口 A 的数据来源(Input A Source)：可配置为 Parallel 和 Shift。

④ 输入端口 B 的数据来源(Input B Source)：可配置为 Parallel、Backward Shift。

(2) Shift Output & Add/Sub Options：用于使能 Shift Output、Backward Shift Output 和加减操作(Add/Sub Operation)配置。

① 使能 Shift Output：通过选中"Enable Shift Output"进行配置。

② 使能 Backward Shift Output：通过选中"Enable Backward Shift Output"选项进行配置。

③ PADD 可通过配置"Add/Sub Operation"选项执行加法、减法。

(3) Register Options：配置寄存器工作模式。包括：

① "Reset Mode"选项：配置 PADD 的复位模式，支持同步模式"Synchronous"和异步模式"Asynchronous"。

② "Enable Input A Register"：配置 Input A register。

③ "Enable Input B Register"：配置 Input B register。

④ "Enable Output Register"：配置 Output register。

3. 端口显示框图

端口显示框图显示当前 IP Core 的配置结果示例框图、输入输出端口的个数以及位宽根据 Options 配置实时更新，如图 2.112 所示 IP Customization 窗口左侧视图。

4. 生成 PADD IP 文件

IP 窗口配置完成后，点击 OK 按钮，会在 Create In 选择的目录中产生以配置文件"File Name"命名的三个文件，以图 2.112 所示设置为例介绍，分别如下：

(1) IP 设计文件"gowin_padd.v"为完整的 verilog 模块，根据用户的 IP 配置，产生实例化的 Gowin_PADD。

(2) IP 设计使用模板文件 gowin_padd_tmp.v，为用户提供 IP 设计使用模板文件。

(3) IP 配置文件"gowin_padd.ipc"，用户可加载该文件对 IP 进行配置。

注意，如果在 IP 配置过程中选择的语言是 VHDL，则产生的前两个文件名后缀为.vhd。

2.4.2　ROM IP 的产生

ROM 是只读模式，可通过 pROM 原语实现。在 IP Core Generator 界面中，展开 Hard Module→Memory→Block Memory 模块，双击 pROM，弹出 pROM 的 IP Customization 界面，该界面右侧显示 pROM 的相关信息，包括"File"配置框、"Options"配置框和端口显示框，如图 2.113 所示。

1. File 配置框

File 配置框用于配置产生的 IP 设计文件的相关信息，pROM 的 File 框配置与 PADD 的 File 框配置方法相同，可参考 PADD 的 File 配置框部分。

2. Options 配置框

Options 配置框用于用户自定义配置 IP，Options 配置框如图 2.113 所示。

(1) Width & Depth：用于配置地址深度(Address Depth)和数据宽度(Data Width)。当配

置的地址深度和数据宽度无法通过单个模块实现时，IP Core 会实例化多个模块组合实现。这里地址深度和数据宽度分别配置为 1024 和 10，如图 2.113 所示。

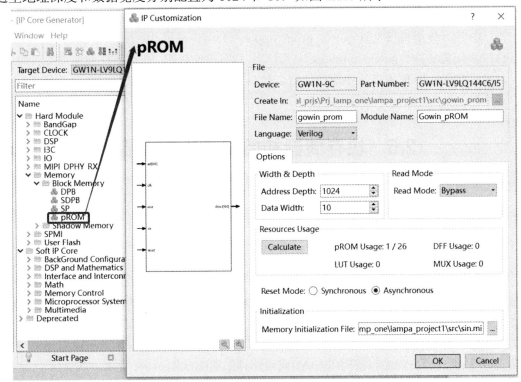

图 2.113　IP Core Generator 的 pROM 定制窗口

(2) Resource Usage：点击 Calculate 按钮，计算并显示当前容量配置上占用的 pROM、DFF、LUT、MUX 的资源情况。

(3) Read Mode：用于配置 pROM 的读取模式。pROM 支持 Bypass 和 Pipeline 两种读模式，这里选择 Bypass 模式。

(4) Reset Mode。用于配置复位模式，支持同步模式"Synchronous"和异步模式"Asynchronous"。

(5) Initialization：用于配置 pROM 的初始值。初始值以二进制、十六进制或带地址十六进制的格式写在初始化文件中。"Memory Initialization File"选取的初始化文件可通过手写或者在 Gowin 云源软件的菜单栏"File→New→Memory Initialization File"产生，这里选择初始化文件 sin.mi，其中存储了量化到 10 位的 1024 个点的一个完整周期正弦波数据。

3. 端口显示框图

(1) 端口显示框图显示当前 IP Core 的配置结果示例框图，输入输出端口的位宽根据 Options 配置实时更新，如图 2.113 所示 IP Customization 窗口左侧的视图。

(2) Options 配置中的地址深度"Address Depth"配置影响地址的位宽，数据位宽"Data Width"配置影响输入数据和输出数据的位宽。

4. 生成 pROM IP 文件

IP 窗口配置完成后，点击 OK 按钮，会在 Create In 选择的目录中产生以配置文件"File

Name"命名的三个文件，以图 2.113 所示设置为例介绍，分别如下：

(1) IP 设计文件"gowin_prom.v"为完整的 verilog 模块，根据用户的 IP 配置，产生实例化的 Gowin_pROM。

(2) IP 设计使用模板文件 gowin_prom_tmp.v，为用户提供 IP 设计使用模板文件。

(3) IP 配置文件"gowin_prom.ipc"，用户可加载该文件对 IP 进行配置。

注意，如果在 IP 配置过程中选择的语言是 VHDL，则产生的前两个文件名后缀为.vhd。

2.5　块存储器初始化文件编辑器

2.5.1　Gowin 存储器(BSRAM & SSRAM)

高云半导体 FPGA 提供了丰富的存储器资源，包括块状静态随机存储器(Block SRAM)和分布式静态随机存储器(Shadow SRAM)。每个 BSRAM 可配置最高 18 kb，数据位宽和地址深度均可配置。每个 BSRAM 具有独立的 A、B 两个端口，具有独立的时钟、地址、数据和控制信号，可以独立进行读写操作，且两个端口共享一块存储空间。可配置功能单元(CFU)是构成高云半导体 FPGA 产品内核的基本单元，可根据应用场景配置成 SSRAM，包括 16×4 位的静态随机存储器(SRAM)或只读存储器(ROM16)。

Block Memory 是块状静态随机存储器，具有静态存取功能。根据 BSRAM 的特性建立软件模型，可分为双端口模式(DPB/DPX9B)、单端口模式(SP/SPX9)、伪双端口模式(SDPB/SDPX9B)和只读模式(pROM/pROMX9)。

1. 双端口模式

DPB/DPX9B 的存储空间分别为 16 kb/18 kb，其工作模式为双端口模式，端口 A 和端口 B 均可分别独立实现读/写操作，可支持 2 种读模式(bypass 模式和 pipeline 模式)和 3 种写模式(normal 模式、write-through 模式和 read-before-write 模式)。

2. 单端口模式

SP/SPX9 存储空间为 16 kb/18 kb，其工作模式为单端口模式，由一个时钟控制单端口的读/写操作，可支持 2 种读模式(bypass 模式和 pipeline 模式)和 3 种写模式(normal 模式、write-through 模式和 read-before-write 模式)。

3. 伪双端口模式

SDPB/SDPX9B 存储空间分别为 16 kb/18 kb，其工作模式为伪双端口模式，端口 A 进行写操作，端口 B 进行读操作，可支持 2 种读模式(bypass 模式和 pipeline 模式)和 1 种写模式(normal 模式)。

4. 只读模式

pROM/pROMX9 存储空间分别为 16 kb/18 kb，其工作模式为只读模式，可支持 2 种读模式(bypass 模式和 pipeline 模式)。通过参数 READ_MODE 来启用或禁用输出 pipeline

寄存器，使用输出 pipeline 寄存器时，读操作需要额外的延迟周期。

2.5.2 Gowin 存储器的初始化文件

在 BSRAM、SSRAM 模式中，可以将存储器的每一位初始化为 0 或 1。初始值以二进制、十六进制或带地址十六进制的格式写在初始化文件中。

1. 二进制格式(Bin File)

Bin 文件是由二进制数 0 和 1 组成的文本文件，行数代表存储器的地址深度，列数代表存储器的数据宽度。一个地址深度为 6，数据宽度为 32 位的 Bin 格式文件内容如下：

> #File_format=Bin
>
> #Address_depth=4
>
> #Data_width=32
>
> 00001100000100000000100100010000
>
> 10000000010010000100000001000000
>
> 01000000100000001000000010000000
>
> 00100000100001001100000011000000
>
> …

2. 十六进制格式(Hex File)

Hex 文件与 Bin 文件格式类似，由十六进制数 0～9、A～F 组成，行数代表存储器的地址深度，每一行数据的二进制位数，代表存储器的数据宽度。一个地址深度为 8，数据宽度为 16 位的 Hex 格式文件内容如下：

> #File_format=Hex
>
> #Address_depth=8
>
> #Data_width=16
>
> 3A40
>
> A28E
>
> 0B52
>
> 1C49
>
> D602
>
> 0801
>
> 03E6
>
> 4C18

3. 带地址十六进制格式(Address-Hex File)

Address-Hex 文件是在文件中对有数据记录的地址和数据都进行记录，地址和数据都是由十六进制数 0～9、A～F 组成，每行中冒号前面是地址，冒号后面是数据，文件中只对写入数据的地址和数据进行记录，没有记录的地址默认数据为 0。一个地址深度为 256，数据宽度为 16 位的 Address-Hex 格式文件内容如下：

> #File_format=AddrHex

```
#Address_depth=256
#Data_width=16
9:FFFF
23:00E0
2a:001F
30:1E00
```

2.5.3　存储器的初始化文件编辑器

　　块存储器初始化文件是一个 ASCII 文件，其扩展名为.mi；用户可根据 Gowin 工程设计要求，生成相应格式的初始化文件，用以指定存储器中每个地址下的初始值。如果已有.mi 文件，可以在 Gowin 软件中用块存储器初始化文件编辑器打开该.mi 文件，再次编辑后进行保存。

　　块存储器初始化文件的文件扩展名为*.mi，文件中每一行代表一个存储单元，行数即为存储单元的个数，也代表存储器的地址深度 Address Depth；列数代表每个存储单元有多少位，即内存的数据宽度 Data Width。地址从上到下依次递增，每行数据高位在前，低位在后。Gowin 的块存储器初始化文件的编辑是以新建配置文件(.mi)为基础，Gowin 云源软件的初始化文件编辑器具体使用步骤如下：

　　(1) 在软件工程管理区(Design)，选择菜单 File→New…命令，打开 New 对话框。

　　(2) 选择 Memory Initialization File，如图 2.114 所示，单击 OK 按钮，在弹出的 New File 对话框中填写初始化文件名字，如图 2.115 所示，单击 OK 按钮。

图 2.114　Gowin 软件新建存储器的初始化文件

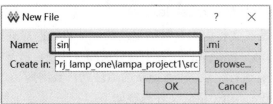

图 2.115　输入新建存储器的初始化文件名

(3) 启动如图 2.116 所示的初始化文件配置窗口，窗口左侧部分表格填写初始值，右侧部分配置初始化文件大小和视图格式。

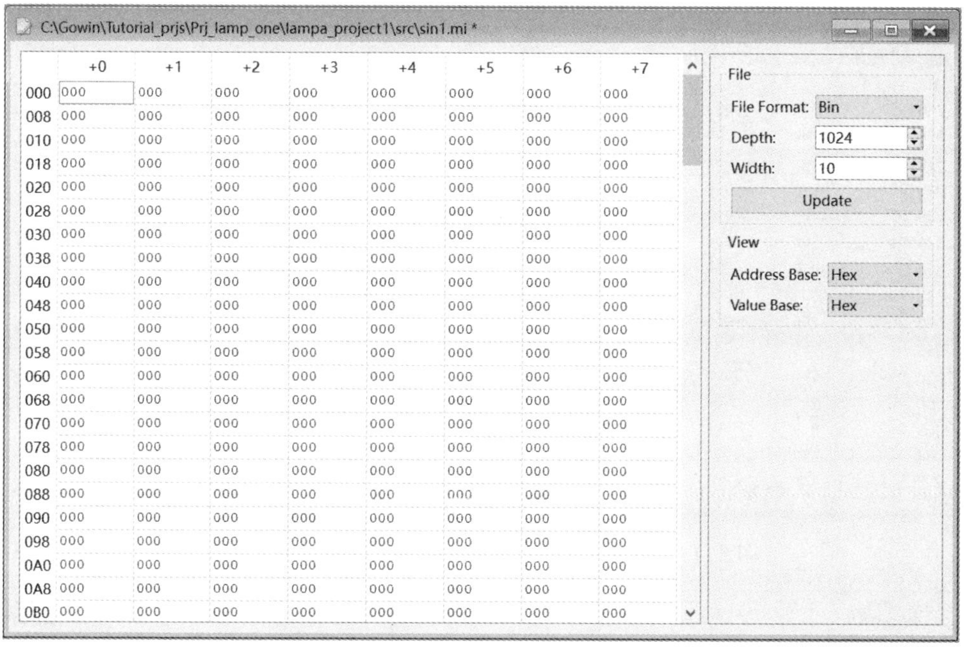

图 2.116　新建存储器初始化文件配置窗口

(4) 在图 2.116 所示窗口的右侧配置初始化文件的 Depth 和 Width，左侧表格中给出了地址和初始值的数值显示格式，部分主要配置参数说明如下：

① File Format：左侧表格中地址和数值的显示格式，可以选择二进制(Bin)，十六进制(Hex)，带地址十六进制(Address-Hex)等格式。

② Depth 和 Width：要与用户在 IP Core Generator 窗口上所选择 Block Memory 或 Shadow Memory 的 Address Depth 及 Data Width 一致，若初始化文件中 Address Depth 或 Data Width 大于窗口上所选择的值，IP Core Generator 将会提示错误信息；若 Address Depth 或 Data Width 小于各自窗口上所选择的值，则未指定的地址下的值默认初始化为 0。图 2.114 中 Depth 和 Width 分别设置为 1024 和 10，设置完成后单击"Update"按钮更新左侧表格显示。

③ Address Base：左侧表格中地址的显示格式，可选择为二进制(Bin)、八进制(Oct)、十六进制(Hex)和十进制(Dec)。

④ Value Base：左侧表格中数据内容的显示格式，可选择为二进制(Bin)、八进制(Oct)、十六进制(Hex)和十进制(Dec)。

(5) 在配置窗口的左侧表格中进行初始值的写入，此外在左侧表格中可以对表格的视图格式进行设置，设置方法如下：

① 在初始化数据表的表头点击鼠标右键，右键菜单可以选择配置列数的显示，有 1、8、16 三种选择，如图 2.117 所示。

② 表格中的初始值既可以通过双击后手动写入，也可以通过右击进行设置，在要输入数值处右击，选择"Fill with 0"是指初始值每位都为 0，选择"Fill with 1"是指初始值每

位都为 1,"Custom Fill"使用户可以根据需要进行数值写入,也可以批量设置初始值,如图 2.118 所示。所有初始化数据都编辑好以后,点击保存 mi 初始化文件。

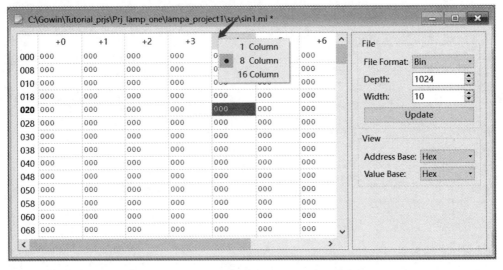

图 2.117　新建存储器初始化文件数据表显示列出配置

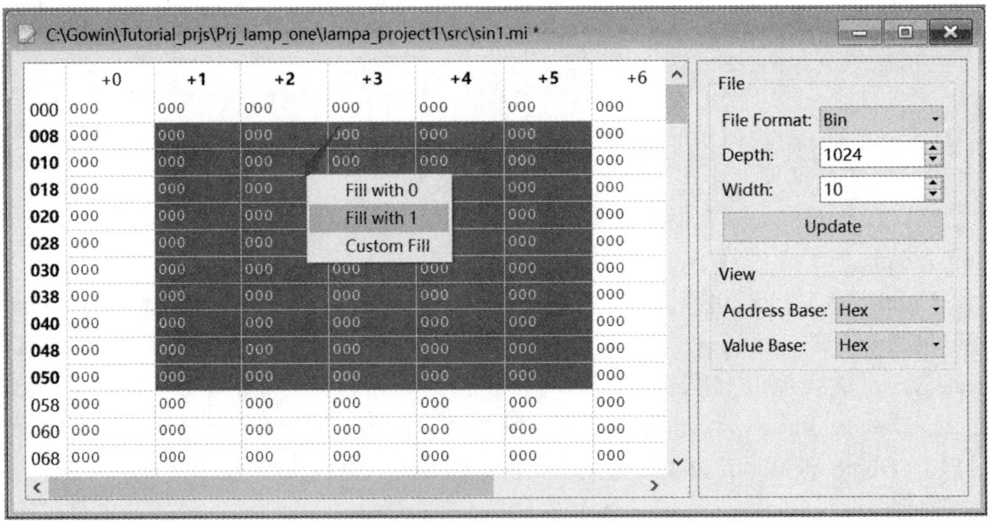

图 2.118　新建存储器初始化文件数据表数据批量设置

③ 存储器初始化文件及数据也可以通过 Matlab 软件计算产生(用 C 语言编程产生)。此处以一个周期正弦波函数为例,给出生成存储器初始化文件数据的 Matlab 程序,并将数据直接写入 sin.mi 中,产生的初始化文件为 Bin 格式。

```
%%-----产生 Gowin 的 mi 存储器初始化文件-------------
Address_depth=1024;   %存储器深度
Width=10;     %数据位数
fh=fopen('C:\Gowin\Tutorial_prjs\lampa_project1\src\sin.mi','w+');
fprintf(fh, '#Created by Aifeng Ren. \r\n');
fprintf(fh, '#File_format=Bin \r\n');          %初始化文件格式
```

```
fprintf(fh, '#Address_depth=1024 \r\n');     %地址深度
fprintf(fh, "#Data_width=10 \r\n");          %数据位数
for i=0:Address_depth-1
    yd=floor((0.5+0.5*sin(2*pi*i/(Width-1))*Width);
    yb=dec2bin(yd,Width);
    fprintf(fh, '%s', yb);
    fprintf(fh, '\r\n');
end
fprintf(fh, '\r\n');
fclose(fh);
```

图 2.113 中的 pROM 初始化文件即为上面的 Matlab 程序产生的 sin.mi 文件。在 Gowin 中可以打开上面 Matlab 程序产生的存储器初始化文件 sin.mi，如图 2.119 所示，可以看到 1024 点的正弦波数据，在 Matlab 中画出的 1024 点完整正弦波波形如图 2.120 所示。

	+0	+1	+2	+3	+4	+5	+6	+7
000	200	203	206	209	20C	20F	212	216
008	219	21C	21F	222	225	228	22B	22F
010	232	235	238	23B	23E	241	244	248
018	24B	24E	251	254	257	25A	25D	260
020	263	267	26A	26D	270	273	276	279
028	27C	27F	282	285	288	28B	28E	291
030	294	297	29A	29D	2A0	2A3	2A6	2A9
038	2AC	2AF	2B2	2B5	2B8	2BB	2BE	2C1
040	2C4	2C7	2C9	2CC	2CF	2D2	2D5	2D8
048	2DB	2DD	2E0	2E3	2E6	2E9	2EC	2EE
050	2F1	2F4	2F7	2F9	2FC	2FF	302	304
058	307	30A	30C	30F	312	314	317	31A
060	31C	31F	321	324	327	329	32C	32E
068	331	333	336	338	33B	33D	340	342
070	345	347	349	34C	34E	351	353	355
078	358	35A	35C	35F	361	363	365	368
080	36A	36C	36E	370	373	375	377	379
088	37B	37D	37F	381	383	386	388	38A
090	38C	38E	390	391	393	395	397	399

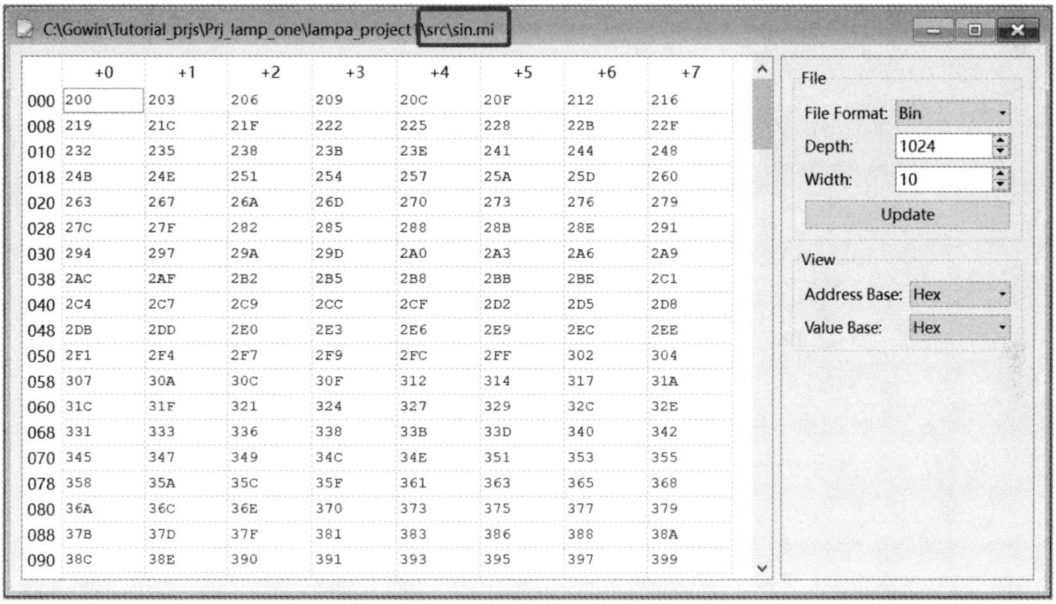

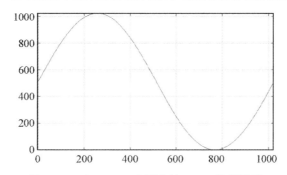

图 2.119　在 Gowin 中打开由 Matlab 程序产生的存储器初始化文件 sin.mi

图 2.120　在 Matlab 中画出的 sin.mi 数据波形

2.5.4 正弦波信号产生器实例

下面是一个使用 FPGA 器件内部存储器实现正弦波信号产生的简单设计实例，直接调用前面产生的 pROM IP 作为正弦波数据存储器，PADD IP 作为数据存储器的读地址产生器。pROM 中正弦波数据为 1024 点，每个数据为 10 位，PADD 加法器位数为 10 位直接作为 pROM 的读地址，pROM 的输出即为正弦波数据。

在 Gowin 云源软件中新建工程，安装以上方法产生 pROM、PADD 的 IP 例化文件，并采用前面 Matlab 程序直接产生 sin.mi 存储器初始化文件加载到 pROM IP。编写 Verilog 程序调用 pROM 和 PADD IP，代码如下：

```verilog
//----------正弦波信号产生器----------------------------------
module test_dds(
    input           sys_clk,            // 系统时钟
    input           sys_rst_n,          //全局复位，低电平有效
    output  [9:0] data                  //数据输出
);
    wire [10:0] add;                     //存储器地址
//调用 PADD IP 例化
    Gowin_PADD phase_add(
        .dout(add),                      //output [10:0] dout
        .a(10'd1),                       //input [9:0] a
        .b(add[9:0]),                    //input [9:0] b
        .ce(1'b1),                       //input ce
        .clk(sys_clk),                   //input clk
        .reset(~sys_rst_n)               //input reset
    );
//调用 pROM IP 例化，加载初始化文件 sin.mi
    Gowin_pROM your_instance_name(
        .dout(data),                     //output [9:0] dout
        .clk(sys_clk),                   //input clk
        .oce(1'b1),                      //input oce
        .ce(1'b1),                       //input ce
        .reset(~sys_rst_n),              //input reset
        .ad(add[9:0])                    //input [9:0] ad
    );
endmodule
```

在 Pocket Lab-F0 实验板上下载该设计代码，并利用 Gowin Analyzer Oscilloscope 工具查看正弦波产生结果，如图 2.121 示。在 GAO 窗口点击 Export 快捷键，按照 2.3.3 节方法导出 vcd 格式数据文件，如图 2.122 所示。

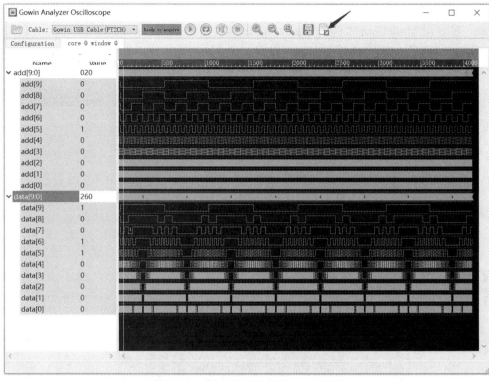

图 2.121 正弦波产生实例 GAO 波形

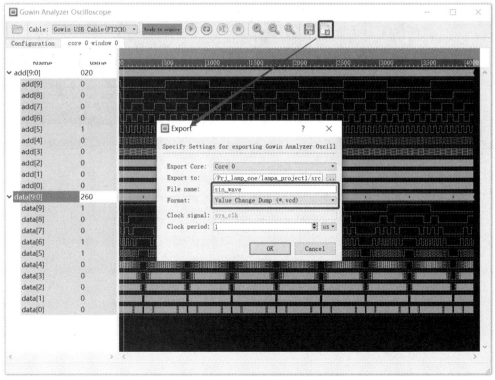

图 2.122 在 GAO 中导出数据文件

启动 ModelSim 软件，选择菜单 File→Change Directory...命令改变目录到 vcd 文件所在目录，然后在 ModelSim 软件的 Transcript 区域使用转换命令 vcd2wlf 将 vcd 格式文件转换为 wlf 格式文件，如图 2.123 所示；最后，在 ModelSim 中，使用命令 vsim -view 打开 wlf 文件查看波形，如图 2.124 所示。

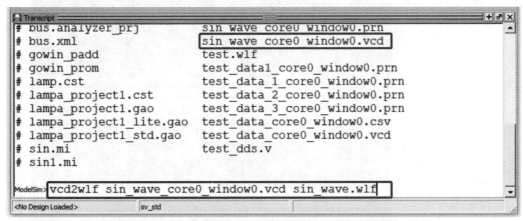

图 2.123　在 ModelSim 中将 vcd 文件转换为 wlf 文件格式

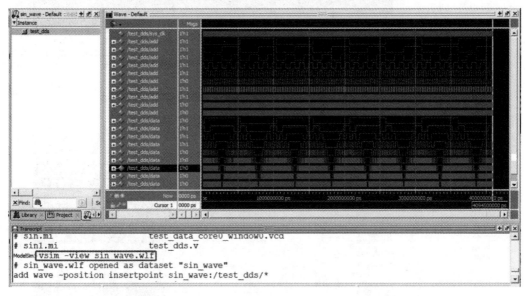

图 2.124　在 ModelSim 中打开 wlf 文件查看波形

第 3 章 HDL 数字系统设计与仿真

3.1 硬件描述语言简介

硬件描述语言(Hardware Description Language，HDL)是一种对数字电路和系统进行性能描述和模拟的语言。基于硬件描述语言的数字系统设计是一个从抽象到实际的过程，设计人员可以在数字电路系统中从上层到下层逐层描述自己的设计思想。硬件描述语言的发展至今已有几十年的历史，并成功地应用于设计的各个阶段，如建模、仿真、验证和综合等。随着电子设计自动化(EDA)技术的发展，使用硬件描述语言设计 PLD/FPGA 成为一种趋势。20 世纪 80 年代后期，VHDL 和 Verilog HDL 语言先后成为 IEEE (Institute of Electrical and Electronics Engineers，美国电气和电子工程师协会)标准。

HDL 在语法和风格上类似于现代高级编程语言，但 HDL 毕竟描述的是硬件，它包含许多硬件所特有的结构。HDL 语言和纯计算机软件语言的不同如下：

(1) 运行所需的基础平台不同。计算机语言在 CPU＋RAM 构建的平台上运行，而 HDL 设计的结果是由具体的逻辑和触发器组成的数字电路。

(2) 执行方式不同。计算机语言基本以串行的方式执行，而 HDL 在总体上以并行方式工作。

(3) 验证方式不同。计算机语言主要关注变量值的变化，而 HDL 语言要实现严格的时序逻辑关系。

3.1.1 VHDL 简介

VHDL(VHSIC Hardware Description Language)是一种电子设计师用来设计硬件系统与电路的高级语言。其中 VHSIC 是指美国国防部 20 世纪 70 年代末至 80 年代初提出的著名的"Very High Speed Integrated Circuit"计划，该计划的目标是为生产下一代集成电路、实现阶段性的工艺极限以及完成十万门级以上的设计建立一项新的描述方法。1981 年末，美国国防部提出了"超高速集成电路硬件描述语言"，简称 VHDL。VHDL 的结构和设计方法受到了 ADA 语言的影响，并吸收了其他硬件描述语言的优点。1987 年 12 月，VHDL 被确定为标准的最初版本 IEEE STD 1076-1987。此后，VHDL 就一直以标准系列的载体形式记录着它的发展和逐渐成熟的历程。根据 IEEE-1076-1993,1995 年国家技术监督局推荐 VHDL 为我国 EDA 硬件描述语言的国家标准。至此，VHDL 语言在我国迅速普及，现在这门语言已经成为从事硬件电路设计的开发人员所必须掌握的一项技术。

VHDL 语言描述的逻辑电路的基本结构如图 3.1 所示，结合本科阶段"数字电子技术基础"(简称"数字电路")课程所学的组合逻辑和时序逻辑电路设计方法，其仍然包括逻辑抽象(实体 Entity 声明)、功能实现(结构体 Architecture)两大模块。

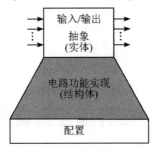

图 3.1　VHDL 语言描述的逻辑电路的基本结构

1. 库和程序包

1) VHDL 的"库"

VHDL 的"库"是专门用于存放预先编译好的程序包的地方，对应于一个文件目录，程序包的文件存放在该目录中，其功能相当于共享资源的仓库，所有已完成的设计资源只有存入某个"库"内才可以被其他设计实体共享。库的声明类似于 C 语言，需要放在设计实体(Entity)的前面，表示该库资源对整个设计是开放的。

库语句的声明格式如下：

LIBRARY 库名；

USE 库名.所要调用的程序包名.ALL；

常用的 VHDL 库有 IEEE 库、STD 库和 WORK 库。

IEEE 库是 VHDL 设计中最常用的资源库，包含 IEEE 标准的 STD_LOGIC_1164、NUMERIC_BIT、NUMERIC_STD 以及其他一些支持工业标准的程序包。其中最重要并且最常用到的是 STD_LOGIC_1164 程序包，大部分程序以该程序包中设定的标准为设计基础。

STD 库是 VHDL 的标准库，VHDL 在编译过程中会自动调用这个库，使用时不需要另外声明。STD 库属于 VHDL 语言的默认库。

WORK 库是用户在进行 VHDL 设计时的当前工作库，用户的设计文件将自动保存在这个库中。WORK 库属于用户自己的仓库。类似于 STD 库，WORK 库在使用时也不需要另外声明，属于 VHDL 语言的默认库。

2) 程序包

程序包是 VHDL 语言编写的一段程序，可以供其他设计单元调用和共享，相当于工具箱，各种数据类型、子程序等一旦放入了程序包，就成为共享的工具。类似于 C 语言的头文件，合理应用程序包可以减少代码量，并且使得程序结构清晰。在一个具体的 VHDL 设计中，实体部分所定义的数据类型、常量和子程序可以在相应的结构体中使用，但在一个实体的声明部分和结构体部分中定义的数据类型、常量及子程序却不能被其他单元使用。因此，程序包的作用是使一组数据类型、常量和子程序被多个设计单元使用。

程序包分为包头和包体两部分。包头(也称为程序包说明部分)对程序包中使用的数据类型、元件、函数和子程序进行定义,其形式与实体定义类似。包体规定了程序包的实际功能,存放函数和过程的程序体,而且允许定义内部的子程序、内部变量和数据类型。程序包的包头和包体均以关键字 PACKAGE 开头。

程序包的包头的格式如下:

　　PACKAGE　程序包名称　IS

　　　　[程序包包头说明语句]

　　END　程序包名称;

程序包的包体的格式如下:

　　PACKAGE BODY 程序包名称　IS

　　　　[程序包包体说明语句]

　　END　程序包名称;

调用程序包的格式如下:

　　USE　库名.程序包名称.ALL;

VHDL 中常用的预定义程序包如表 3.1 所示。

表 3.1　VHDL 中常用的预定义程序包

库名	程序包名称	包中预定义的内容
IEEE	STD_LOGIC_1164	STD_LOGIC、STD_LOGIC_VECTOR、STD_ULOGIC、STD_ULOGIC_VECTOR 等数据类型、子类型和函数
IEEE	STD_LOGIC_ARITH	在 STD_LOGIC_1164 的基础上扩展了 UNSIGNED、SIGNED 和 SMALL_INT 三个数据类型,并定义了相关的算术运算符和转换函数
IEEE	STD_LOGIC_SIGNED	主要定义有符号数的运算,重载后可用于 INTEGER、STD_LOGIC 和 STD_LOGIC_VECTOR 之间的混合运算,并定义了 STD_LOGIC_VECTOR 到 INTEGER 的转换函数
IEEE	STD_LOGIC_UNSIGNED	主要定义无符号数的运算,相应功能与 STD_LOGIC_SIGNED 相似

2. 实体(ENTITY)

以关键字 ENTITY 引导,以 END (ENTITY) xxx 结尾的语句部分,称为实体(其中 xxx 表示实体名)。实体在电路中主要用于定义所描述电路的端口信号,如输入、输出信号等,更具体地说就是用来定义实体与外部的连接关系以及需传送给实体的参数。

VHDL 中实体的格式如下:

　　ENTITY　实体名　IS

　　　　[GENERIC(类属表);]

　　　　PORT(端口表);

　　END [ENTITY] 实体名;

实体格式中以 GENERIC 开头的语句是类属说明，用于为设计实体和其他外部环境通信的静态信息提供通道，可以定义端口大小、实体中元件的数目以及实体的定时特性等，用以将信息参数传递到实体。类属说明部分是可选的。GENERIC 的主要作用是增强 VHDL 程序的通用性，避免程序的重复书写。例如：

```
GENERIC ( constant tplh , tphl : TIME := 5 ns;
              default_value : INTEGER:= 1;
              cnt_dir : STRING := "up"
          );
```

以 PORT 开头的语句是端口声明，它描述电路的输入、输出等端口信号及其模式和数据类型，其相当于电路符号中的一个管脚。PORT 的格式如下：

```
PORT (
        端口名：端口模式　数据类型；
        {端口名：端口模式　数据类型}
      );
```

端口模式中定义的端口方向包括以下四种：

(1) IN：输入，定义的通道为单向只读模式，该信号只能被赋值引用，不能被赋值。

(2) OUT：输出，定义的通道为单向输出模式，该信号只能被赋值，不能被引用，用于不能反馈的输出。

(3) INOUT：双向，定义的通道确定为输入/输出双向端口，该信号既可读，又可被赋值，读出的值是端口输入值，而不是被赋值。

(4) BUFFER：缓冲，类似于输出，但可以读，读的值是被赋值，用作内部反馈，不能作为双向端口使用(注意与 INOUT 的区别)。

VHDL 语言是一种强类型语言，每个数据对象(如信号、变量或常量)只能有一种数据类型，施加于该对象的操作必须与该对象的数据类型相匹配。

VHDL 语言中常用的数据类型有：

(1) 逻辑位类型：BIT、STD_LOGIC。

(2) 逻辑位矢量类型：BIT_VECTOR、STD_LOGIC_VECTOR。

(3) 整数类型：INTEGER。

(4) 布尔类型：BOOLEAN。

为了使 EDA 软件能够正确识别这些数据类型，相应的类型库必须在 VHDL 描述中声明并在 USE 语句中调用(参考 VHDL 库声明及调用)。此外，VHDL 中还可以自己定义数据类型(类似于 C 语言中的枚举类型)，这给 VHDL 的程序设计带来了极大的灵活性。

3. 结构体(ARCHITECTURE)

以关键字 ARCHITECTURE 为引导，以 END (ARCHITECTURE) xxx 为结尾的语句部分称为结构体(其中 xxx 表示结构体名)。结构体具体描述了设计实体的电路行为。

VHDL 中结构体的格式如下：

```
ARCHITECTURE   结构体名   OF   实体名   IS
     [定义语句]   内部信号，常数，数据类型，函数等定义；
```

BEGIN

     [功能描述语句];

    END [ARCHITECTURE]　结构体名;

其中,"结构体名"是对本结构体的命名,它是该结构体的唯一名称,可以按照操作系统的基本命名方式命名; OF 后面的"实体名"表明了该结构体对应的实体,应与实体部分的实体名保持一致; [定义语句]位于关键字 ARCHITECTURE 和 BEGIN 之间,用于对结构体内部使用的信号、常数、数据类型、函数等进行定义,在结构体中定义信号时不用注明信号方向。

并行处理语句位于结构体描述部分的 BEGIN 和 END [ARCHITECTURE]之间,是 VHDL 语言设计的核心,它描述了电路的行为及连接关系。结构体中主要是并行处理语句,包括赋值语句和进程(PROCESS)结构语句。赋值语句可以看作隐含进程的结构语句。除进程结构内部的语句有顺序之外,各进程结构语句之间都是并行执行的。VHDL 的所有顺序语句都必须放在由 PROCESS 引导的进程结构中。

4. 配置(CONFIGURATION)

VHDL 中的一个设计实体必须包含至少一个结构体。当一个实体名对应多个结构体时,配置用来选取与当前实体对应的某个结构体,以进行电路功能描述的版本控制。

配置的句法格式如下:

    CONFIGURATION　配置名　OF　实体名　IS

        FOR　　为实体选配的结构体名

        END FOR;

    END　配置名;

需要注意的是,VHDL 语言程序中的字符是不区分大小写的。但是在实际编程中为了增加程序的可读性,保留字通常用大写形式表示,其他部分用小写形式表示。

5. 一个完整的 VHDL 设计实例

下面给出一个较完整的 VHDL 描述的数字电路逻辑设计实例,其中包括库的声明与使用(LIBRARY 和 USE)部分、实体(ENTITY)部分、结构体(ARCHITECTURE)部分及配置(CONGURATUATION)部分。

实例 3.1　模值为 256 和 65536 的计数器 VHDL 描述

```
LIBRARY IEEE;                             --库声明部分
USE IEEE.STD_LOGIC_1164.ALL;              --使用程序包
USE IEEE.STD_LOGIC_ARITH.ALL;             --使用程序包
USE IEEE.STD_LOGIC_UNSIGNED.ALL;          --使用程序包
----------------------------------------------------------------
----实体部分,实体名为 counter
----------------------------------------------------------------
ENTITY counter IS          --实体部分,实体名 counter
    PORT (    load, clear, clk : IN STD_LOGIC;      --输入端口,位逻辑类型
```

```
            data_in :              IN INTEGER;           --输入端口，整数类型
            data_out :             OUT INTEGER);          --输出端口，整数类型
    END ENTITY counter;
    ------------------------------------------------------------------------------------------
    ----结构体 1，结构体名为 count_module256，计数范围为 0～255
    ------------------------------------------------------------------------------------------
    ARCHITECTURE count_module256 OF counter IS
    BEGIN                                         --结构体 1 部分，结构体名为 count_module256
        PROCESS(clk,clear,load)
            VARIABLE count:INTEGER :=0;
        BEGIN
            IF (clear = '1') THEN    count:=0;
            ELSIF (load = '1') THEN    count:=data_in;
            ELSIF ((clk'EVENT) AND (clk = '1')) THEN
                IF (count = 255) THEN    count:=0;
                ELSE    count := count + 1;
                END IF;
            END IF;
            data_out <= count;
    END PROCESS;
    END ARCHITECTURE count_module256;    --结构体 1 部分结束

    ------------------------------------------------------------------------------------------
    ----结构体 2，结构体名为 count_module64K，计数范围为 0～65535
    ------------------------------------------------------------------------------------------
    ARCHITECTURE count_module64K OF counter IS
    BEGIN                                         --结构体 2 部分，结构体名为 count_module64K
        PROCESS(clk)
            VARIABLE count:INTEGER :=0;
        BEGIN
            IF (clear = '1') THEN    count:=0;
            ELSIF (load = '1') THEN    count:=data_in;
            ELSIF ((clk'EVENT) AND (clk = '1')) THEN
                IF (count = 65535) THEN    count:=0;
                ELSE    count := count + 1;
                END IF;
             END IF;
            data_out <= count;
    END PROCESS;
    END ARCHITECTURE count_module64K;    --结构体 2 部分结束
```

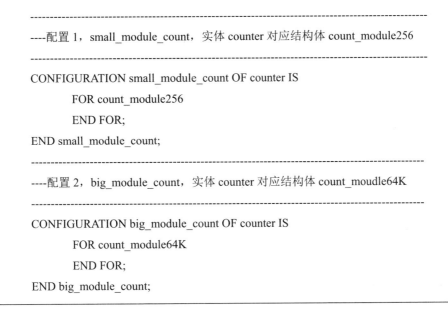

```
------------------------------------------------------------------------
----配置 1，small_module_count，实体 counter 对应结构体 count_module256
------------------------------------------------------------------------
CONFIGURATION small_module_count OF counter IS
        FOR count_module256
        END FOR;
END small_module_count;
------------------------------------------------------------------------
----配置 2，big_module_count，实体 counter 对应结构体 count_moudle64K
------------------------------------------------------------------------
CONFIGURATION big_module_count OF counter IS
        FOR count_module64K
        END FOR;
END big_module_count;
```

实例 3.1 中通过 CONFIGRATION 指定实体(ENTITY)与某个结构体(ARCHITECTURE)的对应关系，在用 EDA 软件对实例 3.1 进行仿真时，可以选择其中的某个"配置名称"(此处为 small_module_count 或 big_module_count)进行功能仿真。

3.1.2 Verilog HDL 关键语法简介

Verilog HDL 从 C 语言继承了很多操作符和语法结构，Verilog 基本语法与 C 语言很相近，具备 C 语言基础的设计人员很容易掌握 Verilog 硬件描述语言。

Verilog HDL 是 1984 年由 GDA(Gateway Design Automation)公司为其模拟器产品开发的硬件建模语言，并逐渐为众多设计者所接受。1990 年 GDA 公司被 Cadence 公司收购，1990 年初，开放 Verilog 国际(Open Verilog International, OVI)组织(现在的 Accellera)成立，Verilog 面向公共领域开放。1992 年，该组织寻求将 Verilog 纳入电气电子工程师学会(IEEE)标准，最终，Verilog 成为 IEEE 1364-1995 标准，即通常所说的 Verilog-95。设计人员在使用过程中对发现的问题逐渐进行了修正和扩展，并再次提交给电气电子工程师学会，扩展后的版本成为 IEEE 1364-2001 标准，即通常所说的 Verilog-2001。Verilog-2001 是对 Verilog-95 进行重大改进后的版本，具备一些新的实用功能，如敏感列表、多维数组、生成语句块、命名端口连接等。目前，Verilog-2001 是 Verilog 的最主流版本，被大多数商业电子设计自动化软件包支持。2005 年，Verilog 再次对 Verilog-2001 版进行了细微修正，更新为 IEEE 1364-2005 标准，该版本还包括了一个相对独立的新部分，即 Verilog-AMS，可以对集成的模拟和混合信号系统进行建模。同年，IEEE 发布了一系列 Verilog HDL 的增强功能，即 IEEE 1800-2005 SystemVerilog 标准，它是 Verilog-2005 的一个超集，是硬件描述语言、硬件验证语言(针对验证的需求，特别加强了面向对象特性)的一个集成。2009 年，IEEE 1364-2005 和 IEEE 1800-2005 两个部分合并为 IEEE 1800-2009，成为一个新的、统一的 SystemVerilog 硬件描述验证语言(Hardware Description and Verification Language, HDVL)。

1. Verilog 的模块

模块(module)是 Verilog 的基本描述单位，用于描述某个设计的功能或结构及与其他模块通信的外部端口。一个设计可以由多个模块组成，一个模块只是数字系统中的某个部分，一个模块可在另一个模块中调用。Verilog 模块的内容包括输入/输出端口声明、输入/输出端口说明、内部信号声明和功能定义等部分。其中，功能定义部分是 Verilog 模块中最重要的，包括 assign 功能描述、always 块描述以及模块实例调用等。

Verilog 中模块的格式如下：

     module   模块名(端口 1，端口 2，…)；

          [输入/输出端口说明部分]

          [内部信号声明]

          [assign 功能描述]

          [initial 块描述]

          [always 块描述]

          [模块实例调用]

          …

     endmodule

在上面的模块格式中需要注意的是，module 声明以分号";"结尾，但 endmodule 不需要分号结尾。除了 endmodule 外，每个语句和数据定义的最后必须以分号结尾。

下面分别对模块中的内容进行介绍。

(1) 输入/输出端口声明。Verilog 模块的端口声明了模块的输入/输出端口名称，格式如下：

       module   模块名(端口 1，端口 2,…)；

(2) 输入/输出端口说明。Verilog 模块中输入/输出端口说明部分的格式如下：

① 输入端口：input 端口名 1，端口名 2，…，端口名 m; //共有 m 个输入端口

② 输出端口：output 端口名 1，端口名 2，…，端口名 n; //共有 n 个输出端口

输入/输出端口说明也可以直接写在端口声明里，其格式如下：

       module   模块名(input 端口 1, input 端口 2，…, output 端口 1, output 端口 2，…)；

(3) 内部信号声明。在模块内用到的信号以及与端口有关的 wire 类型(简称 W 变量)和 reg 类型(简称 R 变量)信号的声明，其格式如下：

              reg [width-1:0] R 变量 1，R 变量 2，…

              wire [width-1:0] W 变量 1，W 变量 2，…

(4) assign 功能描述。assign 功能描述方法的句法很简单，只需在描述语句前加一个"assign"，如下面的 Verilog 语句描述了一个有两个输入的"与门"逻辑功能：

              assign a = b & c;

(5) always 块描述。在 Verilog 语言中采用 always 语句是描述数字逻辑最常用的方法之一，需要顺序执行的语句必须放在 always 块中描述，例如"if…else…if"条件判断语句。下面是用 always 块描述的一个带有异步清零端的 D 触发器程序：

              always @ (posedge clk or posedge clr) begin   //时钟上升沿触发，异步清零

                 if (clr)   q <=0;   //清零

                 else   if   (en)   q <= d; //使能有效

end　//always 块结束

(6) 模块实例调用。在 Verilog 程序中如果需要调用已经写好的模块或库中的实例元件，只需要输入模块或元件的名称和相连的管脚即可，如下面的 Verilog 代码：

and and_inst1 (q, a, b);

该 Verilog 代码表示在设计中用到一个量输入与门(库中的元件名称为 and)，设计中将该元件例化为实例名称 and_inst1，其输入端口为 a 和 b，输出端口为 q。在例化调用过程中要求每个实例元件的名字必须是唯一的，以避免与其他调用该与门(and)的实例名混淆。

在 Verilog 程序中，assign 语句、always 块和模块实例调用这三种功能描述是并行执行的，它们的次序不会影响逻辑实现的功能。

注意：Verilog HDL 语言区分大小写。

2. 一个完整的 Verilog 设计实例

下面给出一个较完整的 Verilog HDL 描述的数字电路逻辑设计实例，其中包括输入/输出端口声明、端口说明、内部信号声明、assign 功能描述语句以及 always 块描述部分。

实例 3.2　模值为 N 的计数器 Verilog HDL 描述

```
//计数器位数：NBITS
//计数器模值：UPTO=N
------------------------------------------------------------------------
----module 部分，模块名为 ModuleN_counter
------------------------------------------------------------------------
module ModuleN_counter(Clock, Clear, Q, QBAR);        //输入/输出端口声明

parameter NBITS = 2, UPTO = 3;        //参数声明
input Clock, Clear;                   //端口说明
output [NBITS-1:0] Q, QBAR;

reg [NBITS-1:0] Counter;              //内部信号声明

always @ (posedge Clock)              //always 块
  if (Clear)
    Counter <= 0;
  else
    Counter <= (Counter + 1) % UPTO;

assign Q = Counter;                   //assign 描述语句
assign QBAR =  ~Counter;              //assign 描述语句

endmodule
```

3.1.3 HDL 编程技术

应用 HDL 实现硬件数字系统设计，需要经过设计输入、综合、仿真、验证、器件编程等一系列过程，如图 3.2 所示，具体可以分为以下几个步骤：

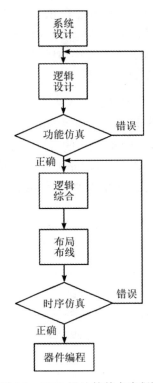

图 3.2　HDL 设计的基本流程图

(1) 系统设计：将需要设计的电路系统分解为各个功能模块，并对功能模块的性能和接口进行正确描述。

(2) 逻辑设计：在系统设计的基础上，用 HDL 对各个模块的功能进行逻辑描述。

(3) 功能仿真：在 EDA 软件中，对所设计的模块输入逻辑信号，通过检测输出响应验证各模块在功能上是否正确，是否满足设计要求。如果功能仿真的结果和预期结果不符合，则重新修改前两步的设计。

(4) 逻辑综合：在功能仿真正确的基础上，从寄存器传输级(RTL)到门级逻辑结构的综合，它将 RTL 级的行为描述模型变换为逻辑门电路结构性网表。逻辑综合过程与所用 PLD 器件结合进行。

(5) 布局布线：将逻辑综合的结果用 FPGA 等器件的内部逻辑单元来完成，并在内部逻辑单元之间寻求最佳的布线和连接。

(6) 时序仿真：可以比较准确地反映最后产品的系统时延特性。如果时序分析不满足预期设计需求，则重新进行逻辑综合或布局布线。

3.2　Gowin HDL 编码风格

本节主要描述高云 HDL 编码风格要求及原语的 HDL 编码实现，旨在帮助用户快速熟悉高云 HDL 编码风格和原语实现，指导用户进行设计，提高设计效率。

3.2.1　Buffer 编码规范

Buffer 缓冲器具有缓存功能，可分为单端 Buffer、模拟 LVDS(ELVDS)和真 LVDS (TL-VDS)。模拟 LVDS 和真 LVDS 的原语实现需添加相应的属性约束，建议采用实例化方式编码。

1. IBUF

IBUF(Input Buffer)为输入缓冲器。其编码形式有以下 2 种：

方式 1：

```
module ibuf (o, i);
    input i ;
    output o ;
    assign o = i ;
endmodule
```

方式 2：

```
module ibuf (o, i);
    input i ;
    output o ;
    buf IB (o, i);
endmodule
```

2. TLVDS_IBUF

TLVDS_IBUF(True LVDS Input Buffer)为真差分输入缓冲器。该原语的实现需要添加属性约束，其编码形式如下：

```
module tlvds_ibuf_test(in1_p, in1_n, out);
    input in1_p/* synthesis syn_tlvds_io = 1*/;
    input in1_n/* synthesis syn_tlvds_io = 1*/;
    output reg out;
    always@(in1_p or in1_n) begin
     if (in1_p != in1_n) begin
            out = in1_p;
        end
    end
endmodule
```

3. ELVDS_IBUF

ELVDS_IBUF(Emulated LVDS Input Buffer)为模拟差分输入缓冲器。该原语的实现需要添加属性约束，其编码形式如下：

```
module elvds_ibuf_test (in1_p, in1_n, out);
    input in1_p/* synthesis syn_elvds_io = 1*/;
    input in1_n/* synthesis syn_elvds_io = 1*/;
    output reg out;
    always@(in1_p or in1_n)begin
        if (in1_p != in1_n) begin
            out = in1_p;
        end
    end
endmodule
```

4. OBUF

OBUF(Output Buffer)为输出缓冲器。其编码形式有如下 2 种：

方式 1：　　　　　　　　　　　　　　方式 2：

```
module obuf (o, i);              module obuf (o, i);
    input i ;                        input i ;
    output o ;                       output o ;
    assign o = i ;                   buf OB (o, i);
endmodule                        endmodule
```

5. TLVDS_OBUF

TLVDS_OBUF(True LVDS Output Buffer)为真差分输出缓冲器。该原语的实现需要添加属性约束，其编码形式如下：

```
module tlvds_obuf_test(in,out1,out2);
    input in;
    output out1/* synthesis syn_tlvds_io = 1*/;
    output out2/* synthesis syn_tlvds_io = 1*/;
    assign out1 = in;
    assign out2 = ~out1;
endmodule
```

6. ELVDS_OBUF

ELVDS_OBUF(Emulated LVDS Output Buffer)为模拟差分输出缓冲器。该原语的实现需要添加属性约束，其编码形式如下：

```
module elvds_obuf_test(in,out1,out2);
    input in;
    output out1/* synthesis syn_elvds_io = 1*/;
    output out2/* synthesis syn_elvds_io = 1*/;
    assign out1= in;
    assign out2 = ~out1;
endmodule
```

7. TBUF

TBUF(Output Buffer with Tri-state Control)为三态缓冲器，低电平使能。其编码形式有如下 2 种：

方式 1：　　　　　　　　　　　　　方式 2：

```
module obuf (o, i);                  module obuf (o, i);
    input in, oen;                       input in, oen;
    output out;                          output out;
    assign out= ~oen ? in :1'bz;         bufif0 TB (out, in, oen);
endmodule                            endmodule
```

8. TLVDS_TBUF

TLVDS_TBUF(True LVDS Tristate Buffer)为真差分三态缓冲器，低电平使能。该原语的实现需要添加属性约束，其编码形式如下：

```
module tlvds_tbuf_test(in, oen, out1,out2);
    input in;
    input oen;
    output out1/* synthesis syn_tlvds_io = 1*/;
    output out2/* synthesis syn_tlvds_io = 1*/;
    assign out1 = ~oen ? in : 1'bz;
    assign out2 = ~oen ? ~in : 1'bz;
endmodule
```

9. ELVDS _TBUF

ELVDS_TBUF(Emulated LVDS Tristate Buffer)为模拟差分三态缓冲器，低电平使能。该原语的实现需要添加属性约束，其编码形式如下：

```
module elvds_tbuf_test(in, oen, out1,out2);
    input in, oen;
    output out1/* synthesis syn_elvds_io = 1*/;
    output out2/* synthesis syn_elvds_io = 1*/;
    assign out1 = ~oen ? in : 1'bz;
    assign out2 = ~oen ? ~in : 1'bz;
endmodule
```

10. IOBUF

IOBUF(Bi-Directional Buffer)为双向缓冲器。当 OEN 为高电平时，作为输入缓冲器；当 OEN 为低电平时，作为输出缓冲器。其编码形式有如下 2 种：

方式 1：　　　　　　　　　　　　　方式 2：

```
module obuf (o, i);                  module obuf (o, i);
    input in,oen;                        input i,oen;
    output out;                          output out;
```

```
inout io;                          inout io;
assign io= ~oen ? in :1'bz;        buf OB (out, io);
assign out = io;                   bufif0 IB (io,i,oen);
endmodule                          endmodule
```

11. TLVDS_IOBUF

TLVDS_IOBUF(True LVDS Bi-Directional Buffer)为真差分双向缓冲器。当 OEN 为高电平时，作为真差分输入缓冲器；当 OEN 为低电平时，作为真差分输出缓冲器。该原语的实现需要添加属性约束，其编码形式如下：

```
module tlvds_iobuf(o, io, iob, i, oen);
    output reg o;
    inout io /* synthesis syn_tlvds_io = 1 */;
    inout iob /* synthesis syn_tlvds_io = 1 */;
    input i, oen;
    bufif0 ib(io, i, oen);
    notif0 yb(iob, i, oen);
    always @(io or iob)begin
        if (io != iob)begin
            o <= io;
        end
    end
endmodule
```

12. ELVDS _IOBUF

ELVDS_IOBUF(Emulated LVDS Bi-Directional Buffer)为模拟差分双向缓冲器。当 OEN 为高电平时，作为模拟差分输入缓冲器；当 OEN 为低电平时，作为模拟差分输出缓冲器。该原语的实现需要添加属性约束，其编码形式如下：

```
module elvds_iobuf(o, io, iob, i, oen);
    output o;
    inout io /* synthesis syn_elvds_io = 1 */;
    inout iob /* synthesis syn_elvds_io = 1 */;
    input i, oen;
    reg o;
    bufif0 ib(io, i, oen);
    notif0 yb(iob, i, oen);
    always @(io or iob)begin
        if (io != iob)begin
            o <= io;
        end
    end
endmodule
```

3.2.2　CLU 编码规范

可配置逻辑单元(Configurable Logic Unit，CLU)是构成高云 FPGA 产品的基本单元，CLU 模块可实现 MUX、LUT、ALU、FF、LATCH 等模块的功能。

1. LUT

常用的 LUT 结构有 LUT1、LUT2、LUT3、LUT4，其区别在于查找表的输入位宽不同，其实现方式有如下几种。

(1) 查找表形式。查找表形式如下：

```verilog
module rtl_LUT4 (f, i0, i1,i2,i3);
    parameter INIT = 16'h2345;
    input i0, i1, i2,i3;
    output f;
    assign f=INIT[{i3,i2,i1,i0}];
endmodule
```

(2) 选择器形式。选择器形式如下：

```verilog
module rtl_LUT3 (f,a,b,sel);
    input a,b,sel;
    output f;
    assign f=sel?a:b;
endmodule
```

(3) 逻辑运算形式。逻辑运算形式如下：

```verilog
module top(a,b,c,d,out);
    input [3:0]a,b,c,d;
    output [3:0]out;
    assign out=a&b&c|d;
endmodule
```

2. ALU

Gowin 的 ALU(Arithmetic Logic Unit)是 2 输入算术逻辑单元，利用综合工具可以综合出 ADD、SUB、ADDSUB、NE 等功能。

1) ADD 功能

下面以 4 位全加器和 4 位半加器为例介绍 ALU 的 ADD 功能。

(1) 4 位全加器。4 位全加器的编码形式如下：

```verilog
module add(a,b,cin,sum,cout);
    input [3:0] a,b;
    input cin;
    output [3:0] sum;
    output cout;
    assign {cout,sum}=a+b+cin;
```

```
endmodule
```

(2) 4 位半加器。4 位半加器的编码形式如下：

```
module add(a,b,sum,cout);
    input [3:0] a,b;
    output [3:0] sum;
    output cout;
    assign {cout,sum}=a+b;
endmodule
```

2) SUB 功能

SUB 功能的实现方式如下：

```
module sub(a,b,sub);
    input [3:0] a,b;
    output [3:0] sub;
    assign sub=a-b;
endmodule
```

3) ADDSUB 功能

ADDSUB 功能的实现方式如下：

```
module addsub(a,b,c,sum);
    input [3:0] a,b;
    input c;
    output [3:0] sum;
    assign sum=c?(a-b):(a+b);
endmodule
```

4) NE 功能

NE 功能的实现方式如下：

```
module ne(a, b, cin, cout);
    input [11:0] a, b;
    input cin;
    output cout;
    assign cout = (a != b) ? 1'b1 : 1'b0;
endmodule
```

3. FF

触发器是时序电路中常用的基本元件，FPGA 内部的时序逻辑都可通过 FF 结构实现。常用的 FF 有 DFF、DFFE、DFFS、DFFSE 等，其区别在于复位方式、触发方式等方面。本节以 DFFSE、DFFRE、DFFPE、DFFCE 为例介绍寄存器的实现，其他寄存器类型原语的实现可参考这几类寄存器。编码定义 reg 信号时，建议添加初始值。

(1) DFFSE。DFFSE 编码形式如下：

```
module dffse_init1 (clk, d, ce, set, q );
```

```
        input clk, d, ce, set;
        output reg q=1'b1;
        always @(posedge clk)begin
                if (set)begin
                        q <= 1'b1;
                end
                else begin
                        if (ce)begin
                                q <= d;
                                end
                        end
                end
    endmodule
```

(2) DFFRE。DFFRE 编码形式如下：

```
        module dffre_init1 (clk, d, ce, rst, q );
            input clk, d, ce, rst;
            output reg q= 1'b0;
            always @(posedge clk)begin
                if (rst)begin
                        q <= 1'b0;
                end
                else begin
                        if (ce)begin
                                q <= d;
                        end
                end
            end
        endmodule
```

(3) DFFPE。DFFPE 编码形式如下：

```
        module dffpe_test (clk, d, ce, preset, q );
            input clk, d, ce, preset;
            output reg q= 1'b1;
            always @(posedge clk or posedge preset )begin
                if (preset)begin
                        q <= 1'b1;
                end
                else begin
                        if (ce)begin
                                q <= d;
```

```
                end
            end
        end
    endmodule
```

(4) DFFCE。DFFCE 编码形式如下:

```
    module dffce_test (clk, d, ce, clear, q );
        input clk, d, ce, clear;
        output reg q= 1'b0;
        always @(posedge clk or posedge clear )begin
            if (clear)begin
                q <= 1'b0;
        end
        else begin
            if (ce)begin
                q <= d;
            end
        end
    end
    endmodule
```

4. LATCH

锁存器是一种对电平触发的存储单元电路，其可在特定输入电平的作用下改变状态。下面以 DLCE、DLPE 为例介绍锁存器的实现，其他锁存器类型原语的实现可参考这几类锁存器。编码定义 reg 信号时，建议添加初始值。

(1) DLCE。DLCE 编码形式如下:

```
    module rtl_DLCE (Q, D, G, CE, CLEAR);
        input D, G, CLEAR, CE;
        output reg Q=1'b0;
        always @(D or G or CLEAR or CE ) begin
            if (CLEAR)begin
                Q <= 1'b0;
            end
            else begin
                if (G && CE)begin
                    Q <= D;
                end
            end
        end
    endmodule
```

(2) DLPE。DLPE 编码形式如下：

```
module rtl_DLPE (Q, D, G, CE, PRESET);
    input D, G, PRESET, CE;
    output reg Q= 1'b1;
    always @(D or G or PRESET or CE ) begin
        if(PRESET)begin
            Q <= 1'b1;
        end
        else begin
            if (G && CE)begin
                Q <= D;
            end
        end
    end
endmodule
```

3.2.3 BSRAM 编码规范

BSRAM 是块状静态随机存储器，具有静态存取功能。根据配置模式，BSRAM 可分为单端口模式(SP/SPX9)、双端口模式(DPB/DPX9B)、伪双端口(SDPB/SDPX9B)和只读模式(pROM/pROMX9)。

1. DPB/DPX9B

DPB/DPX9B 的存储空间为 16 kb/18 kb，其工作模式为双端口模式，端口 A 和端口 B 均可分别独立实现读/写操作，可支持 2 种读模式(bypass 模式和 pipeline 模式)和 3 种写模式(normal 模式、write-through 模式和 read-before-write 模式)。本节从读地址是否经过 register、初值读取等方面进行实现说明。

(1) 读地址经过 register。读地址经过 register 时，仅支持读地址 register 无控制信号控制的情况。下面以 write-through、bypass、同步复位模式的 DPB 为例介绍其实现，编码形式如下：

```
module normal(data_outa, data_ina, addra, clka,cea, wrea,data_outb, data_inb, addrb, clkb,ceb, wreb);
    output [7:0]data_outa,data_outb;
    input [7:0]data_ina,data_inb;
    input [10:0]addra,addrb;
    input clka,wrea,cea;
    input clkb,wreb,ceb;
    reg [7:0] mem [2047:0];
    reg [10:0]addra_reg,addrb_reg;
    always@(posedge clka)begin
        addra_reg<=addra;
```

```verilog
        end
    always @(posedge clka)begin
            if (cea & wrea) begin
                    mem[addra] <= data_ina;
            end
    end
    assign data_outa = mem[addra_reg];
    always@(posedge clkb)begin
            addrb_reg<=addrb;
    end
    always @(posedge clkb)begin
            if (ceb & wreb) begin
                    mem[addrb] <= data_inb;
            end
    end
    assign data_outb = mem[addrb_reg];
endmodule
```

(2) 读地址不经过 register，输出经过 register。读地址不经过 register 时，输出必须经过 register，经过一级 register 时为 bypass 模式，经过两级 register 时为 pipeline 模式。下面以 normal、pipeline、同步复位模式的 DPB 为例介绍其实现，编码形式如下：

```verilog
        module normal(data_outa, data_ina, addra, clka, cea, ocea, wrea, rsta, data_outb, data_inb, addrb, clkb,
    ceb, oceb, wreb, rstb);
            output reg [15:0]data_outa,data_outb;
            input reg [15:0]data_ina,data_inb;
            input [9:0]addra,addrb;
            input clka,wrea,cea,ocea,rsta;
            input clkb,wreb,ceb,oceb,rstb;
            reg [15:0] mem [1023:0];
            reg [15:0] data_outa_reg=16'h0000;
            reg [15:0] data_outb_reg=16'h0000;
            always@(posedge clka)begin
                    if(rsta)begin
                            data_outa <= 0;
                    end
                    else begin
                            if (ocea)begin
                                    data_outa <= data_outa_reg;
                            end
                    end
```

```verilog
end
always@(posedge clka)begin
        if(rsta)begin
                data_outa_reg <= 0;
        end
        else begin
                if(cea & !wrea)begin
                        data_outa_reg <= mem[addra];
                end
        end
end
always @(posedge clka)begin
        if (cea & wrea) begin
                mem[addra] <= data_ina;
        end
end
always@(posedge clkb )begin
        if(rstb)begin
                data_outb <= 0;
        end
        else begin
                if (oceb)begin
                        data_outb <= data_outb_reg;
                end
        end
end
always@(posedge clkb )begin
        if(rstb)begin
                data_outb_reg <= 0;
        end
        else begin
                if(ceb & !wreb)begin
                        data_outb_reg <= mem[addrb];
                end
        end
end
always @(posedge clkb)begin
        if (ceb & wreb) begin
                mem[addrb] <= data_inb;
```

```
            end
        end
    endmodule
```

(3) memory 定义时赋初值。 memory 定义时赋初值仅 GowinSynthesis 支持，且 Verilog language 需选择 system Verilog。下面以 read-before-write、bypass、同步复位模式的 DPB 为例介绍其实现，编码形式如下：

```
module normal(data_outa, data_ina, addra, clka, cea, wrea, rsta, data_outb, data_inb, addrb, clkb, ceb, wreb, rstb);
    output [3:0]data_outa,data_outb;
    input [3:0]data_ina,data_inb;
    input [2:0]addra,addrb;
    input clka,wrea,cea,rsta;
    input clkb,wreb,ceb,rstb;
    reg [3:0] mem [7:0]={4'h1,4'h2,4'h3,4'h4,4'h5,4'h6,4'h7,4'h8};
    reg [3:0] data_outa=4'h0;
    reg [3:0] data_outb=4'h0;
    always@(posedge clka)begin
        if(rsta)begin
            data_outa <= 0;
        end
        else begin
            if(cea)begin
                data_outa <= mem[addra];
            end
        end
    end
    always @(posedge clka)begin
        if (cea & wrea) begin
            mem[addra] <= data_ina;
        end
    end
    always@(posedge clkb)begin
        if(rstb)begin
            data_outb <= 0;
        end
        else begin
            if(ceb)begin
                data_outb <= mem[addrb];
            end
```

```
                end
            end
        always @(posedge clkb)begin
            if (ceb & wreb) begin
                mem[addrb] <= data_inb;
            end
        end
    endmodule
```

(4) readmemb/readmemh 方式赋初值。在以 readmemb/ readmemh 方式赋值时需注意路径的书写，应以 "/" 作为路径分隔符。下面以 read-before-write、bypass、同步复位模式的 DPB 为例介绍其实现，编码形式如下：

```
        module normal(data_outa, data_ina, addra, clka, cea, wrea, rsta, data_outb, data_inb, addrb, clkb, ceb,
    wreb, rstb);
            output [3:0]data_outa,data_outb;
            input [3:0]data_ina,data_inb;
            input [2:0]addra,addrb;
            input clka,wrea,cea,rsta;
            input clkb,wreb,ceb,rstb;
            reg [3:0] mem [7:0];
            reg [3:0] data_outa=4'h0;
            reg [3:0] data_outb=4'h0;
            initial begin //如支持的路径分隔符为 "\"，需要加转义字符，如 E:\\dpb.mi。
                $readmemb ("E:/dpb.mi", mem);    //dpb.mi 为初始化文件
            end
        always@(posedge clka)begin
            if(rsta)begin
                data_outa <= 0;
            end
             else begin
                    if(cea)begin
                    data_outa <= mem[addra];
                    end
                end
        end
        always @(posedge clka)begin
            if (cea & wrea) begin
                mem[addra] <= data_ina;
            end
        end
```

```verilog
always@(posedge clkb)begin
    if(rstb)begin
        data_outb <= 0;
    end
    else begin
        if(ceb)begin
            data_outb <= mem[addrb];
        end
    end
end
always @(posedge clkb)begin
    if (ceb & wreb) begin
        mem[addrb] <= data_inb;
    end
end
endmodule
```

2. SP/SPX9

SP/SPX9 的存储空间为 16 kb/18 kb，其工作模式为单端口模式，由一个时钟控制单端口的读/写操作，可支持 2 种读模式(bypass 模式和 pipeline 模式)和 3 种写模式(normal 模式、write-through 模式和 read-before-write 模式)。若综合出 SP/SPX9，则 memory 需至少满足下述条件之一：

(1) 数据位宽 × 地址深度 > 1024。

(2) 使用 syn_ramstyle = "block_ram"。

下面从读地址是否经过 register、初值读取等方面进行实现说明。

(1) 读地址经过 register。读地址经过 register 时，仅支持读地址 register 无控制信号控制的情况，这种形式会综合出 write-through 模式的 SP。下面以输出不经过 register 为例介绍其实现，编码形式如下：

```verilog
module normal(data_out, data_in, addr, clk, ce, wre);
    output [9:0]data_out;
    input [9:0]data_in;
    input [9:0]addr;
    input clk,wre,ce;
    reg [9:0] mem [1023:0];
    reg [9:0]addr_reg=10'h000;
    always@(posedge clk)begin
        addr_reg<=addr;
    end
    always @(posedge clk)begin
```

```
            if (ce & wre) begin
                    mem[addr] <= data_in;
            end
        end
        assign data_out = mem[addr_reg];
    endmodule
```

(2) 读地址不经过 register，输出经过 register。读地址不经过 register 时，输出必须经过 register，经过一级 register 时为 bypass 模式，经过两级 register 时为 pipeline 模式。下面以 write-through、bypass、同步复位模式的 SPX9 为例介绍其实现，编码形式如下：

```
    module wt(data_out, data_in, addr, clk,ce, wre,rst);
        output reg [17:0]data_out=18'h00000;
        input [17:0]data_in;
        input [9:0]addr;
        input clk,wre,ce,rst;
        reg [17:0] mem [1023:0];
        always@(posedge clk )begin
            if(rst)begin
                data_out <= 0;
            end
            else begin
                if(ce & wre)begin
                    data_out <= data_in;
            end
            else begin
                    if (ce & !wre)begin
                        data_out <= mem[addr];
                    end
                end
            end
        end
        always @(posedge clk)begin
            if (ce & wre)begin
                mem[addr] <= data_in;
            end
        end
    endmodule
```

(3) memory 定义时赋初值。memory 定义时赋初值需 Verilog language 选择 system Verilog。下面以 read-before-write、bypass、同步复位模式的 SP 为例介绍其实现，编码形式如下：

```verilog
module rbw(data_out, data_in, addr, clk,ce, wre,rst)
/*synthesis syn_ramstyle="block_ram"*/;
    output [15:0]data_out;
    input [15:0]data_in;
    input [2:0]addr;
    input clk,wre,ce,rst;
    reg [15:0] mem [7:0]={16'h0123,16'h4567,16'h89ab,16'hcdef, 16'h0147,16'h0258, 16'h789a,
16'h5678};
    reg [15:0] data_out=16'h0000;
    always@(posedge clk )begin
        if(rst)begin
            data_out <= 0;
        end
        else begin
            if(ce)begin
                data_out <= mem[addr];
            end
        end
    end
    always @(posedge clk)begin
        if (ce & wre)begin
            mem[addr] <= data_in;
        end
    end
endmodule
```

（4）readmemb/readmemh 方式赋初值。以 readmemb/readmemh 方式赋值使用时需注意路径的书写，以 "/" 作为路径分隔符。下面以 normal、pipeline、同步复位模式的 SP 为例介绍其实现，编码形式如下：

```verilog
module normal(data_out, data_in, addr, clk, ce, oce, wre, rst)
/*synthesis syn_ramstyle="block_ram"*/;
    output reg [7:0]data_out=8'h00;
    input [7:0]data_in;
    input [2:0]addr;
    input clk,wre,ce,oce,rst;
    reg [7:0] mem [7:0];
    reg [7:0] data_out_reg=8'h00;
    initial begin
        $readmemh ("E:/sp.mi", mem);
    end
```

```
always@(posedge clk )begin
    if(rst)begin
        data_out <= 0;
    end
    else begin
        if(oce)begin
            data_out <= data_out_reg;
        end
    end
end
always@(posedge clk)begin
    if(rst)begin
        data_out_reg <= 0;
    end
    else begin
        if(ce & !wre)begin
            data_out_reg <= mem[addr];
        end
    end
end
always @(posedge clk)begin
    if (ce & wre) begin
        mem[addr] <= data_in;
    end
end
endmodule
```

(5) 移位寄存器形式。移位寄存器形式综合出 SP/SPX9 需满足以下条件之一：

① memory 深度 ≥3 且 memory 深度 × 数据位宽 > 256，且 memory 深度 = 2 的 n 次方 + 1。

② 添加属性约束 syn_srlstyle = "block_ram"，且 memory 深度 = 2 的 n 次方 + 1。

下面以 read-before-write、bypass、同步复位模式的 SPX9 为例介绍其实现，编码形式如下：

```
module p_seqshift(clk, we, din, dout);
    parameter width=18;
    parameter depth=17;
    input clk, we;
    input [width-1:0] din;
    output [width-1:0] dout;
    reg [width-1:0] regBank[depth-1:0];
```

```
always @(posedge clk) begin
    if (we) begin
        regBank[depth-1:1] <= regBank[depth-2:0];
        regBank[0] <= din;
    end
end
assign dout = regBank[depth-1];
endmodule
```

(6) Decoder 形式。下面以 read-before-write、bypass、同步复位模式的 SP 为例介绍其实现，编码形式如下：

```
module top (data_out, data_in, addr, clk,wre,rst)/*synthesis syn_ramstyle="block_ram"*/;
    parameter init0 = 16'h1234;
    parameter init1 = 16'h5678;
    parameter init2 = 16'h9abc;
    parameter init3 = 16'h0147;
    output reg[3:0]data_out;
    input [3:0]data_in;
    input [3:0]addr;
    input clk,wre,rst;
    reg [15:0] mem0=init0;
    reg [15:0] mem1=init1;
    reg [15:0] mem2=init2;
    reg [15:0] mem3=init3;
    always @(posedge clk)begin
        if (wre) begin
            mem0[addr] <= data_in[0];
            mem1[addr] <= data_in[1];
            mem2[addr] <= data_in[2];
            mem3[addr] <= data_in[3];
        end
    end
    always @(posedge clk)begin
        if(rst)begin
            data_out<=16'h00;
        end
        else begin
            data_out[0] <= mem0[addr];
            data_out[1] <= mem1[addr];
            data_out[2] <= mem2[addr];
```

```
                data_out[3] <= mem3[addr];
            end
        end
    endmodule
```

3. SDPB/SDPX9B

SDPB/SDPX9B 存储空间分别为 16 kb/18 kb，工作模式为伪双端口模式，可支持 2 种读模式(bypass 模式和 pipeline 模式)和 1 种写模式(normal 模式)。若综合出 SDPB/SDPX9B，memory 需满足下述条件之一：

① 数据位宽 × 2 × 地址深度 > 1024。

② 使用 syn_ramstyle = "block_ram"。

(1) memory 无初值。以 bypass、同步复位模式的 SDPB 为例介绍其实现，编码形式如下：

```
module normal(dout, din, ada, adb, clka, cea, clkb, ceb, resetb);
    output reg[15:0]dout=16'h0000;
    input [15:0]din;
    input [9:0]ada, adb;
    input clka, cea,clkb, ceb, resetb;
    reg [15:0] mem [1023:0];
    always @(posedge clka)begin
        if (cea )begin
            mem[ada] <= din;
        end
    end
    always@(posedge clkb)begin
        if(resetb)begin
            dout <= 0;
        end
        else if(ceb)begin
            dout <= mem[adb];
        end
    end
endmodule
```

(2) memory 定义时赋初值。下面以 pipeline、异步复位模式的 SDPB 为例介绍其实现形式，编码形式如下：

```
module normal(data_out, data_in, addra, addrb, clka, cea, clkb, ceb,oce, rstb)
/*synthesis syn_ramstyle="block_ram"*/;
    output reg[15:0]data_out=16'h0000;
    input [15:0]data_in;
```

```verilog
input [2:0]addra, addrb;
input clka, cea, clkb, ceb, rstb,oce;
reg [15:0] mem [7:0]={16'h0123,16'h4567,16'h89ab,16'hcdef, 16'h0147, 16'h0258, 16'h789a, 16'h5678};
reg [15:0] data_out_reg=16'h0000;
always @(posedge clka)begin
        if (cea )begin
                mem[addra] <= data_in;
        end
end
always@(posedge clkb or posedge rstb)begin
        if(rstb)begin
                data_out_reg <= 0;
        end
        else if(ceb)begin
                data_out_reg<= mem[addrb];
        end
end
always@(posedge clkb or posedge rstb)begin
        if(rstb)begin
                data_out <= 0;
        end
        else if(oce)begin
                data_out<= data_out_reg;
        end
end
endmodule
```

(3) readmemb/readmemh 方式赋初值。以 readmemb/ readmemh 方式赋值在进行使用时需注意路径的书写，以"/"作为路径分隔符。下面以 bypass、异步复位模式的 SDPB 为例介绍其实现，编码形式如下：

```verilog
module normal(dout, din, ada, adb, clka, cea, clkb, ceb, resetb)
/*synthesis syn_ramstyle="block_ram"*/;
        output reg[7:0]dout=8'h00;
        input [7:0]din;
        input [2:0]ada, adb;
        input clka, cea,clkb, ceb, resetb;
        reg [7:0] mem [7:0];
        initial begin
                $readmemh ("E:/sdpb.mi", mem);
```

```
            end
        always @(posedge clka)begin
                if (cea )begin
                        mem[ada] <= din;
                    end
            end
        always@(posedge clkb or posedge resetb)begin
                if(resetb)begin
                        dout <= 0;
                    end
                else if(ceb)begin
                        dout <= mem[adb];
                    end
            end
    endmodule
```

(4) 移位寄存器形式。移位寄存器形式综合出 BSRAM 需满足下述条件之一:

① memory 深度 $\geqslant 3$ 且 memory 深度 × 数据位宽 > 256, 且 memory 深度$! = 2^n + 1$;

② 添加属性约束 syn_srlstyle="block_ram", 且 memory 深度$! = 2^n + 1$。

以 bypass、同步复位模式的 SDPX9B 介绍其实现, 编码形式如下:

```
    module p_seqshift(clk, we, din, dout);
        parameter width=18;
        parameter depth=16;
        input clk, we;
        input [width-1:0] din;
        output [width-1:0] dout;
        reg [width-1:0] regBank[depth-1:0];
        always @(posedge clk) begin
                if (we) begin
                    regBank[depth-1:1] <= regBank[depth-2:0];
                    regBank[0] <= din;
                end
            end
        assign dout = regBank[depth-1];
    endmodule
```

(5) 不对称类型。不对称类型综合出 SDPB, 需添加属性约束 syn_ramstyle = "no_rw_check"。下面以 bypass、同步复位模式的 SDPB 为例介绍其实现, 编码形式如下:

```
    module normal(dout, din, ada, clka, cea, adb, clkb, ceb, rstb, oce)
    /*synthesis syn_ramstyle = "no_rw_check"*/;
        parameter adawidth = 8;
```

```
parameter diwidth = 6;
parameter adbwidth = 7;
parameter dowidth = 12;
output [dowidth-1:0]dout;
input [diwidth-1:0]din;
input [adawidth-1:0]ada;
input [adbwidth-1:0]adb;
input clka,cea,clkb,ceb,rstb,oce;
reg [diwidth-1:0]mem [2**adawidth-1:0];
reg [dowidth-1:0]dout_reg;
localparam b = 2**adawidth/2**adbwidth ;
integer j ;
always @(posedge clka)begin
        if (cea)begin
                mem[ada] <= din;
        end
end
always@(posedge clkb )begin
        if(rstb)begin
                dout_reg <= 0;
        end
        else begin
                if(ceb)begin
                        for(j = 0;j < b;j = j+1)
                        dout_reg[((j+1)*diwidth-1)-: diwidth]<= mem[adb*b+j];
                end
        end
end
assign dout = dout_reg;
endmodule
```

(6) Decoder 形式。以 bypass、同步复位模式的 SDPB 为例介绍其实现，编码形式如下：

```
module top (data_out, data_in, wad, rad, rst, clk, wre)
        /*synthesis syn_ramstyle="block_ram"*/;;
        parameter init0 = 16'h1234;
        parameter init1 = 16'h5678;
        parameter init2 = 16'h9abc;
        parameter init3 = 16'h0147;
        output reg[3:0] data_out;
        input [3:0]data_in;
```

```
            input [3:0]wad,rad;
            input clk,wre,rst;
            reg [15:0] mem0=init0;
            reg [15:0] mem1=init1;
            reg [15:0] mem2=init2;
            reg [15:0] mem3=init3;
            always @(posedge clk)begin
                if (wre) begin
                    mem0[wad] <= data_in[0];
                    mem1[wad] <= data_in[1];
                    mem2[wad] <= data_in[2];
                    mem3[wad] <= data_in[3];
                end
            end
            always @(posedge clk)begin
                if(rst)begin
                    data_out<=16'h00;
                end
                else begin
                    data_out[0] <= mem0[rad];
                    data_out[1] <= mem1[rad];
                    data_out[2] <= mem2[rad];
                    data_out[3] <= mem3[rad];
                end
            end
        endmodule
```

4. pROM/pROMX9

pROM/pROMX9(16 kb/18 kb Block ROM)，16 kb/18 kb 块状只读储存器。其工作模式为只读模式，可支持 2 种读模式(bypass 模式和 pipeline 模式)。pROM/pROMX9 的赋值方式有 case 语句、readmemb/readmemh、memory 定义时赋值等方式赋值。若综合出 pROM，需至少满足下述条件之一：

① 数据位宽 × 地址深度 > 1024。

② 使用 syn_romstyle = "block_rom"。

(1) case 语句赋初值。以 bypass、同步复位模式的 pROM 为例介绍其实现，编码形式如下：

```
        module normal (clk,rst,ce,addr,dout)
        /*synthesis syn_romstyle="block_rom"*/ ;
            input clk;
```

```verilog
input rst,ce;
input [4:0] addr;
output reg [31:0] dout=32'h00000000;
always @(posedge clk )begin
    if (rst) begin
        dout <= 0;
    end
    else begin
        if(ce)begin
            case(addr)
                5'h00: dout <= 32'h52853fd5;
                5'h01: dout <= 32'h38581bd2;
                5'h02: dout <= 32'h040d53e4;
                5'h03: dout <= 32'h22ce7d00;
                5'h04: dout <= 32'h73d90e02;
                5'h05: dout <= 32'hc0b4bf1c;
                5'h06: dout <= 32'hec45e626;
                5'h07: dout <= 32'hd9d000d9;
                5'h08: dout <= 32'haacf8574;
                5'h09: dout <= 32'hb655bf16;
                5'h0a: dout <= 32'h8c565693;
                5'h0b: dout <= 32'hb19808d0;
                5'h0c: dout <= 32'he073036e;
                5'h0d: dout <= 32'h41b923f6;
                5'h0e: dout <= 32'hdce89022;
                5'h0f: dout <= 32'hba17fce1;
                5'h10: dout <= 32'hd4dec5de;
                5'h11: dout <= 32'ha18ad699;
                5'h12: dout <= 32'h4a734008;
                5'h13: dout <= 32'h5c32ac0e;
                5'h14: dout <= 32'h8f26bdd4;
                5'h15: dout <= 32'hb8d4aab6;
                5'h16: dout <= 32'hf55e3c77;
                5'h17: dout <= 32'h41a5d418;
                5'h18: dout <= 32'hba172648;
                5'h19: dout <= 32'h5c651d69;
                5'h1a: dout <= 32'h445469c3;
                5'h1b: dout <= 32'h2e49668b;
                5'h1c: dout <= 32'hdc1aa05b;
```

```
                5'h1d: dout <= 32'hcebfe4cd;
                5'h1e: dout <= 32'h1e1f0f1e;
                5'h1f: dout <= 32'h86fd31ef;
                default: dout <= 32'h8e9008a6;
            endcase
        end
    end
end
endmodule
```

（2）memory 定义时赋初值。memory 定义时赋初值需 Verilog language 选择 system Verilog。下面以 bypass、同步复位模式的 pROM 为例介绍其实现形式，编码形式如下：

```
module prom_inference ( clk, addr,rst, data_out)
/* synthesis syn_romstyle = "block_rom" */;
    input clk;
    input rst;
    input [3:0] addr;
    output reg[3:0] data_out;
    reg [3:0] mem [15:0]={4'h1,4'h2,4'h3,4'h4,4'h5,4'h6,4'h7,4'h8,4'h9,4'ha, 4'hb, 4'hc,4'hd,4'he,4'hf,4'hd};
    always @(posedge clk)begin
        if (rst) begin
            data_out <= 0;
        end
        else begin
            data_out <= mem[addr];;
        end
    end
endmodule
```

（3）readmemb/readmemh 方式赋初值。readmemb/ readmemh 方式赋值在进行使用时需注意路径的书写，以 "/" 作为路径分隔符。下面以 pipeline、异步复位模式的 pROM 为例介绍其实现，编码形式如下：

```
module rom_inference ( clk, addr, rst,oce,data_out);
    input clk;
    input rst,oce;
    input [4:0] addr;
    output reg [31:0] data_out;
    reg [31:0] mem [31:0] /* synthesis syn_romstyle = "block_rom" */;
    reg [31:0] data_out_reg;
    initial begin
```

```
            $readmemh ("E:/prom.ini", mem);
        end
        always @(posedge clk or posedge rst)begin
            if(rst)begin
                data_out_reg <=0;
            end
            else begin
                data_out_reg <= mem[addr];
            end
        end
        always @(posedge clk or posedge rst)begin
            if(rst)begin
                data_out <=0;
            end
            else begin
                data_out <= data_out_reg;
            end
        end
    endmodule
```

3.2.4 SSRAM 编码规范

SSRAM 是分布式静态随机存储器，可配置成单端口模式，伪双端口模式和只读模式。

1. RAM16S 类型

RAM16S 类型包含 RAM16S1、RAM16S2、RAM16S4，其区别在于输出位宽宽度。RAM16S 类型可以采用 Decoder、Memory、移位寄存器等形式进行书写，若综合出RAM16S，memory 需满足以下其中一个条件：

① 读地址和输出不经过 register，地址深度 × 数据位宽 ≥ 8。

② 输出经过 register，8 ≤ 地址深度 × 数据位宽 ≤ 1024。

③ 使用属性约束 syn_ramstyle="distributed_ram"。

(1) Decoder 形式。以 RAM16S4 为例，介绍 Decoder 形式的实现，其编码形式如下：

```
    module top (data_out, data_in, addr, clk,wre);
        parameter init0 = 16'h1234;
        parameter init1 = 16'h5678;
        parameter init2 = 16'h9abc;
        parameter init3 = 16'h0147;
        output [3:0]data_out;
        input [3:0]data_in;
        input [3:0]addr;
```

```
        input clk,wre;
        reg [15:0] mem0=init0;
        reg [15:0] mem1=init1;
        reg [15:0] mem2=init2;
        reg [15:0] mem3=init3;
        always @(posedge clk)begin
            if (wre) begin
                mem0[addr] <= data_in[0];
                mem1[addr] <= data_in[1];
                mem2[addr] <= data_in[2];
                mem3[addr] <= data_in[3];
            end
        end
        assign data_out[0] = mem0[addr];
        assign data_out[1] = mem1[addr];
        assign data_out[2] = mem2[addr];
        assign data_out[3] = mem3[addr];
    endmodule
```

(2) memory 形式。memory 形式可根据初值形式分为 memory 无初值形式、memory 定义时赋初值以及 readmemh/readmemb 形式。以 RAM16S4 为例，介绍 memory 无初值形式的实现，其编码形式如下：

```
    module normal(data_out, data_in, addr, clk, wre);
        output [3:0]data_out;
        input [3:0]data_in;
        input [3:0]addr;
        input clk,wre;
        reg [3:0] mem [15:0];
        always @(posedge clk)begin
            if ( wre) begin
                mem[addr] <= data_in;
            end
        end
        assign data_out = mem[addr];
    endmodule
```

(3) 移位寄存器形式。需满足以下条件之一：

① memory 深度≥4 且 memory 深度×数据位宽 ≤ 256，且 memory 深度 = 2^n。

② 添加属性约束 syn_srlstyle = " distributed_ram"，且 memory 深度 = 2^n。

以 GowinSynthesis 综合出 RAM16S4 为例，介绍移位寄存器形式的实现，其编码形式如下：

```
module p_seqshift(clk, we, din, dout);
    parameter width=18;
    parameter depth=4;
    input clk, we;
    input [width-1:0] din;
    output [width-1:0] dout;
    reg [width-1:0] regBank[depth-1:0];
    always @(posedge clk) begin
        if (we) begin
            regBank[depth-1:1] <= regBank[depth-2:0];
            regBank[0] <= din;
        end
    end
    assign dout = regBank[depth-1];
endmodule
```

2. RAM16SDP 类型

RAM16SDP 类型包含 RAM16SDP1、RAM16SDP2、RAM16SDP4，其区别在于输出位宽宽度。RAM16SDP 类型可以采用 Decoder、Memory、移位寄存器等形式进行书写，若综合出 RAM16SDP，memory 需满足以下其中一个条件：

① 读地址和输出不经过 register，地址深度 × 数据位宽 ≥ 8。

② 读地址或输出经过 register，8 ≤ 地址深度 × 数据位宽 ≤ 1024。

③ 使用属性约束 syn_ramstyle="distributed_ram"。

(1) Decoder 形式。以 RAM16SDP4 为例，介绍 Decoder 形式的实现，其编码形式如下：

```
module top (data_out, data_in, wad, rad, clk,wre);
    parameter init0 = 16'h1234;
    parameter init1 = 16'h5678;
    parameter init2 = 16'h9abc;
    parameter init3 = 16'h0147;
    output [3:0]data_out;
    input [3:0]data_in;
    input [3:0]wad,rad;
    input clk,wre;
    reg [15:0] mem0=init0;
    reg [15:0] mem1=init1;
    reg [15:0] mem2=init2;
    reg [15:0] mem3=init3;
    always @(posedge clk)begin
        if (wre) begin
```

```
                mem0[wad] <= data_in[0];
                mem1[wad] <= data_in[1];
                mem2[wad] <= data_in[2];
                mem3[wad] <= data_in[3];
            end
        end
        assign data_out[0] = mem0[rad];
        assign data_out[1] = mem1[rad];
        assign data_out[2] = mem2[rad];
        assign data_out[3] = mem3[rad];
    endmodule
```

(2) memory 形式。memory 形式可根据初值形式分为 memory 无初值形式、memory 定义时赋初值以及 readmemh/readmemb 形式。以 RAM16SDP4 为例，介绍 Memory 形式的实现，其编码形式如下：

```
    module normal(data_out, data_in, addra, clk, wre, addrb);
        output [3:0]data_out;
        input [3:0]data_in;
        input [3:0] addra ,addrb;
        input clk,wre;
        reg [3:0] mem [15:0];
        always @(posedge clk)begin
            if (wre)begin
                mem[addra] <= data_in;
            end
        end
        assign data_out = mem[addrb];
    endmodule
```

(3) 移位寄存器形式。移位寄存器若综合为 RAM16SDP 类型，需满足以下条件之一：

① memory 深度 ≥ 4 且 memory 深度×数据位宽<=256，且 memory 深度 != 2^n。

② 添加属性约束 syn_srlstyle= " distributed_ram"，且 memory 深度 = 2 的 n 次方。

以 Gowin Synthesis 综合出 RAM16SDP4 为例，介绍移位寄存器形式的实现，其编码形式如下：

```
    module p_seqshift(clk, we, din, dout);
        parameter width=18;
        parameter depth=7;
        input clk, we;
        input [width-1:0] din;
        output [width-1:0] dout;
        reg [width-1:0] regBank[depth-1:0];
```

```
always @(posedge clk) begin
    if (we) begin
        regBank[depth-1:1] <= regBank[depth-2:0];
        regBank[0] <= din;
    end
end
assign dout = regBank[depth-1];
endmodule
```

3. ROM16

ROM16 是地址深度为 16，数据位宽为 1 的只读存储器，存储器的内容通过 INIT 进行初始化，ROM16 可以采用 Memory、Decoder 等形式进行书写，ROM16 的综合需要添加属性约束 syn_romstyle ="distributed_rom"。

(1) Decoder 形式。其编码形式如下：

```
module test (addr,dataout)/*synthesis syn_romstyle="distributed_rom"*/ ;
    input [3:0] addr;
    output reg dataout=1'h0;
    always @(*)begin
      case(addr)
            4'h0: dataout <= 1'h0;
            4'h1: dataout <= 1'h0;
            4'h2: dataout <= 1'h1;
            4'h3: dataout <= 1'h0;
            4'h4: dataout <= 1'h1;
            4'h5: dataout <= 1'h1;
            4'h6: dataout <= 1'h0;
            4'h7: dataout <= 1'h0;
            4'h8: dataout <= 1'h0;
            4'h9: dataout <= 1'h1;
            4'ha: dataout <= 1'h0;
            4'hb: dataout <= 1'h0;
            4'hc: dataout <= 1'h1;
            4'hd: dataout <= 1'h0;
            4'he: dataout <= 1'h0;
            4'hf: dataout <= 1'h0;
            default: dataout <= 1'h0;
        endcase
    end
endmodule
```

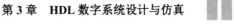

(2) memory 形式。memory 形式可根据初值形式分为 memory 无初值形式、memory 定义时赋初值以及 readmemh/readmemb 形式。其编码形式如下：

```
module top (addr,dataout)/*synthesis syn_romstyle="distributed_rom"*/;
    input [3:0] addr;
    output reg dataout=1'b0;
    parameter init0 = 16'h117a;
    reg [15:0] mem0=init0;
    always @(*)begin
      dataout <= mem0[addr];
    end
endmodule
```

3.2.5　DSP 编码规范

DSP(Digital Signal Processing)是数字信号处理，包含预加器(Pre-Adder)，乘法器(MULT)和 54 位算术逻辑单元(ALU54D)。

1. Pre-adder

Pre-adder 是预加器，实现预加、预减和移位功能。Pre-adder 按照位宽分为两种，分别是 9 位宽的 PADD9 和 18 位宽的 PADD18。Pre-adder 需与 Multiplier 相配合才可推断出来。

(1) 预加功能。以 AREG、BREG、同步复位模式的 PADD9-MULT9X9 为例介绍 PADD 预加功能的实现，其编码形式如下：

```
module top(a0, b0, b1, dout, rst, clk, ce);
    input [7:0] a0;
    input [7:0] b0;
    input [7:0] b1;
    input rst, clk, ce;
    output [17:0] dout;
    reg [8:0] p_add_reg=9'h000;
    reg [7:0] a0_reg=8'h00;
    reg [7:0] b0_reg=8'h00;
    reg [7:0] b1_reg=8'h00;
    reg [17:0] pipe_reg=18'h00000;
    reg [17:0] s_reg=18'h00000;
    always @(posedge clk)begin
            if(rst)begin
                a0_reg <= 0;
                b0_reg <= 0;
                 b1_reg <= 0;
```

```verilog
                end else begin
                    if(ce)begin
                        a0_reg <= a0;
                        b0_reg <= b0;
                        b1_reg <= b1;
                    end
                end
            end
        always @(posedge clk)begin
            if(rst)begin
                p_add_reg <= 0;
            end
            else begin
                if(ce)begin
                    p_add_reg <= b0_reg+b1_reg;
                end
            end
        end
        always @(posedge clk)
            begin
                if(rst)begin
                    pipe_reg <= 0;
                end
            else begin
              if(ce) begin
                    pipe_reg <= a0_reg*p_add_reg;
              end
            end
        end
    end
always @(posedge clk)
begin
    if(rst)begin
        s_reg <= 0;
    end
    else begin \
        if(ce) begin
            s_reg <= pipe_reg;
        end
    end
```

```
        end
    assign dout = s_reg;
endmodule
```

（2）预减功能。以 AREG、BREG、同步复位模式的 PADD9-MULT9X9 为例介绍 PADD 预减功能的实现，其编码形式如下：

```
module top(a0, b0, b1, dout, rst, clk, ce);
    input [7:0] a0;
    input [7:0] b0;
    input [7:0] b1;
    input rst, clk, ce;
    output [17:0] dout;
    reg [8:0] p_add_reg=9'h000;
    reg [7:0] a0_reg=8'h00;
    reg [7:0] b0_reg=8'h00;
    reg [7:0] b1_reg=8'h00;
    reg [17:0] pipe_reg=18'h00000;
    reg [17:0] s_reg=18'h00000;
    always @(posedge clk)begin
        if(rst)begin
            a0_reg <= 0;
            b0_reg <= 0;
            b1_reg <= 0;
        end else begin
            if(ce)begin
                a0_reg <= a0;
                b0_reg <= b0;
                b1_reg <= b1;
            end
        end
    end
    always @(posedge clk)begin
        if(rst)begin
        p_add_reg <= 0;
      end else begin
        if(ce)begin
            p_add_reg <= b0_reg-b1_reg;
            end
        end
    end
```

```
always @(posedge clk)
begin
        if(rst)begin
                pipe_reg <= 0;
        end else begin
            if(ce) begin
                    pipe_reg <= a0_reg*p_add_reg;
            end
        end
end
always @(posedge clk)
begin
        if(rst)begin
                s_reg <= 0;
        end else begin
            if(ce) begin
                    s_reg <= pipe_reg;
            end
        end
end
assign dout = s_reg;
    endmodule
```

(3) 移位功能。以 AREG、BREG、异步复位模式的 PADD18-MULT18 × 18 介绍 PADD 移位功能的实现，其编码形式如下：

```
module top(a0, a1, b0, b1, p0, p1, clk, ce, reset);
    parameter a_width=18;
    parameter b_width=18;
    parameter p_width=36;
    input [a_width-1:0] a0, a1;
    input [b_width-1:0] b0, b1;
    input clk, ce, reset;
    output [p_width-1:0] p0, p1;
    wire [b_width-1:0] b0_padd, b1_padd;
    reg [b_width-1:0] b0_reg=18'h00000;
    reg [b_width-1:0] b1_reg=18'h00000;
    reg [b_width-1:0] bX1=18'h00000;
    reg [b_width-1:0] bY1=18'h00000;
    always @(posedge clk or posedge reset)
    begin
```

```
            if(reset)begin
                b0_reg <= 0;
                b1_reg <= 0;
                bX1 <= 0;
                bY1 <= 0;
            end else begin
                if(ce)begin
                    b0_reg <= b0;
                    b1_reg <= b1;
                    bX1 <= b0_reg;
                    bY1 <= b1_reg;
                end
            end
        end
        assign b0_padd = bX1 + b1_reg;
        assign b1_padd= b0_reg + bY1;
        assign p0 = a0 * b0_padd;
        assign p1 = a1 * b1_padd;
    endmodule
```

2. Multiplier

Multiplier 是 DSP 的乘法器单元，乘法器的乘数输入信号定义为 MDIA 和 MDIB，乘积输出信号定义为 MOUT，可实现乘法运算：DOUT = A × B。 Multiplier 根据数据位宽可配置成 9 × 9、18 × 18、36 × 36 等乘法器，分别对应原语 MULT9 × 9、MULT18 × 18、MULT36 × 36。以 AREG、BREG、OUT_REG、PIPE_REG、异步复位模式的 MULT18 × 18 为例介绍其实现，编码形式如下：

```
    module top(a,b,c,clock,reset,ce);
        input signed [17:0] a;
        input signed [17:0] b;
        input clock;
        input reset;
        input ce;
        output signed [35:0] c;
        reg signed [17:0] ina=18'h00000;
        reg signed [17:0] inb=18'h00000;
        reg signed [35:0] pp_reg=36'h000000000;
        reg signed [35:0] out_reg=36'h000000000;
        wire signed [35:0] mult_out;
        always @(posedge clock or posedge reset)begin
```

```
        if(reset)begin
                ina<=0;
                inb<=0;
        end else begin
                if(ce)begin
                        ina<=a;
                        inb<=b;
                end
        end
end
assign mult_out=ina*inb;
always @(posedge clock or posedge reset)begin
        if(reset)begin
                pp_reg<=0;
                end else begin
                if(ce)begin
                        pp_reg<=mult_out;
                end
        end
end
always @(posedge clock or posedge reset)begin
        if(reset)begin
                out_reg<=0;
                end else begin
                if(ce)begin
                        out_reg<=pp_reg;
                end
        end
end
assign c=out_reg;
endmodule
```

3. ALU54D

ALU54D(54-bit Arithmetic Logic Unit)是 54 位算术逻辑单元，实现 54 位的算术逻辑运算。若综合出 ALU5D，数据位宽 width 需在[48,54]区间，否则需添加属性约束 syn_dspstyle = "dsp"。以 AREG、BREG、OUT_REG、异步复位模式的 ALU54D 介绍其实现，编码形式如下：

```
module top(a, b, s, accload, clk, ce, reset);
        parameter width=54;
```

```verilog
    input signed [width-1:0] a, b;
    input accload, clk, ce, reset;
    output signed [width-1:0] s;
    wire signed [width-1:0] s_sel;
    reg [width-1:0] a_reg=54'h00000000000000;
    reg [width-1:0] b_reg=54'h00000000000000;
    reg [width-1:0] s_reg=54'h00000000000000;
    reg acc_reg=1'b0;
    always @(posedge clk or posedge reset)
    begin
            if(reset)begin
                    a_reg <= 0;
                    b_reg <= 0;
            end else begin
                    if(ce)begin
                            a_reg <= a;
                            b_reg <= b;
                    end
            end
    end
    always @(posedge clk)
    begin
            if(ce)begin
                    acc_reg <= accload;
            end
    end
    assign s_sel = (acc_reg == 1) ? s : 0;
    always @(posedge clk or posedge reset)
    begin
            if(reset)begin
                    s_reg <= 0;
            end else begin
                    if(ce)begin
                    s_reg <= s_sel + a_reg + b_reg;
                    end
            end
    end
    assign s = s_reg;
endmodule
```

4. MULTALU

MULTALU 模式实现一个乘法器输出经过 54 bit ALU 运算，包括 MULTALU36 × 18 和 MULTALU18 × 18，其中 MULTALU18 × 18 仅支持实例化形式。MULTALU36 × 18 有三种运算功能：DOUT = A*B±C、DOUT = Σ(A * B)、DOUT = A * B + CASI。

(1) A * B ± C 功能。以 AREG、BREG、CREG、PIPE_REG、OUT_REG、异步复位模式的 MULTALU36 × 18 介绍 DOUT = A * B + C 功能的实现，其编码形式如下：

```verilog
module top(a0, b0, c,s, reset, ce, clock);
    parameter a_width=36;
    parameter b_width=18;
    parameter s_width=54;
    input signed [a_width-1:0] a0;
    input signed [b_width-1:0] b0;
    input signed [s_width-2:0] c;
    input reset, ce, clock;
    output signed [s_width-1:0] s;
    wire signed [s_width-1:0] p0;
    reg signed [a_width-1:0] a0_reg=36'h000000000;
    reg signed [b_width-1:0] b0_reg=18'h00000;
    reg signed [s_width-1:0] p0_reg=54'h00000000000000;
    reg signed [s_width-1:0] o0_reg=54'h00000000000000;
    reg signed [s_width-2:0] c_reg=54'h00000000000000;
    always @(posedge clock or posedge reset)begin
        if(reset)begin
            a0_reg <= 0;
            b0_reg <= 0;
            c_reg <= 0;
        end else begin
            if(ce)begin
                a0_reg <= a0;
                b0_reg <= b0;
                c_reg <= c;
            end
        end
    end
    assign p0 = a0_reg * b0_reg;
    always @(posedge clock or posedge reset)begin
        if(reset)begin
            p0_reg <= 0;
            o0_reg <= 0;
```

```
        end else begin
            if(ce)begin
                p0_reg <= p0;
                o0_reg <= p0_reg+c_reg;
            end
        end
    end
    assign s = o0_reg;
endmodule
```

(2) $\sum(A*B)$ 功能。以 PIPE_REG、OUT_REG、异步复位模式的 MULTALU36×18 介绍 DOUT = $\sum(A*B)$ 功能的实现，其编码形式如下：

```
module top(a,b,c,clock,reset,ce);
    parameter a_width = 36;
    parameter b_width = 18;
    parameter c_width = 54;
    input signed [a_width-1:0] a;
    input signed [b_width-1:0] b;
    input clock;
    input reset,ce;
    output signed [c_width-1:0] c;
    reg signed [c_width-1:0] pp_reg=54'h00000000000000;
    reg signed [c_width-1:0] out_reg=54'h00000000000000;
    wire signed [c_width-1:0] mult_out,c_sel;
    reg acc_reg0=1'b0;
    reg acc_reg1=1'b0;
    assign mult_out=a*b;
    always @(posedge clock or posedge reset) begin
        if(reset)begin
            pp_reg<=0;
        end else begin
            if(ce)begin
                pp_reg<=mult_out;
            end
        end
    end
    always @(posedge clock or posedge reset)
    begin
        if(reset) begin
            out_reg <= 0;
```

```
            end else if(ce) begin
                out_reg <= c + pp_reg;
            end
        end
    assign c=out_reg;
endmodule
```

(3) A * B + CASI 功能。以 PIPE_REG、OUT_REG、异步复位模式的 MULTALU36 × 18 介绍 DOUT = A*B + CASI 功能的实现，其编码形式如下：

```
module top(a0, a1, a2, b0, b1, b2, s, reset, ce, clock);
    parameter a_width=36;
    parameter b_width=18;
    parameter s_width=54;
    input signed [a_width-1:0] a0, a1, a2;
    input signed [b_width-1:0] b0, b1, b2;
    input reset, ce, clock;
    output signed [s_width-1:0] s;
    wire signed [s_width-1:0] p0, p1, p2, s0, s1;
    reg signed [s_width-1:0] p0_reg=54'h00000000000000;
    reg signed [s_width-1:0] p1_reg=54'h00000000000000;
    reg signed [s_width-1:0] p2_reg=54'h00000000000000;
    reg signed [s_width-1:0] s0_reg=54'h00000000000000;
    reg signed [s_width-1:0] s1_reg=54'h00000000000000;
    reg signed [s_width-1:0] o0_reg=54'h00000000000000;
    assign p0 = a0 * b0;
    assign p1 = a1 * b1;
    assign p2 = a2 * b2;
    always @(posedge clock or posedge reset)
    begin
        if(reset)begin
            p0_reg <= 0;
            p1_reg <= 0;
            p2_reg <= 0;
            o0_reg <= 0;
        end else begin
            if(ce)begin
                p0_reg <= p0;
                p1_reg <= p1;
                p2_reg <= p2;
                o0_reg <= p0_reg;
```

```
                    end
                end
            end
        assign s0 = o0_reg + p1_reg;
        always @(posedge clock or posedge reset)
        begin
            if(reset)begin
                s0_reg <= 0;
            end else begin
                if(ce)begin
                    s0_reg <= s0;
                end
            end
        end
        assign s1 = s0_reg + p2_reg;
        always @(posedge clock or posedge reset)
        begin
                if(reset)begin
                s1_reg <= 0;
            end else begin
                if(ce)begin
                    s1_reg <= s1;
                end
            end
        end
    assign s=s1_reg;
    endmodule
```

5. MULTADDALU

MULTADDALU(The Sum of Two Multipliers with ALU)是带 ALU 功能的乘加器，实现乘法求和后累加或 reload 运算，对应的原语为 MULTADDALU18×18。有三种运算功能：DOUT = A0 * B0 ± A1 * B1 ± C、DOUT = Σ(A0 * B0 ± A1 * B1)、DOUT = A0 * B0 ± A1*B1 + CASI。

(1) A0*B0 ± A1 * B1 ± C 功能。以 A0REG、A1REG、B0REG、B1REG、PIPE0_REG、PIPE1_REG、OUT_REG、异步复位模式的 MULTADDALU18×18 介绍 DOUT = A0 * B0 ± A1 * B1 ± C 功能的实现，其编码形式如下：

```
    module top(a0, a1, b0, b1, c,s, reset, clock, ce);
        parameter a0_width=18;
        parameter a1_width=18;
        parameter b0_width=18;
```

```verilog
parameter b1_width=18;
parameter s_width=54;
input signed [a0_width-1:0] a0;
input signed [a1_width-1:0] a1;
input signed [b0_width-1:0] b0;
input signed [b1_width-1:0] b1;
input [53:0] c;
input reset, clock, ce;
output signed [s_width-1:0] s;
wire signed [s_width-1:0] p0, p1, p;
reg signed [a0_width-1:0] a0_reg=18'h00000;
reg signed [a1_width-1:0] a1_reg=18'h00000;
reg signed [b0_width-1:0] b0_reg=18'h00000;
reg signed [b1_width-1:0] b1_reg=18'h00000;
reg signed [s_width-1:0] p0_reg=54'h00000000000000;
reg signed [s_width-1:0] p1_reg=54'h00000000000000;
reg signed [s_width-1:0] s_reg=54'h00000000000000;
always @(posedge clock)begin
    if(reset)begin
        a0_reg <= 0;
        a1_reg <= 0;
        b0_reg <= 0;
        b1_reg <= 0;
    end
    else begin
        if(ce)begin
            a0_reg <= a0;
            a1_reg <= a1;
            b0_reg <= b0;
            b1_reg <= b1;
        end
    end
end
assign p0 = a0_reg*b0_reg;
assign p1 = a1_reg*b1_reg;
always @(posedge clock)begin
    if(reset)begin
        p0_reg <= 0;
        p1_reg <= 0;
```

```
            end
        else begin
            if(ce)begin
                p0_reg <= p0;
                p1_reg <= p1;
            end
        end
    end
    assign p = p0_reg + p1_reg+c;
    always @(posedge clock)begin
        if(reset)begin
            s_reg <= 0;
        end
        else begin
            if(ce) begin
                s_reg <= p;
            end
        end
    end
    assign s = s_reg;
endmodule
```

(2) $\Sigma(A0*B0 \pm A1*B1)$功能。以 PIPE0_REG、PIPE1_REG、OUT_REG、异步复位模式的 MULTADDALU18 × 18 介绍 DOUT = $\Sigma(A0*B0 \pm A1*B1)$功能的实现,其编码形式如下:

```
module acc(a0, a1, b0, b1, s, accload, ce, reset, clk);
    parameter a_width=18;
    parameter b_width=18;
    parameter s_width=54;
    input unsigned [a_width-1:0] a0, a1;
    input unsigned [b_width-1:0] b0, b1;
    input accload, ce, reset, clk;
    output unsigned [s_width-1:0] s;
    wire unsigned [s_width-1:0] s_sel;
    wire unsigned [s_width-1:0] p0, p1;
    reg unsigned [s_width-1:0] p0_reg=54'h00000000000000;
    reg unsigned [s_width-1:0] p1_reg=54'h00000000000000;
    reg unsigned [s_width-1:0] s=54'h00000000000000;
    reg acc_reg0=1'b0;
    reg acc_reg1=1'b0;
    assign p0 = a0*b0;
```

```
        assign p1 = a1*b1;
        always @(posedge clk or posedge reset)begin
            if(reset) begin
                p0_reg <= 0;
                p1_reg <= 0;
            end else if(ce) begin
                p0_reg <= p0;
                p1_reg <= p1;
            end
        end
        always @(posedge clk)begin
            if(ce) begin
                acc_reg0 <= accload;
                acc_reg1 <= acc_reg0;
            end
        end
        assign s_sel = (acc_reg1 == 1) ? s : 0;
        always @(posedge clk or posedge reset)begin
            if(reset) begin
                s <= 0;
            end else if(ce) begin
                s <= s_sel + p0_reg - p1_reg;
            end
        end
    endmodule
```

(3) A0 * B0 ± A1 * B1 + CASI 功能。以 PIPE0_REG、PIPE1_REG、OUT_REG、异步复位模式的 MULTADDALU18 × 18 介绍 DOUT = A0 * B0 ± A1 * B1 + CASI 功能的实现，其编码形式如下：

```
    module top(a0, a1, a2, b0, b1, b2, a3, b3, s, clock, ce, reset);
        parameter a_width=18;
        parameter b_width=18;
        parameter s_width=54;
        input signed [a_width-1:0] a0, a1, a2, b0, b1, b2, a3, b3;
        input clock, ce, reset;
        output signed [s_width-1:0] s;
        wire signed [s_width-1:0] p0, p1, p2, p3, s0, s1;
        reg signed [s_width-1:0] p0_reg=54'h00000000000000;
        reg signed [s_width-1:0] p1_reg=54'h00000000000000;
```

```
reg signed [s_width-1:0] p2_reg=54'h00000000000000;
reg signed [s_width-1:0] p3_reg=54'h00000000000000;
reg signed [s_width-1:0] s0_reg=54'h00000000000000;
reg signed [s_width-1:0] s1_reg=54'h00000000000000;
reg signed [a_width-1:0] a0_reg=18'h00000;
reg signed [a_width-1:0] a1_reg=18'h00000;
reg signed [a_width-1:0] a2_reg=18'h00000;
reg signed [a_width-1:0] a3_reg=18'h00000;
reg signed [a_width-1:0] b0_reg=18'h00000;
reg signed [a_width-1:0] b1_reg=18'h00000;
reg signed [a_width-1:0] b2_reg=18'h00000;
reg signed [a_width-1:0] b3_reg=18'h00000;
always @(posedge clock or posedge reset)begin
    if(reset)begin
        a0_reg <= 0;
        a1_reg <= 0;
        a2_reg <= 0;
        a3_reg <= 0;
        b0_reg <= 0;
        b1_reg <= 0;
        b2_reg <= 0;
        b3_reg <= 0;
    end else begin
        if(ce)begin
            a0_reg <= a0;
            a1_reg <= a1;
            a2_reg <= a2;
            a3_reg <= a3;
            b0_reg <= b0;
            b1_reg <= b1;
            b2_reg <= b2;
            b3_reg <= b3;
        end
    end
end
assign p0 = a0_reg*b0_reg;
assign p1 = a1_reg*b1_reg;
assign p2 = a2_reg*b2_reg;
```

```verilog
assign p3 = a3_reg*b3_reg;
always @(posedge clock or posedge reset)begin
    if(reset)begin
        p0_reg <= 0;
        p1_reg <= 0;
        p2_reg <= 0;
        p3_reg <= 0;
    end else begin
        if(ce)begin
            p0_reg <= p0;
            p1_reg <= p1;
            p2_reg <= p2;
            p3_reg <= p3;
        end
    end
end
assign s0 = p0_reg + p1_reg;
always @(posedge clock or posedge reset)begin
if(reset)begin
            s0_reg <= 0;
    end else begin
        if(ce)begin
            s0_reg <= s0;
        end
    end
end
assign s1 = s0_reg + p2_reg - p3_reg;
always @(posedge clock or posedge reset)begin
    if(reset)begin
        s1_reg <= 0;
    end else begin
        if(ce)begin
            s1_reg <= s1;
        end
    end
end
assign s=s1_reg;
endmodule
```

3.3　ModelSim 仿真

3.3.1　ModelSim 仿真软件概述

ModelSim 是 Model Technology(Mentor Graphics 的子公司)的仿真软件，该软件可以用来实现对 Verilog、VHDL 以及它们混合程序的设计仿真，同时也支持 IEEE 常见的各种硬件描述语言标准。

ModelSim 具备强大的模拟仿真功能，在设计、编译、仿真、测试、调试开发过程中，有一整套工具供设计者使用，而且操作起来极其灵活，可以通过菜单、快捷键和命令行的方式进行工作。ModelSim 的窗口管理界面使用方便，能很好地与操作系统环境协调工作。ModelSim 最大的特点是其强大的调试功能，具体表现在：

(1) 先进的数据流窗口，可以迅速追踪到产生不定或者错误状态的原因。

(2) 性能分析工具帮助分析性能瓶颈，加速仿真；代码覆盖率检查确保测试的完备。

(3) 多种模式的波形比较功能。

(4) 先进的 Signal Spy 功能，可以方便地访问 VHDL 或者 VHDL 和 Verilog 混合设计中的底层信号。

(5) 支持加密 IP。

(6) 可以实现与 Matlab 的 Simulink 的联合仿真。

ModelSim 还具有分析代码的能力，可以看出不同的代码段消耗资源的情况，从而可以对代码进行改善，以提高其效率。

ModelSim 的功能侧重于编译、仿真，不能指定编译的器件，不具有编程下载能力。而且 ModelSim 在时序仿真时无法编辑输入波形(但可以根据仿真需要实时设置输入信号的状态)，一般是通过编写测试台(Testbench)程序来完成初始化和模块输入，或者通过外部宏文件提供激励。

3.3.2　ModelSim 软件仿真应用

正确安装 ModelSim 软件并设置好计算机环境变量后，即可启动 ModelSim 进行设计文件的仿真。

1. 新建 ModelSim 工程

启动 ModelSim 软件，选择菜单 File→New→Project…命令新建工程，弹出 Create Project 窗口，如图 3.3 所示。

在 Create Project 窗口设置 Project Name，选择 Project Location，Default Library Name(默认保持 work 即可)，其他设置保持不变。点击 OK 按钮弹出 Add items to the Project 窗口。

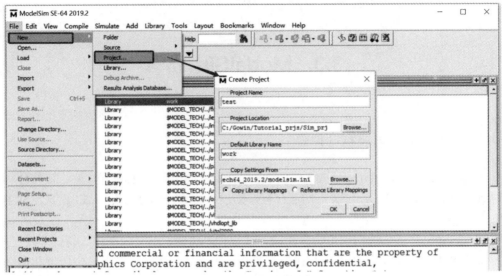

图 3.3   ModelSim 新建工程

2. 新建 HDL 文件

如图 3.4 所示，在 Add items to the Project 窗口，点击 Create New File，会弹出如图 3.5 所示对话框，在 Create Project File 对话框输入文件名(File Name)，在 Add file as type 选择 Verilog，点击 OK 按钮。最后点击图 3.4 中的 Close 按钮。

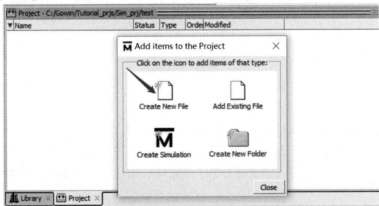

图 3.4   ModelSim 在工程中添加设计文件

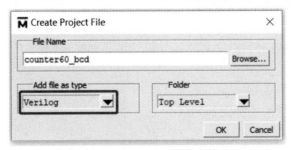

图 3.5   ModelSim 新建文件

也可以在新建的工程空白处点击鼠标右键，在右键菜单选择 New File...或 Existing File...命令添加设计文件，如图 3.6 所示。

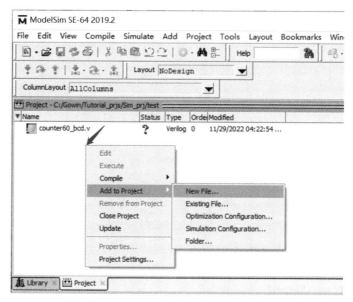

图 3.6　ModelSim 工程中右键添加文件

3. 编写 HDL 代码

在新建的 HDL 文件上双击鼠标左键，打开新建文件，编辑设计文件并保存，如图 3.7 所示。这里以 BCD 码模 60 计数器设计为例，文件名为 counter60_bcd.v。

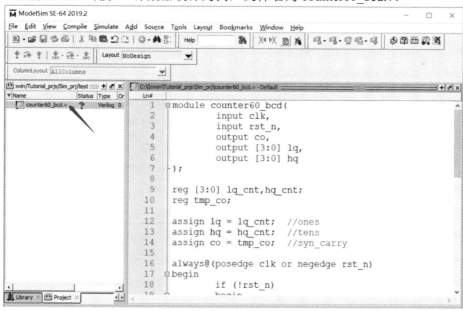

图 3.7　ModelSim 编辑设计文件

BCD 码模 60 计数器 Verilog 代码如下：

```
module counter60_bcd(
    input clk,
    input rst_n,
    output co,
```

```verilog
    output [3:0] lq,
    output [3:0] hq
);

reg [3:0] lq_cnt,hq_cnt;
reg tmp_co;

assign lq = lq_cnt;     //ones
assign hq = hq_cnt;     //tens
assign co = tmp_co;     //syn_carry

always@(posedge clk or negedge rst_n)
begin
    if (!rst_n) begin
        lq_cnt <= 4'd0;   hq_cnt <= 4'd0;
    end
    else if (lq_cnt < 4'd9) begin
        lq_cnt <= lq_cnt + 1'b1;
        hq_cnt <= hq_cnt;
    end
    else if (hq_cnt < 4'd5) begin
        lq_cnt <= 4'd0;
        hq_cnt <= hq_cnt + 1'b1;
    end
    else begin    //count = 59
        lq_cnt <= 4'd0;
        hq_cnt <= 4'd0;
    end
end //always-end
always@(posedge clk or negedge rst_n)
begin
    if (!rst_n)
        tmp_co <= 1'b0;
    else if ((lq_cnt == 4'd8)&&(hq_cnt == 4'd5)) ///syn_carry
        tmp_co <= 1'b1;
    else
        tmp_co <= 1'b0;
end
endmodule
```

4. 设计文件编译

在设计文件上点击鼠标右键,如图 3.8 所示,在右键菜单选择 Compile→Compile Selected 命令,如果编译出错,根据错误修改设计代码,直到编译成功,设计文件的 Status 显示绿色对钩。

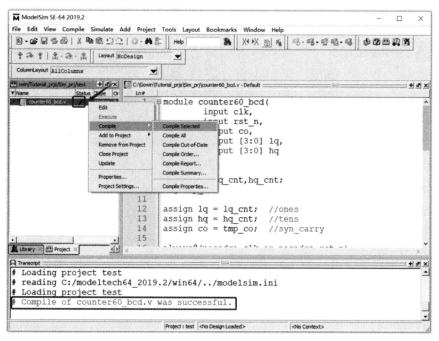

图 3.8　ModelSim 编译设计文件

5. 启动仿真、添加仿真信号

(1) 在 ModelSim 界面上有 Library 和 Project 两个选项卡,设计文件成功编译完之后,相应的文件被编译到 work 目录下,切换到库(Library)选项卡,点开 work 目录,如图 3.9 所示,在设计文件模块名称上双击鼠标左键,或点击右键并选择 Simulate 命令,启动仿真。

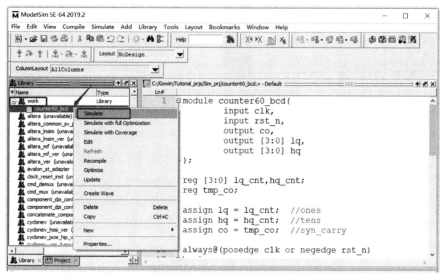

图 3.9　启动 ModelSim 仿真

(2) 在 sim 选项卡的模块名称上点击鼠标右键，选择 Add Wave 命令，将设计文件中的信号添加到 Wave 窗口，如图 3.10 所示。

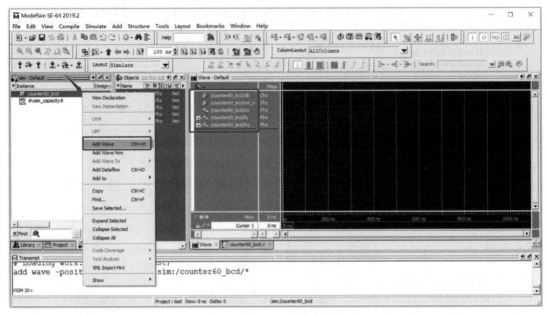

图 3.10　添加仿真信号

(3) 设置输入激励。在 Wave 窗口中的 clk 时钟信号上点击鼠标右键，如图 3.11 所示，在右键菜单选择 Clock...命令，弹出 Define Clock 对话框，设置时钟信号相关参数，这里所有参数保持默认，点击 OK 按钮。

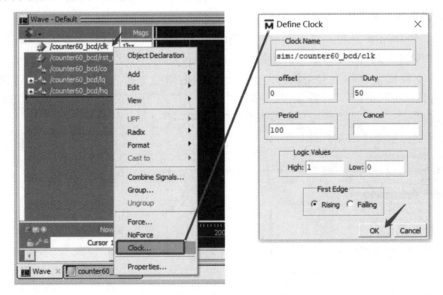

图 3.11　在 Wave 窗口设置时钟输入信号

在 Wave 窗口中的 rst_n 复位信号上点击鼠标右键，如图 3.12 所示，在右键菜单选择 Force...命令，弹出 Force Selected Signal 对话框，设置复位信号，在 Value 框中输入 0，先设置 rst_n 复位有效。

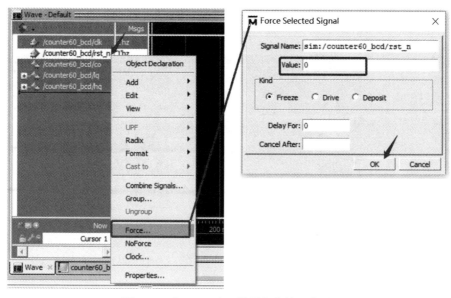

图 3.12 在 Wave 窗口设置复位输入信号

6. 点击运行启动仿真

设置好输入信号激励后，点击如图 3.13 所示的运行 Run 按钮，图中仿真时间步长为 100 ns，每按一次 Run 按钮，波形仿真 100 ns，可以根据需要设置仿真步长时间。由于前面设置 rst_n 复位信号为 0，因此图 3.13 中的输出为复位有效输出。

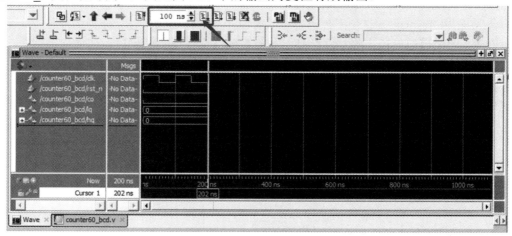

图 3.13 点击 Run 运行仿真

设置 rst_n 复位信号为高电平 1，操作方法如图 3.12 所示，在 Wave 窗口的 rst_n 信号上点击鼠标右键，选择 Force...命令，在弹出 Force Selected Signal 对话框的 Value 框输入 1，即可设置 rst_n 信号为高电平。然后，点击 Run 继续运行仿真，结果如图 3.14 所示，这里把一次运行时间改为 5000 ns。仿真运行 Run 是每点击一次运行固定的时间(如 100 ns)；Run 快捷键后面的 Continue Run 是一直运行，直到点击 Break，点击 Break 后显示波形；Run-All 是运行所有，直到点击 Break，点击 Break 后显示波形。

在 Wave 窗口，使用快捷键"O""I"和"F"可以对波形进行压缩、放大和全屏显示。

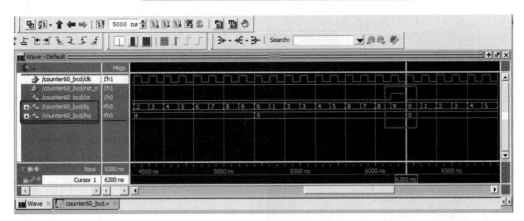

图 3.14　设置 rst_n 为 1 后继续点击 Run 运行仿真

　　在 Wave 中观察仿真波形，按照前面的操作可以随时修改输入信号的激励，如果时序波形与设计要求不一致，需要返回设计代码进行修改，修改代码后，需要在 ModelSim 软件的 Project 区进行重新编译，然后重复前面的仿真过程。

3.3.3　编写 Testbench 测试文件

　　前面利用 ModelSim 对设计文件进行测试仿真的过程是逐步提供输入信号所需的激励，在实际应用过程中该方法也十分有用。但对于更复杂的设计，编写测试平台(Testbench)是更好的办法。Testbench 是一种验证的手段，是模拟实际环境输入激励和输出校验的一种"虚拟平台"，利用 Testbench 这个平台用户可以对设计从软件层面上进行分析和校验。一个完整的设计，除了好的描述代码功能之外，如何去验证自己所写的程序，即如何调试自己的程序也很重要。Verilog 测试平台是所设计代码例化的待测模块(Module Under Test，MUT)，给其施加激励并观测其输出。逻辑模块与其对应的测试平台共同组成仿真模型，应用这个模型可以测试所设计模块是否符合设计要求。利用 Testbench 对待测模块 MUT 进行测试的基本结构如图 3.15 所示。由于 Testbench 是一个测试平台，信号集成在模块内部，没有输入、输出，一个最基本的 Testbench 应该包含三个部分：信号定义、测试模块接口和功能代码。

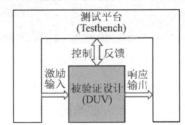

图 3.15　Testbench 对待测模块 MUT 进行测试的基本结构

1. 建立 Testbench 常用语句

　　initial 语句和 always 语句是 Testbench 文件中常用的 2 个基本过程语句，在仿真启动的那一刻即开始相互并行执行。一般情况下，被动的检测响应通常使用 always 语句，主动的产生激励使用 initial 语句。initial 语句和 always 语句被赋值的信号类型必须定义为 reg 类型，而过程连续赋值语句 assign 被赋值的信号类型必须为 wire 类型，而且不能出现在过程块中。过程块(initial 语句和 always 语句)通常包含很多语句块(如串行语句块 begin-end、并行语句块为 fork-join、循环语句等)。

initial 和 always 的区别如下：

(1) initial 语句只执行一次，而 always 语句不断地重复执行。

(2) 如果希望在 initial 里多次运行一个语句块，可以在 initial 里嵌入循环语句(如 while、repeat、for 和 forever 等)。

(3) always 语句通常在一些条件发生时完成操作。

(4) always 语句具有可综合性。

可通过 initial、always 以及 assign 语句将不同的测试激励划分开来。一般不要将所有的测试都放在一个语句块中。

2. 完整 Testbench 结构

一个相对完整的 Testbench 结构如图 3.16 所示。

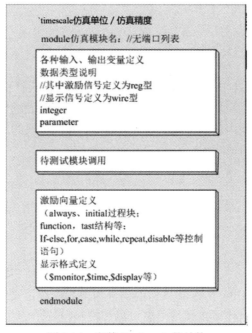

```
`timescale仿真单位 / 仿真精度

module仿真模块名: //无端口列表

各种输入、输出变量定义
数据类型说明
//其中激励信号定义为reg型
//显示信号定义为wire型
integer
parameter

待测试模块调用

激励向量定义
  (always、initial过程块:
function，tast结构等:
If-else,for,case,while,repeat,disable等控制
语句)
显示格式定义
  ($monitor,$time,$display等)

endmodule
```

图 3.16　完整 Testbench 的结构

(1) 时间表声明，声明仿真的单位和精度。

激励文件的开头要声明仿真的单位和仿真的精度，声明方法是使用关键字 timescale，格式如下：

　　　`timescale 1ns/1ps

需要注意的是，timescale 声明仿真单位和仿真精度时，不需要用分号结尾。"/"之前的 1ns 表示仿真的单位是 1 ns，"/"后面的 1 ps 表示仿真的精度是 1 ps。当代码中出现"#10"时，代表的意思是延时 10 ns。这里仿真精度为 1 ps，因此可以设置的最低延时为 0.001 ns (1 ns = 1000 ps)。

(2) module 定义仿真模块名。仿真单位和精度声明之后就是使用关键字 module 定义仿真模块名，它定义了测试文件的 top 模块，测试文件的 top 模块通常没有输入输出端口，测试是直接监控寄存器和线网这些内部信号的活动；通常情况下仿真模块名命名方式为"被测模块名_tb"或"tb_被测模块名"，这样可以清楚表明是哪个被测模块的测试文件，例如：

```
module counter60_bcd_tb();      //前面 BCD 码模 60 计数器的测试文件
```

(3) 内部信号或变量定义。用来驱动激励信号进入 MUT 模块并监控 MUT 的响应；仿真中代码中定义的常量有时需要频繁修改，因此可以把常量定义成参数的形式，定义参数的关键字为 parameter，例如：

```
parameter TIME = 20;
```

Verilog 代码中，通常用 reg 和 wire 来声明信号或变量，在 initial 语句或者 always 语句中使用的变量定义为 reg 类型，在 assign 语句中使用 wire 类型用于被测试模块的信号连接，声明方式如下：

```
//reg 类型定义
reg clk;              //时钟信号
reg rst_n;            //复位信号
//wire 类型定义
wire co;              //进位输出
wire [3:0] lq, hq;    //个位和十位 BCD 码
```

(4) 待测试模块调用(MUT)。在 Testbench 文件中调用待测设计模块的例化，例化被测模块的目的是把被测模块和激励模块的端口进行相应的连接，使得激励信号可以输入到被测模块。如果被测模块是由多个模块组成的，测试模块只需要对被测模块的顶层进行例化即可，例如：

```
counter60_bcd u0_counter60_bcd(
    .clk      (clk  ),
    .rst_n(rst_n),
    .co       (co),
    .lq       (lq),
    .hq       (hq)
);
```

在被测模块的实例化中，左侧带"."的信号为被测模块定义的端口信号，右侧括号内的信号为测试文件中定义的信号，其信号名可以和被测模块中的信号名相同，也可以不同，使用相同命名的好处是便于理解激励模块和被测模块信号之间的对应关系。

(5) 生成激励信号。使用 initial 或 always 语句产生激励波形，如产生时钟激励的代码如下：

```
always #10 clk = ~clk;
```

该代码表示每 10 ns(假设仿真时间单位是 10 ns)clk 状态翻转一次，一个完整的时钟周期包括一个高电平和一个低电平，因此 clk 的时钟周期为 20 ns，占空比为 50%。

如果要产生其他占空比的时钟激励信号，可以使用的类似代码如下：

```
always begin
    #4 clk = 0;
    #6 clk = 1;
end
```

需要注意的是，在 always 语句中设置了 clk 的时钟周期，并没有设置其起始值，因此，需要利用 initial 语句来对 clk 进行初始化(注意 initial 语句只执行一次)，例如：

```
initial begin
    clk    = 1'b0;          //时钟初始值设置为 0
    rst_n= 1'b0;           //复位信号初始值为 0
    #20 rst_n = 1'b1;      //在第 21 ns 的时候复位信号被设置为高电平
end
```

(6) 响应监控和比较(可选)：自我测试语句，能报告数值、错误和警告。Verilog 设计模块的 Testbench 测试文件也是以 endmodule 结束。

3. Testbench 测试平台举例

这里以 3.3.2 节中的 BCD 码模 60 设计模块为例，编写其 Testbench 测试文件，并通过 ModelSim 观察 Testbench 的仿真结果，可以与 3.3 节逐步输入激励的仿真方法进行比较。下面是完整的 counter60_bcd.v 设计模块的 Testbench 文件 counter60_bcd_tb.v 的代码：

```
`timescale 1ns/1ps
module counter60_bcd_tb();
    parameter TIME = 20;
    //reg 类型定义
    reg clk;                //时钟信号
    reg rst_n;              //复位信号
    //wire 类型定义
    wire co;                //进位输出
    wire [3:0] lq, hq;       //个位和十位 BCD 码
    counter60_bcd u0_counter60_bcd(
        .clk        (clk   ),
        .rst_n      (rst_n),
        .co         (co),
        .lq         (lq),
        .hq         (hq)
    );
    always #10 clk = ~clk;
    initial begin
        clk    = 1'b0;          //时钟初始值设置为 0
        rst_n= 1'b0;           //复位信号初始值为 0
        #20 rst_n = 1'b1;      //在第 21 ns 的时候复位信号被设置为高电平
    end
endmodule
```

在 ModelSim 中打开 3.3.2 节中建立的 BCD 码模 60 计数器工程，在 Project 页面空白处点击鼠标右键，在右键菜单中选择 Add to Project→New File…命令，如图 3.17 所示，新

建设计文件的 Testbench 文件。在 Create Project File 的 File Name 栏输入 counter60_bcd_tb，在 Add file as type 下拉列表中选择 Verilog，点击 OK 按钮创建 Testbench 文件。双击创建好的 counter60_bcd_tb.v 测试台文件，将上面的代码输入并存盘。

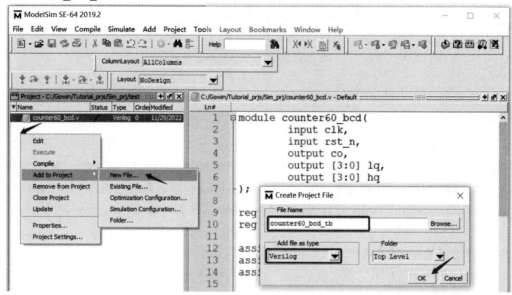

图 3.17   在 ModelSim 中建立 Testbench 文件

在 Project 页面，用鼠标右键点击测试文件，在右键菜单选择 Compile→Compile Selected 或 Compile All，编译测试文件，或同时编译被测文件和测试文件，如图 3.18 所示。

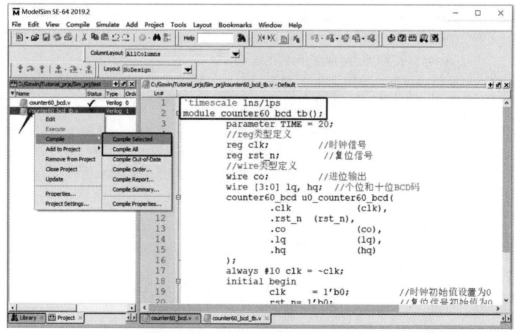

图 3.18   在 ModelSim 中编译 Testbench 文件

Testbench 文件成功编译后，在 Library 页面展开 work 目录，在 counter60_bcd_tb 测试模块上双击鼠标左键，或点击鼠标右键选择 Simulate 命令；再出现 Sim 页面，选择测试模块并点击鼠标右键选择 Add Wave 命令，如图 3.19 所在，在 Wave 窗口加入所有信号名称，点击 Run 按钮，即可在 Wave 窗口查看 Testbench 波形，如图 3.20 所示。

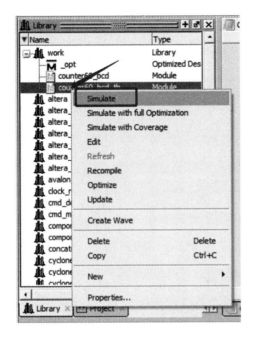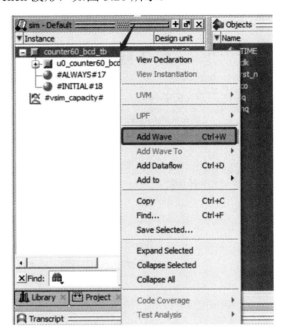

图 3.19　在 ModelSim 中启动 Testbench 仿真

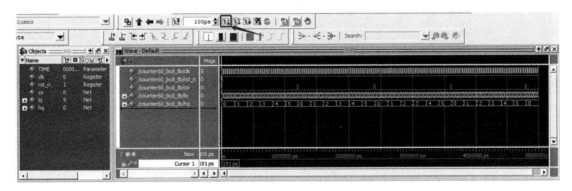

图 3.20　在 ModelSim 的 Wave 窗口查看 Testbench 仿真波形

4. 常用 Testbench 激励代码编写

(1) 时钟激励。代码如下：

```
/*---占空比 50%的时钟激励方法一----------------------------*/
parameter ClockPeriod=10;
initial begin
    clk_i = 0;
    forever #(ClockPeriod/2) clk_i = ~clk_i;
end
/*---占空比 50%的时钟激励方法二----------------------------*/
```

```verilog
initial begin
    clk_i = 0;
    always #(ClockPeriod/2) clk_i = ~clk_i;
end
/*---产生固定数量的时钟脉冲---------------------------*/
initial begin
    clk_i = 0;
    repeat(6) #(ClockPeriod/2) clk_i = ~clk_i;
end
/*---产生占空比非 50%的时钟---------------------------*/
initial begin
    clk_i = 0;
    forever begin
        #((ClockPeriod/2)-2) clk_i=0;
        #((ClockPeriod/2)+2) clk_i=1;
    end
end
```

(2) 复位信号设计。代码如下：

```verilog
/*---异步复位---------------------------*/
initial begin
    rst_n_i = 1;
    #100;
    rst_n_i = 0;
    #100;
    rst_n_i = 1;
end
/*---同步复位---------------------------*/
initial begin
    rst_n_i = 1;
    @(negedge clk_i)
        rst_n_i = 0;
    #100;    //固定时间复位
    repeat(10) @ (negedge clk_i);    //固定周期数复位
    @(negedge clk_i)
        rst_n_i = 1;
end
/*---复位任务封装---------------------------*/
task reset;
    input [31:0] reset_time;    //复位时间可调，输入复位时间
```

```
        RST_ING = 0; //复位方式可调，低电平或高电平
        begin
            rst_n = RST_ING;              //复位中
            #reset_time;                  //复位时间
            rst_n_i = ~RST_ING;           //撤销复位，复位结束
        end
    endtask
```

(3) 双向信号设计。代码如下：

```
/*---在 testbench 中定义 inout 为 wire 型变量----------------------------*/
wire bir_port;          //定义 inout 为 wire 类型
reg bir_port_reg;       //作为 inout 的输出寄存器
reg bi_port_oe;         //输出使能控制传输方向
assign bi_port = bi_port_oe ? bir_port_reg : 1'bz;
/*---强制 force 描述双向信号----------------------------*/
initial begin
    force dinout = 20;      //通过 force 命令对双向端口进行输入赋值
    #200
    force dinout = dinout -1;
end
```

(4) 特殊信号设计。代码如下：

```
/*---输入信号任务封装----------------------------*/
task i_data;
input [3:0] dut_data;
begin
    @(posedge data_en); send_data = 0;
    @(posedge data_en); send_data = dut_data[0];
    @(posedge data_en); send_data = dut_data[1];
    @(posedge data_en); send_data = dut_data[2];
    @(posedge data_en); send_data = dut_data[3];
    @(posedge data_en); send_data = 1;
#100;
end
endtask
//调用方法： i_data(4'hxx);
/*---多输入信号任务封装----------------------------*/
task more_input;
    input [7:0] a;
    input [7:0] b;
    input [31:0] times;
```

```verilog
output [8:0] c;
begin
    repeat(times)    //等待 times 个时钟上升沿
    @(posedge clk_i)
        c = a+b;     //时钟上升沿计算 a+b
end
endtask
//调用方法：more_input(x, y, t, z);    //按声明顺序
/*---输入信号产生，一次 SRAM 写信号产生---------------------------*/
initial begin
    cs_n = 1;        //片选无效
    wr_n = 1;        //写使能无效
    rd_n = 1;        //读使能无效
    addr = 8'hxx;    //地址无效
    data = 8'hzz;    //数据无效
    #100;
    cs_n = 0;        //片选有效
    wr_n = 0;        //写使能有效
    addr = 8'hF1;    //写入地址
    data = 8'h2C;    //写入数据
    #100;
    cs_n = 1;
    wr_n = 1;
    #10;
    addr = 8'hxx;
    data = 8'hzz;
end
/*--Testbench 中的@与 wait---------------------------*/
//@使用沿触发
//wait 语句都是使用电平触发
initial begin
    start = 1'b1;
    wait (en=1'b1);
    #10;
    start = 1'b0;
end
```

(5) repeat 使用。代码如下：

```verilog
//---repeat 重复执行---------------------------*/
initial begin
```

```
        start = 1;
        repeat(5) @(posedge clk)        //等待 5 个时钟上升沿
        start = 0;
    end
initial begin
    repeat(10) begin
        …//执行 10 次
    end
end
```

(6) 随机数产生。代码如下：

```
$random             //产生随机数
$random    %n       //产生范围{-n, n}的随机数
{$random} %n        //产生分为{0, n}的随机数
```

(7) 文本输入输出。代码如下：

```
reg [a:0] data_mem [0:b];        //定义位宽为(a+1)，深度为(b+1)的存储器
$readmemb/$readmemh("<读入文件名>", <存储器名>);
$readmemb/$readmemh("<读入文件名>", <存储器名>, <起始地址>);
$readmemb/$readmemh("<读入文件名>", <存储器名>, <起始地址>, <结束地址>);


$readmemb
/*---------------------------------------------------------------------*/
//读取二进制数据，读取文件内容只能包含：空白位置，注释行，二进制数
//数据中不能包含位宽说明和格式说明，每个数字必须是二进制数字


$readmemh
/*---------------------------------------------------------------------*/
//读取十六进制数据，读取文件内容只能包含：空白位置，注释行，十六进制数
//数据中不能包含位宽说明和格式说明，每个数字必须是十六进制数字
/*---输出 txt 文件----------------------------------------------------*/
integer fp_write;
initial begin
    begin
        fp_write = $fopen("output.txt");        //打开输出文件
        begin
            $fwrite(fp_write, "\n%h", output_data);        //写入十六进制数据
            #('clk-period);
        end
    end
end
$fclose(fp_write);        //关闭文件
```

```
end
```

(8) 打印信息。代码如下：

```
$monitor       //仿真打印输出，打印出仿真过程中的变量，在终端显示
/*---------------------------------------------------------------------------*/
$monitor($time, "clk=%d   reset=%d   out=%d", clk, reset, out);
/*---------------------------------------------------------------------------*/
$display       //终端打印字符串，显示仿真结果等信息
/*---------------------------------------------------------------------------*/
$display("Simulation start !");
$display("At time %t, input is %b%b%b, output is %b", time, a, b, en, z);
/*---------------------------------------------------------------------------*/
$time          //返回 64 位整型时间
$stime         //返回 32 位整型时间
$realtime      //实时模拟时间
```

(9) Testbench 总体代码结构参考。代码如下：

```
`timescale 1ns/1ps          //时间精度
`define clk_period 20        //时钟周期可变
module test_file_tb();       //Testbench 的 module 声明
/*---端口声明------------------------------------*/
reg            clk;          //时钟
reg            rst_n;        //复位，低电平有效
reg [xx:0]     in;           //输入
wire [xx:0]    out;          //输出
/*---模块例化------------------------------------*/
test_file_module u_test_file_module
(
    .clk            (clk),
    .rst_n          (rst_n),
    .in             (in),
    .out            (out)
);
/*---时钟信号和复位信号----------------------*/
initial begin
    clk = 0;
    forever
        #(`clk_period/2) clk =  ～clk;
end
initial begin
    rst_n = 0; #(`clk_period*20+1);
```

```
    rst_n = 1;
end
/*---输入信号激励----------------------------*/
initial begin
    in = 0;
    #(`clk_period*20+2);    //初始化完成
    …    //插入代码
    $stop;
end
endmodule
```

第 4 章　Gowin 嵌入式系统设计方法

4.1　Gowin_EMPU_M1 设计方法

高云 Gowin 云源软件的 IP Core Generator 可以用来配置和产生 Gowin_EMPU_M1 嵌入式微处理器核。

4.1.1　Gowin_EMPU_M1 系统架构

Gowin_EMPU_M1 包括三级结构，如图 4.1 所示。

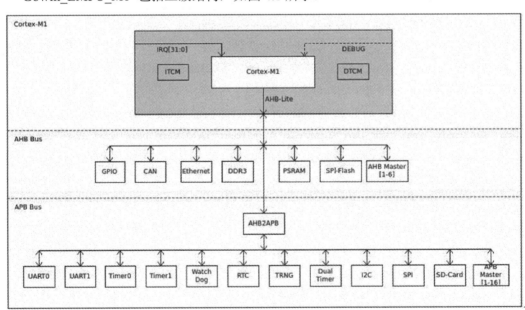

图 4.1　Gowin_EMPU_M1 系统架构

第一级：Cortex-M1 内核及 ITCM、DTCM。

第二级：AHB 总线及 GPIO、CAN、Ethernet、DDR3、PSRAM、SPI-Flash、AHB Master[1-6]。

第三级：APB 总线及 UART0、UART1、Timer0、Timer1、Watch Dog、RTC、TRNG、DualTimer、I2C、SPI、SD-Card、APB Master[1-16]。

4.1.2　Gowin_EMPU_M1 系统特征

Gowin_EMPU_M1 包括如下两个子系统。

(1) Cortex-M1 内核子系统。

(2) AHB-Lite 扩展子系统。

1. Cortex-M1 内核子系统

1) 处理器内核

(1) ARM v6-M Thumb 指令集架构，支持 16 bit Thumb 和 32 bit Thumb2 指令集。

(2) 可对操作系统进行配置和扩展。

(3) 可处理系统异常。

(4) 具有中断异常处理模式和正常线程模式。

(5) 支持栈指针，正常情况下一个栈指针，在扩展操作系统时可支持两个栈指针。

(6) 支持数据大小端格式。

① 可对数据大小端格式进行配置。

② 指令和系统控制寄存器为小端格式。

③ 调试系统为小端格式。

2) NVIC(内嵌向量中断控制器)

(1) 可对外部中断数量进行配置，如 1、8、16、32。

(2) 具有 4 个优先级等级。

(3) 进入中断处理时自动保存处理器状态，中断处理结束时自动恢复状态。

3) 调试系统

通过配置选项可控制调试系统的开关。

(1) 如果关闭调试系统，则 Cortex-M1 内核不支持调试系统。

(2) 如果打开调试系统，则 Cortex-M1 内核支持调试系统。

① 可配置完整（full）模式和简化（reduced）模式。

a. 完整模式：包括 4 个 BreakPoint Unit 和 2 个 Data Watchpoint。

b. 简化模式：包括 2 个 BreakPoint Unit 和 1 个 Data Watchpoint。

② 可配置 DAP 端口。可选类型包括 JTAG/SW、JTAG、SW。

4) Memory

(1) ITCM：指令存储器。

可以选择内部指令存储器或外部指令存储器。内部指令存储器的深度可以配置为 1，2，4，8，16，32，64，128，256 KB，并且内部指令存储器可以配置初始值。

(2) DTCM：数据存储器。

可以选择内部数据存储器或外部数据存储器。内部数据存储器的深度可以配置为 1，2，4，8，16，32，64，128，256 KB。

5) 32 位硬件乘法器

硬件乘法器可选择 Normal 模式或 Small 模式。

2. AHB-Lite 扩展子系统

（1）AHB 总线，可选择配置 GPIO、CAN、Ethernet、DDR3 Memory、PSRAM、SPI-Flash、AHB Master [1-6]接口；

（2）APB 总线，可选择配置 UART0、UART1、Timer0、Timer1、Watch Dog、RTC、DualTimer、TRNG、I2C Master、SPI Master、SD-Card、APB Master [1-16]接口。

4.1.3　Gowin_EMPU_M1 系统端口

Gowin_EMPU_M1 系统端口的定义如表 4.1 所示。

表 4.1　Gowin_EMPU_M1 系统端口的定义

名　　称	I/O	位宽	描　　述	所属模块
HCLK	in	1	系统时钟	—
hwRstn	in	1	系统复位	—
LOCKUP	out	1	内核 Lockup 状态	—
HALTED	out	1	内核 Halt Debug 状态	Debug
JTAG_3	inout	1	TRST	Debug
JTAG_4	inout	1	GND	
JTAG_5	inout	1	TDI	
JTAG_6	inout	1	GND	
JTAG_7	inout	1	TMS/SWDIO	
JTAG_8	inout	1	GND	
JTAG_9	inout	1	TCK/SWDCLK	
JTAG_10	inout	1	GND	
JTAG_11	inout	1	RTCK	
JTAG_12	inout	1	GND	
JTAG_13	inout	1	TDO/SWO	
JTAG_14	inout	1	GND	
JTAG_15	inout	1	RESET	
JTAG_16	inout	1	GND	
JTAG_17	inout	1	NC	
JTAG_18	inout	1	GND	
GPIO	inout	[15:0]	GPIO 输入/输出	GPIO I/O
GPIOIN	in	[15:0]	GPIO 输入	GPIO
GPIOOUT	out	[15:0]	GPIO 输出	non-I/O
GPIOOUTEN	out	[15:0]	GPIO 输出使能	
UART0RXD	in	1	UART0 接收	UART0
UART0TXD	out	1	UART0 发送	

续表一

名　　称	I/O	位宽	描　　述	所属模块
UART1RXD	int	1	UART1 接收	UART1
UART1TXD	out	1	UART1 发送	
TIMER0EXTIN	in	1	Timer0 外部中断	Timer0
TIMER1EXTIN	in	1	Timer1 外部中断	Timer1
RTCSRCCLK	in	1	RTC 时钟源 32.768 kHz	RTC
SCL	inout	1	串行时钟	I2C I/O
SDA	inout	1	串行数据	
SCLIN	in	1	串行时钟输入	I2C non-I/O
SCLOUT	out	1	串行时钟输出	
SCLOUTEN	out	1	串行时钟输出使能	
SDAIN	in	1	串行数据输入	
SDAOUT	out	1	串行数据输出	
SDAOUTEN	out	1	串行数据输出使能	
MOSI	out	1	主设备输出/从设备输入	SPI
MISO	in	1	主设备输入/从设备输出	
SCLK	out	1	时钟信号	
NSS	out	1	从设备选择信号	
SD_SPICLK	in	1	SPI 时钟信号	SD-Card
SD_CLK	out	1	SD 时钟信号	
SD_CS	out	1	片选信号	
SD_DATAIN	in	1	数据输入	
SD_DATAOUT	out	1	数据输出	
SD_CARD_INIT	out	1	初始化 "0"	
SD_CHECKIN	in	1	输入检查	
SD_CHECKOUT	out	1	输出检查	
CAN_RX	in	1	数据输入	CAN
CAN_TX	out	1	数据输出	
RGMII_TXC	out	1	RGMII 发送时钟	Ethernet RGMII Interface
RGMII_TX_CTL	out	1	RGMII 发送控制	
RGMII_TXD	out	[3:0]	RGMII 发送数据	
RGMII_RXC	in	1	RGMII 接收时钟	
RGMII_RX_CTL	in	10	RGMII 接收控制	
RGMII_RXD	in	[3:0]	RGMII 接收数据	
GTX_CLK	in	1	RGMII 125 MHz 时钟输入	
GMII_RX_CLK	in	1	GMII 接收时钟	

名　　称	I/O	位宽	描　　述	所属模块
GMII_RX_DV	in	1	GMII 接收使能	
GMII_RXD	in	[7:0]	GMII 接收数据	
GMII_RX_ER	in	1	GMII 接收错误	
GTX_CLK	in	1	GMII 125 MHz 时钟输入	
GMII_GTX_CLK	out	1	GMII 发送时钟	
GMII_TXD	out	[7:0]	GMII 发送数据	
GMII_TX_EN	out	1	GMII 发送使能	
GMII_TX_ER	out	1	GMII 发送错误	
MII_RX_CLK	in	1	MII 接收时钟	
MII_RXD	in	[3:0]	MII 接收数据	
MII_RX_DV	in	1	MII 接收使能	
MII_RX_ER	in	1	MII 接收错误	
MII_TX_CLK	in	1	MII 发送时钟	Ethernet MII
MII_TXD	out	[3:0]	MII 发送数据	Interface
MII_TX_EN	out	1	MII 发送使能	
MII_TX_ER	out	1	MII 发送错误	
MII_COL	in	1	MII 冲突信号	
MII_CRS	in	1	MII 载波信号	
MDC	out	1	管理通道时钟	Ethernet
MDIO	inout	1	管理通道数据	
DDR_CLK_I	in	1	50 MHz 时钟输入	
DDR_INIT_COMPL ETE_O	out	1	初始化完成信号	
DDR_ADDR_O	out	[15:0]	Row 地址、Column 地址	
DDR_BA_O	out	[2:0]	Bank 地址	
DDR_CS_N_O	out	1	片选信号	
DDR_RAS_N_O	out	1	Row 地址选通信号	
DDR_CAS_N_O	out	1	Column 地址选通信号	DDR3
DDR_WE_N_O	out	1	Row 写使能	
DDR_CLK_O	out	1	提供给 DDR3 SDRAM 的时钟信号	
DDR_CLK_N_O	out	1	与 DDR_CLK_O 组成差分信号	
DDR_CKE_O	out	1	DDR3 SDRAM 时钟使能信号	
DDR_ODT_O	out	1	内存信号端接电阻控制	
DDR_RESET_N_O	out	1	DDR3 SDRAM 复位信号	
DDR_DQM_O	out	[1:0]	DDR3 SDRAM 数据屏蔽信号	

续表三

名　　称	I/O	位宽	描　　述	所属模块
DDR_DQ_IO	inout	[15:0]	DDR3 SDRAM 数据	
DDR_DQS_IO	inout	[1:0]	DDR3 SDRAM 数据选通信号	
DDR_DQS_N_IO	inout	[1:0]	与 DDR_DQS_IO 组成差分信号	
O_psram_ck	out	[1:0]	提供给 PSRAM 的时钟信号	
O_psram_ck_n	out	[1:0]	与 O_psram_ck 组成差分信号	
IO_psram_rwds	inout	[1:0]	PSRAM 数据选通信号及掩码信号	
IO_psram_dq	inout	[15:0]	PSRAM 数据	
O_psram_reset_n	out	[1:0]	PSRAM 复位信号	
O_psram_cs_n	out	[1:0]	片选，低有效	PSRAM
init_calib	out	1	初始化完成信号	
psram_ref_clk	in	1	参考输入时钟，一般为板载晶振时钟	
psram_memory_clk	in	1	用户输入颗粒工作时钟，一般为 PLL 倍频出来的高速时钟，也可以不使用 PLL	
FLASH_SPI_HOLDN	inout	1	NC	
FLASH_SPI_CSN	inout	1	从设备选择信号	
FLASH_SPI_MISO	inout	1	主设备输入/从设备输出	
FLASH_SPI_MOSI	inout	1	主设备输出/从设备输入	SPI-Flash
FLASH_SPI_WPN	inout	1	NC	
FLASH_SPI_CLK	inout	1	时钟信号	
APB*n*PSTRB	out	[3:0]	APBn PSTRB	
APB*n*PPROT	out	[2:0]	APBn PPROT	
APB*n*PSEL	out	1	APBn PSEL	
APB*n*PENABLE	out	1	APBn PENABLE	
APB*n*PADDR	out	[31:0]	APBn PADDR	
APB*n*PWRITE	out	1	APBn PWRITE	APB
APB*n*PWDATA	out	[31:0]	APBn PWDATA	Master [*n*]
APB*n*PRDATA	in	[31:0]	APBn PRDATA	注：*n* 为 1～16
APB*n*PREADY	in	1	APBn PREADY	
APB*n*PSLVERR	in	1	APBn PSLVERR	
APB*n*PCLK	out	1	APBn PCLK	
APB*n*PRESET	out	1	APBn RESET	
EXTFLASH0HSEL	out	1	External Flash HSEL	External
EXTFLASH0HADDR	out	[31:0]	External Flash HADDR	Instruction
EXTFLASH0HTRANS	out	[1:0]	External Flash HTRANS	Memory

续表四

名　称	I/O	位宽	描　述	所属模块
EXTFLASH0HWRITE	out	1	External Flash HWRITE	
EXTFLASH0HSIZE	out	[2:0]	External Flash HSIZE	
EXTFLASH0HBURST	out	[2:0]	External Flash HBURST	
EXTFLASH0HPROT	out	[3:0]	External Flash HPROT	
EXTFLASH0HWDATA	out	[31:0]	External Flash HWDATA	
EXTFLASH0HMAST LOCK	out	1	External Flash HMASTLOCK	
EXTFLASH0HREAD YMUX	out	1	External Flash HREADYMUX	
EXTFLASH0HRDATA	in	[31:0]	External Flash HRDATA	
EXTFLASH0HREAD YOUT	in	1	External Flash HREDAYOUT	
EXTFLASH0HRESP	in	[1:0]	External Flash HRESP	
EXTFLASH0HMASTER	out	[3:0]	External Flash MASTER	
EXTFLASH0HCLK	out	1	External Flash HCLK	
EXTFLASH0HRESET	out	1	External Flash RESET	
EXTSRAM0HSEL	out	1	External SRAM HSEL	
EXTFLASH0HADDR	out	[31:0]	External Flash HADDR	
EXTFLASH0HTRANS	out	[1:0]	External Flash HTRANS	
EXTFLASH0HWRITE	out	1	External Flash HWRITE	
EXTFLASH0HSIZE	out	[2:0]	External Flash HSIZE	
EXTFLASH0HBURST	out	[2:0]	External Flash HBURST	
EXTFLASH0HPROT	out	[3:0]	External Flash HPROT	
EXTFLASH0HWDATA	out	[31:0]	External Flash HWDATA	
EXTFLASH0HMAST LOCK	out	1	External Flash HMASTLOCK	External Data Memory
EXTFLASH0HREAD YMUX	out	1	External Flash HREADYMUX	
EXTFLASH0HRDATA	in	[31:0]	External Flash HRDATA	
EXTFLASH0HREAD YOUT	in	1	External Flash HREDAYOUT	
EXTFLASH0HRESP	in	[1:0]	External Flash HRESP	
EXTFLASH0HMASTER	out	[3:0]	External Flash MASTER	
EXTFLASH0HCLK	out	1	External Flash HCLK	
EXTFLASH0HRESET	out	1	External Flash RESET	

续表五

名　　称	I/O	位宽	描　　述	所属模块
EXTSRAM0HSEL	out	1	External SRAM HSEL	External Data Memory
EXTSRAM0HADDR	out	[31:0]	External SRAM HADDR	
EXTSRAM0HTRANS	out	[1:0]	External SRAM HTRANS	
EXTSRAM0HWRITE	out	1	External SRAM HWRITE	
EXTSRAM0HSIZE	out	[2:0]	External SRAM HSIZE	
EXTSRAM0HBURST	out	[2:0]	External SRAM HBURST	
EXTSRAM0HPROT	out	[3:0]	External SRAM HPROT	
EXTSRAM0HWDATA	out	[31:0]	External SRAM HWDATA	
EXTSRAM0HMAST LOCK	out	1	External SRAM HMASTLOCK	
EXTSRAM0HREAD YMUX	out	1	External SRAM HREADYMUX	
EXTSRAM0HRDATA	in	[31:0]	External SRAM HRDATA	
EXTSRAM0HREAD YOUT	in	1	External RAM HREDAYOUT	
EXTSRAM0HRESP	in	[1:0]	External SRAM HRESP	
EXTSRAM0HMASTER	out	[3:0]	External SRAM MASTER	
EXTSRAM0HCLK	out	1	External SRAM HCLK	
EXTSRAM0HRESET	out	1	External SRAM RESET	
AHBnHSEL	out	1	AHBn HSEL	AHB Master [n] 注：n 为 1～6
AHBnHADDR	out	[31:0]	AHBn HADDR	
AHBnHTRANS	out	[1:0]	AHBn HTRANS	
AHBnHWRITE	out	1	AHBn HWRITE	
AHBnHSIZE	out	[2:0]	AHBn HSIZE	
AHBnHBURST	out	[2:0]	AHBn HBURST	
AHBnHPROT	out	[3:0]	AHBn HPROT	
AHBnHWDATA	out	[31:0]	AHBn HWDATA	
AHBnHMASTLOCK	out	1	AHBn HMASTLOCK	
AHBnHREADYMUX	out	1	AHBn HREADYMUX	
AHBnHRDATA	in	[31:0]	AHBn HRDATA	
AHBnHREADYOUT	in	1	AHBn HREDAYOUT	
AHBnHRESP	in	[1:0]	AHBn HRESP	
AHBnHMASTER	out	[3:0]	AHBn MASTER	
AHBnHCLK	out	1	AHBn HCLK	
AHBnHRESET	out	1	AHBn RESET	

4.1.4 Gowin_EMPU_M1 **系统资源统计**

Gowin_EMPU_M1 系统资源统计如表 4.2 所示。

表 4.2 Gowin_EMPU_M1 系统资源统计

配　置	资　源			
	LUTs	Registers	BSRAMs	DSP Macros
Cortex-M1 最小配置且没有外设	3034	1046	8	0
Cortex-M1 默认配置且没有外设	5237	2322	32	2
Cortex-M1 默认设置且外设配置 GPIO/UART/Timer/WatchDog	6961	3103	32	2
Cortex-M1 默认设置且配置所有外设	21 029	12 929	48	2

4.2   Gowin_EMPU_M1 **硬件设计**

4.2.1   Gowin_EMPU_M1 **硬件设计流程**

Gowin_EMPU_M1 的硬件设计基本流程如下：

(1) 利用 IP Core Generator 工具配置 Cortex-M1、APB Bus Peripherals 和 AHB Bus Peripherals，产生 Gowin_EMPU_M1 硬件设计，导入工程。

(2) 在工程中实例化 Gowin_EMPU_M1 Top Module，导入用户设计，连接用户设计与 Gowin_EMPU_M1 Top Module。

(3) 对设计进行物理约束和时序约束。

(4) 使用综合工具 GowinSynthesis 综合工程。

(5) 使用布局布线工具 Place & Route 对设计工程进行布局布线，产生硬件设计码流文件。

(6) 使用下载工具 Programmer 下载硬件设计码流到芯片上。

4.2.2   Gowin_EMPU_M1 **设计与参数配置**

创建或打开需要使用 Gowin_EMPU_M1 的工程，使用 IP Core Generator 工具，产生 Gowin_EMPU_M1 硬件设计。选择菜单 Tools→IP Core Generator 命令，或直接点击工具栏 IP Core Generator 的快捷按钮，打开 IP Core Generator 界面，如图 4.2 所示。

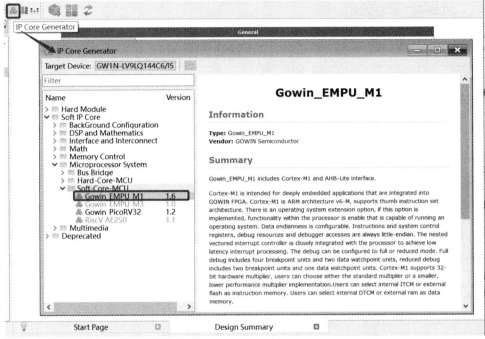

图 4.2　在 IP Core Generator 中选择 Gowin_EMPU_M1

在 IP Core Generator 界面，选择 Soft IP Core→Microprocessor System→Soft-Core-MCU→ Gowin_EMPU_M1 1.6，双击鼠标左键，打开如图 4.3 所示的 Gowin EMPU M1 系统配置页面。该系统配置页面包括 Core-M1、APB Bus 和 AHB Bus 配置选项。

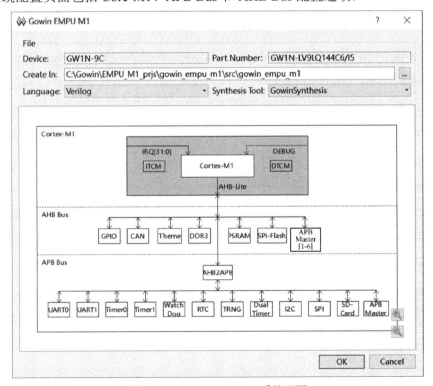

图 4.3　Gowin EMPU M1 系统配置

1. Cortex-M1 硬件设计

Cortex-M1 硬件设计配置选项如表 4.3 所示。

表 4.3　Cortex-M1 硬件设计配置选项

配置选项	描　　述
Number of terrupts	配置 Cortex-M1 的外部中断数量，可选择 1、8、16 或 32，默认为 32
OS Extension	配置 Cortex-M1 是否支持操作系统，默认为支持
Small Multiplier	配置 Cortex-M1 的 Small 模式硬件乘法器，默认为 Normal 模式
Big Endian	配置 Cortex-M1 的数据大端格式，默认为数据小端格式
Enable Debug	使能 Cortex-M1 的 Debug 功能，默认为使能 Debug
Debug Port Select	配置调试器接口，可以选择 JTAG、Serial Wire 或 JTAG and Serial Wire，默认为 JTAG and Serial Wire
Small Debug	配置 Small 模式调试器，默认为 Full 模式调试器
ITCM Select	选择内部或外部指令存储器，默认为内部指令存储器
ITCM Size	配置内部指令存储器 Size，可以选择 1，2，4，8，16，32，64，128，256 KB。 (1) GW1N-9/GW1NR-9/GW1N-9C/GW1NR-9C 最大选择 32 KB，默认为 16 KB。 (2) GW2AN-9X/GW2AN-18X 最大选择 32 KB，默认为 16 KB。 (3) GW2A-18/GW2A-18C/GW2AR-18/GW2AR-18C/GW2ANR-1 8C 最大选择 64 KB，默认为 32 KB。 (4) GW2A-55/GW2A-55C/GW2AN-55C 最大选择 256 KB，默认为 64 KB
Initialize ITCM	使能 ITCM 初始化，默认为禁用
ITCM Initialization Path	ITCM 初始值文件路径
DTCM Select	选择内部或外部数据存储器，默认为内部数据存储器
DTCM Size	配置内部数据存储器 Size，可以选择 1，2，4，8，16，32，64，128，256 KB。 (1) GW1N-9/GW1NR-9/GW1N-9C/GW1NR-9C 最大选择 32 KB，默认为 16 KB。 (2) GW2AN-9X/GW2AN-18X 最大选择 32 KB，默认为 16 KB。 (3) GW2A-18/GW2A-18C/GW2AR-18/GW2AR-18C/GW2ANR-18C 最大选择 64 KB，默认为 32 KB。 (4) GW2A-55/GW2A-55C/GW2AN-55C 最大选择 256 KB，默认为 64 KB

在图 4.3 所示的 Gowin EMPU M1 系统配置页面，在 Cortex-M1 上双击鼠标左键，打开 Cortex-M1 的配置选项，如图 4.4 所示。该页面包括通用配置(Common)、调试配置(Debug) 和存储配置(Memory)三个选项。

1) 通用配置

通用配置(Common)选项页面如图 4.4 所示，该页面可以配置 Number of interrupts(中断数量)、OS Extension(操作系统扩展)、Small Multiplier(乘法器模式)和 Big Endian(数据存储格式)。

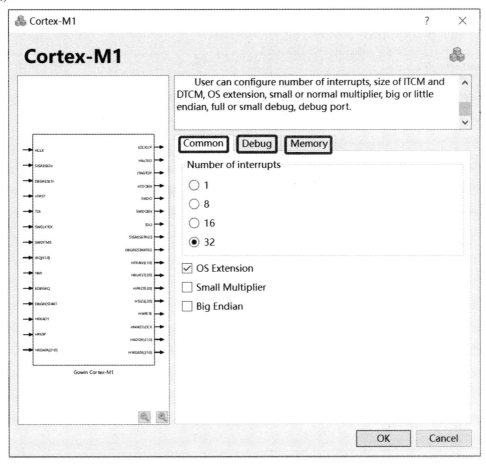

图 4.4　Cortex-M1 配置选项——通用配置选项页面

(1) Number of interrupts：可以选择 1、8、16 或 32，可以配置 1 个、8 个、16 个或 32 个外部中断，默认为 32 个。

(2) OS Extension：如果选择 OS Extension，则 Cortex-M1 扩展支持操作系统，默认为支持操作系统扩展。

(3) Small Multiplier：如果选择 Small Multiplier，则 Cortex-M1 支持 Small 乘法器，否则支持 Normal 乘法器，默认为 Normal 乘法器。

(4) Big Endian：如果选择 Big Endian，则 Cortex-M1 支持数据大端格式，否则支持数据小端格式，默认为数据小端格式。

2) 调试配置

调试配置(Debug)选项页面如图 4.5 所示，该页面可以配置 Enable Debug(使能调试)、Debug Port Select(调试接口)和 Small Debug(调试器模式)。

(1) Enable Debug：如果选择 Enable Debug，则 Cortex-M1 支持调试功能，否则 Cortex-M1 不支持调试功能，默认为使能 Debug。

(2) Debug Port Select：可以选择 JTAG、Serial Wire 或 JTAG and Serial Wire，默认为 JTAG and Serial Wire。

(3) Small Debug：如果选择 Small Debug，则 Cortex-M1 支持 Small 模式调试器，否则支持 Full 模式调试器，默认为 Full 模式调试器。

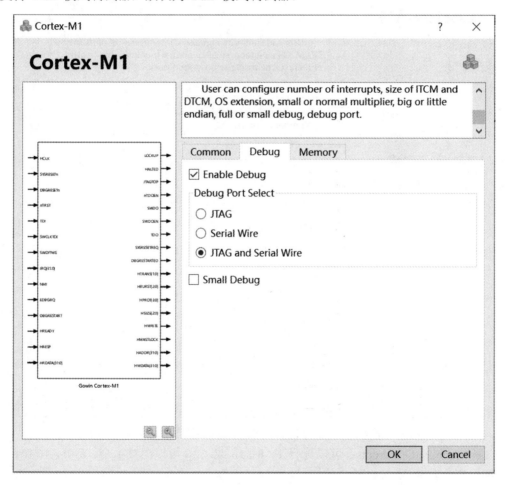

图 4.5　Cortex-M1 配置选项——调试配置选项页面

3) 存储配置

存储配置选项页面如图 4.6 所示，该页面可以配置 ITCM 和 DTCM，配置完后点击 OK 按钮。

(1) ITCM Select 配置。该项可以选择 Internal Instruction Memory 或 External Instruction Memory，默认为 Internal Instruction Memory。

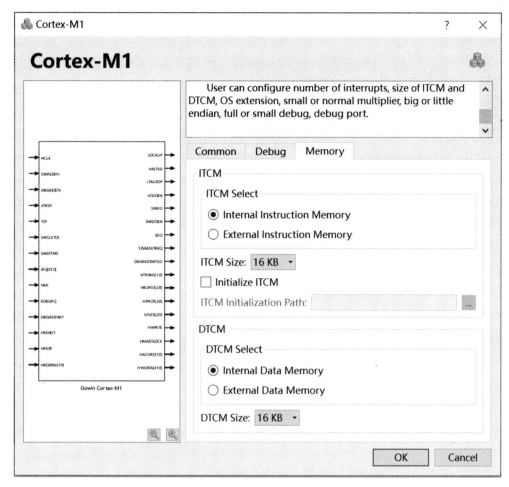

图 4.6　Cortex-M1 配置选项——存储配置选项页面

① Internal Instruction Memory：内部指令存储器，片内 Block RAM 硬件存储资源，起始地址为 0x00000000。

② External Instruction Memory：外部指令存储器，如 DDR3/Flash，起始地址为 0x00000000。

(2) ITCM Size 配置。选择该配置的前提条件是已选择 Internal Instruction Memory。该选项可以选择 1 KB、2 KB、4 KB、8 KB、16 KB、32 KB、64 KB、128 KB 或 256 KB。

① 对于 GW1N-9/GW1NR-9/GW1N-9C/GW1NR-9C，ITCM Size 最大选择为 32 KB，默认为 16 KB。

② 对于 GW2AN-9X/GW2AN-18X，ITCM Size 最大选择为 32 KB，默认为 16 KB。

③ 对于 GW2A-18/GW2A-18C/GW2AR-18/GW2AR-18C/GW2ANR-18C，ITCM Size 最大选择为 64 KB，默认为 32 KB。

④ 对于 GW2A-55/GW2A-55C/GW2AN-55C，ITCM Size 最大选择为 256 KB，默认为 64 KB。

(3) ITCM Initialization 配置。选择该配置的前提条件是已选择 Internal Instruction Memory。如果选择 Initialize ITCM，则支持 ITCM 初始化，可以在 ITCM Initialization Path

中导入 ITCM 初始值文件的路径。如果选择使用片外 SPI-Flash 下载启动方式，则 ITCM 初始值根据不同的 ITCM Size 导入不同的 bootload 文件路径。

（4）DTCM Select 配置。该配置可以选择 Internal Data Memory 或 External Data Memory，默认为 Internal Data Memory。

① Internal Data Memory：内部数据存储器，片内 Block RAM 硬件存储资源，起始地址为 0x20000000。

② External Data Memory：外部数据存储器，如 DDR3，起始地址为 0x20100000。

（5）DTCM Size 配置。选择该配置的前提条件是已选择 Internal Data Memory，可以选择 1 KB、2 KB、4 KB、8 KB、16 KB、32 KB、64 KB、128 KB 或 256 KB。

① 对于 GW1N-9/GW1NR-9/GW1N-9C/GW1NR-9C，DTCM Size 最大选择为 32 KB，默认为 16 KB。

② 对于 GW2AN-9X/GW2AN-18X，DTCM Size 最大选择为 32 KB，默认为 16 KB。

③ 对于 GW2A-18/GW2A-18C/GW2AR-18/GW2AR-18C/GW2ANR-18C，DTCM Size 最大选择为 64 KB，默认为 32 KB。

④ 对于 GW2A-55/GW2A-55C/GW2AN-55C，DTCM Size 最大选择为 256 KB，默认为 64 KB。

ITCM 与 DTCM Size 配置限制

进行 ITCM 与 DTCM Size 配置限制的前提条件是已选择 Internal Instruction Memory 和 Internal Data Memory。

对于 GW1N-9/GW1NR-9/GW1N-9C/GW1NR-9C，ITCM 或 DTCM 最大可配置为 32 KB，如果 ITCM 或 DTCM 某个存储器已配置为 32 KB，则另一个存储器最大只能配置为 16 KB。

对于 GW2AN-9X/GW2AN-18X，ITCM 或 DTCM 最大可配置为 32 KB，如果 ITCM 或 DTCM 中某个存储器已配置为 32 KB，则另一个存储器最大只能配置为 16 KB。

对于 GW2A-18/GW2A-18C/GW2AR-18/GW2AR-18C/GW2ANR-18C，ITCM 或 DTCM 最大可配置为 64 KB，如果 ITCM 或 DTCM 中某个存储器已配置为 64 KB，则另一个存储器最大只能配置为 16 KB。

对于 GW2A-55/GW2A-55C/GW2AN-55C，ITCM 或 DTCM 最大可配置为 256 KB，如果 ITCM 或 DTCM 中某个存储器已配置为 256 KB，则另一个存储器最大只能配置为 16 KB。

非 BlockRAM 的 ITCM/DTCM 解决方案

内嵌 UserFlash 作指令存储器：GW1N-9C/GW1NR-9C 可以选择内嵌 UserFlash 作为指令存储器，其设计及文档请参考...\solution\running_in_userflash\DK_START_GW1N9_V1.1，指令存储器的起始地址为 0x00000000。

片外 DDR3 作指令存储器和数据存储器：可以选择片外 DDR3 作为指令存储器和数据存储器，设计及文档请参考...\solution\running_in_ddr3\DK_START_GW2A55_V1.3，指令存储器的起始地址为 0x100000，数据存储器的起始地址为 0x20100000。

注：软件编程二进制 BIN 文件并将其下载到片外 SPI-Flash 上，上电后从片外 SPI-Flash 上搬运到 DDR3 指令存储器地址段启动运行。

2. AHB-Lite Extension 硬件设计

AHB-Lite Extension 配置选项如表 4.4 所示。

表 4.4　AHB-Lite Extension 配置选项

配置选项	描　　　述
Enable GPIO	使能 GPIO，默认关闭
Enable GPIO I/O	使能 GPIO inout 端口类型，默认使能
Enable CAN	使能 CAN，默认关闭
Buffer Depth	CAN 选择 Buffer Depth，默认值为 256
Enable Ethernet	使能 Ethernet，默认关闭
Interface	Ethernet 选择 Interface (RGMII/GMII/MII)，默认为 RGMII
RGMII Input Delay	RGMII 输入延时，默认值为 100
MIIM Clock Divider	MIIM 时钟分频器，默认值为 20
Enable DDR3	使能 DDR3 Memory，默认关闭
Enable PSRAM	使能 PSRAM，默认关闭
Enable SPI-Flash	使能 SPI-Flash 下载功能和 Memory 读、写、擦除功能，　默认关闭
Enable AHB Master [n]	使能 AHB Master [n] (n 取值为 1～6)，默认关闭
Enable UART0	使能串口 0，默认关闭
Enable UART1	使能串口 1，默认关闭
Enable Timer0	使能定时器 0，默认关闭
Enable Timer1	使能定时器 1，默认关闭
Enable WatchDog	使能看门狗，默认关闭
Enable RTC	使能 RTC，默认关闭
Enable TRNG	使能 TRNG，默认关闭
Enable DualTimer	使能 DualTimer，默认关闭
Enable I2C	使能 I2C，默认关闭
Enable I2C I/O	使能 I2C inout 端口类型，默认使能
Enable SPI	使能 SPI，默认关闭
Enable SD-Card	使能 SD-Card，默认关闭
Enable APB Master [n]	使能 APB Master [n] (n 取值为 1～6)，默认关闭

1) GPIO 配置

在图 4.3 中，用鼠标左键双击 GPIO，可以选择配置 GPIO，如图 4.7 所示。

(1) 如果选择 Enable GPIO，则 Gowin_EMPU_M1 支持 GPIO，默认关闭。

(2) 如果已经选择 Enable GPIO，则可以配置 GPIO 端口类型。

(3) 如果选择 Enable GPIO I/O，则 GPIO 支持输入/输出端口类型，默认支持。

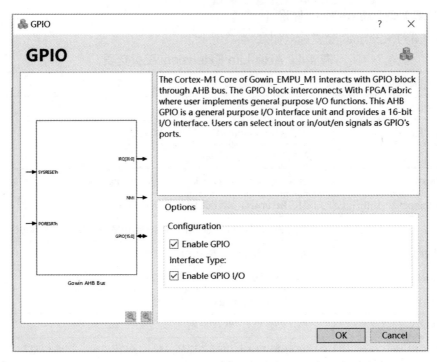

图 4.7　GPIO 配置页面

2) CAN 配置

在图 4.3 中，用鼠标左键双击打开 CAN，可以选择配置 CAN 总线，如图 4.8 所示。

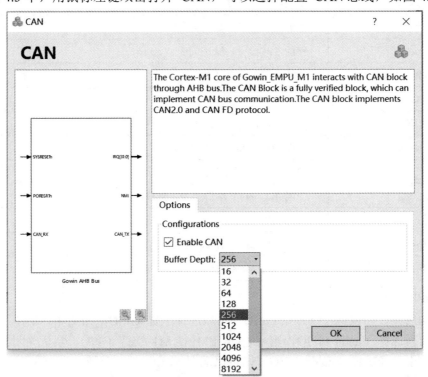

图 4.8　CAN 总线配置页面

(1) 如果选择 Enable CAN，则 Gowin_EMPU_M1 支持 CAN，默认关闭。

(2) 如果已经选择 Enable CAN，则可以配置 Buffer Depth。

(3) 选择 Buffer Depth 右侧的选项，即可配置 Buffer Depth，其默认值为 256。

3) Ethernet 配置

在图 4.3 中，用鼠标左键双击打开 Ethernet，可以选择配置 Ethernet，如图 4.9 所示。

(1) 如果选择 Enable Ethernet，则 Gowin_EMPU_M1 支持 Ethernet，默认关闭。

(2) 如果已经选择 Enable Ethernet，则可以配置 Interface、RGMII Input Delay、MIIM Clock Divider。

① 选择 Interface，可以选择配置 RGMII、GMII、MII 或 GMII/MII，默认为 RGMII。

② 如果选择 Interface 为 RGMII，则可以选择配置 RGMII Input Delay，默认值为 100。

③ 选择 MIIM Clock Divider，可以配置 MIIM Clock Divider，默认值为 20。

(3) 如果 Interface 选择 RGMII 或 GMII，则端口 GTX_CLK 必须接入 125 MHz 时钟输入。

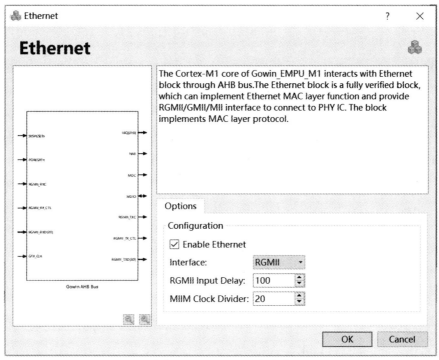

图 4.9　Ethernet 配置页面

4) DDR3 配置

在图 4.3 中，用鼠标左键双击打开 DDR3，可以选择配置 DDR3，如图 4.10 所示。

(1) 如果选择 Enable DDR3，则 Gowin_EMPU_M1 支持 DDR3 Memory，默认关闭。

(2) DDR3 内部时钟频率为 150 MHz。

(3) DDR3 端口 DDR_CLK_I 必须接入 50 MHz 时钟输入。

(4) GW2AN-9X/GW2AN-18X 不支持选择 DDR3。

(5) GW1N-9/GW1N-9C/GW1NR-9/GW1NR-9C 不支持 DDR3。

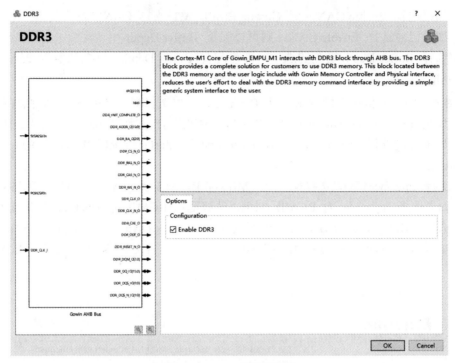

图 4.10　DDR3 配置页面

5) SPI-Flash 配置

SPI-Flash 支持下载功能以及 Memory 读、写、擦除功能。在图 4.3 中，用鼠标左键双击打开 SPI-Flash，可以选择配置 SPI-Flash，如图 4.11 所示。

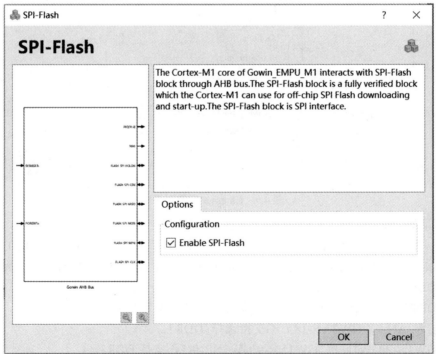

图 4.11　SPI-Flash 配置页面

(1) 如果选择 Enable SPI-Flash，则 Gowin_EMPU_M1 支持 SPI-Flash，默认关闭。

(2) 如果 Gowin_EMPU_M1 使用片外 SPI-Flash 下载启动方式，则必须选择 Enable SPI-Flash。

6) AHB Master [1-6]配置

在图 4.3 中，用鼠标左键双击打开 AHB Master [1-6]，可以选择配置 AHB Master [1-6]，如图 4.12 所示。

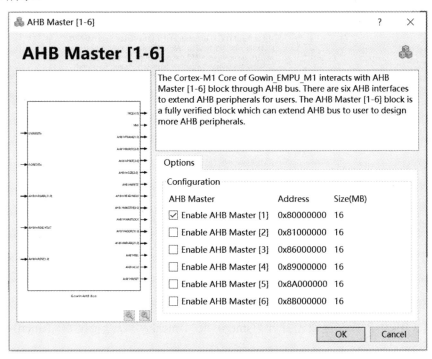

图 4.12　AHB Master[1-6]配置页面

如果选择 Enable AHB Master [n](n 可选择 1～6)，则 Gowin_EMPU_M1 支持 AHB Master [n]，用户可以在此接口扩展 AHB 外部设备，默认关闭。

AHB Master [1-6]的起始地址和地址空间的定义如表 4.5 所示。

表 4.5　AHB Master[1-6]的起始地址和地址空间的定义

AHB 总线接口	起始地址	Size /MB
AHB Master [1]	0x80000000	16
AHB Master [2]	0x81000000	16
AHB Master [3]	0x86000000	16
AHB Master [4]	0x89000000	16
AHB Master [5]	0x8A000000	16
AHB Master [6]	0x8B000000	16

如果用户在此 AHB 扩展接口上扩展的 AHB 外部设备需要支持外部中断信号，可选择以 GPIO[15:0]模拟外部中断信号。

7) UART 配置

在图 4.3 中，用鼠标左键双击打开 UART0 或 UART1，可以选择配置 UART0 或 UART1，如图 4.13 所示。

(1) 如果选择 Enable UART0，则 Gowin_EMPU_M1 支持 UART0，默认关闭。

(2) 如果选择 Enable UART1，则 Gowin_EMPU_M1 支持 UART1，默认关闭。

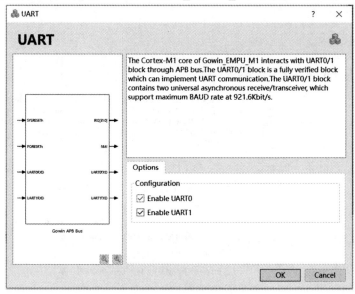

图 4.13　UART 配置页面

8) Timer 配置

在图 4.3 中，用鼠标左键双击打开 Timer0 或 Timer1，可以选择配置 Timer0 或 Timer1，如图 4.14 所示。

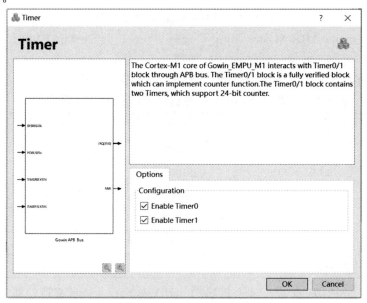

图 4.14　Timer 配置页面

（1）如果选择 Enable Timer0，则 Gowin_EMPU_M1 支持 Timer0，默认关闭。

（2）如果选择 Enable Timer1，则 Gowin_EMPU_M1 支持 Timer1，默认关闭。

9）WatchDog 配置

在图 4.3 中，用鼠标左键双击打开 WatchDog，可以选择配置 WatchDog，如图 4.15 所示。如果选择 Enable WatchDog，则 Gowin_EMPU_M1 支持 WatchDog，默认关闭。

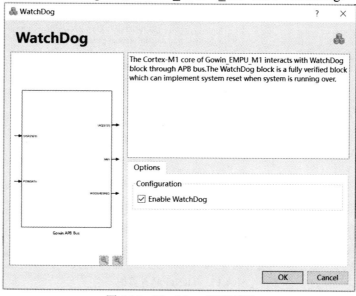

图 4.15　WatchDog 配置页面

10）RTC 配置

在图 4.3 中，用鼠标左键双击打开 RTC 可进行页面配置，如图 4.16 所示。如果选择 Enable RTC，则 Gowin_EMPU_M1 支持 RTC，默认关闭。端口 RTCSRCCLK 接入 3.072 MHz 时钟输入，RTC 内部分频为 1 Hz。

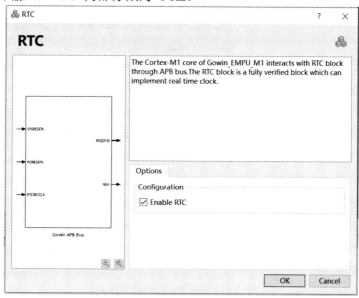

图 4.16　RTC 配置页面

11) TRNG 配置

在图 4.3 中，用鼠标左键双击打开 TRNG 可进行页面配置，如图 4.17 所示。如果选择 Enable TRNG，则 Gowin_EMPU_M1 支持 TRNG，默认关闭。

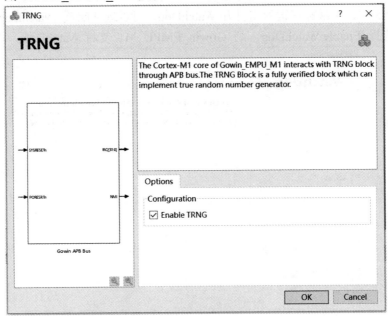

图 4.17   TRNG 配置页面

12) DualTimer 配置

在图 4.3 中，用鼠标左键双击打开 DualTimer 可进行页面配置，如图 4.18 所示。如果选择 Enable DualTimer，则 Gowin_EMPU_M1 支持 DualTimer，默认关闭。

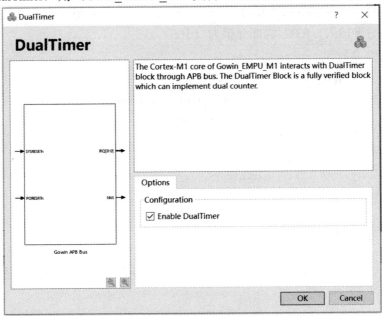

图 4.18   DualTimer 配置页面

13) I2C 配置

在图 4.3 中，用鼠标左键双击打开 I2C 可进行页面配置 I2C Master，如图 4.19 所示。

(1) 如果选择 Enable I2C，则 Gowin_EMPU_M1 支持 I2C Master，默认关闭。

(2) 如果已经选择 Enable I2C，则可以配置 I2C Master 端口类型。

(3) 如果选择 Enable I2C I/O，则 I2C Master 支持 in/out 输入/输出端口类型，默认支持。

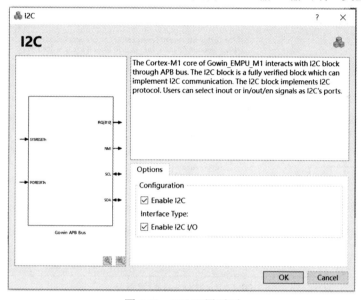

图 4.19　I2C 配置页面

14) SPI 配置

在 4.3 中，用鼠标左键双击打开 SPI 可进行页面配置 SPI Master，如图 4.20 所示。如果选择 Enable SPI，则 Gowin_EMPU_M1 支持 SPI Master，默认关闭。

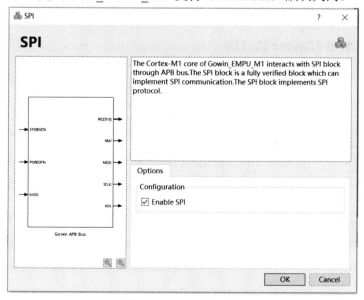

图 4.20　SPI 配置页面

15) SD-Card 配置

在图 4.3 中，用鼠标左键双击打开 SD-Card 可进行页面配置，如图 4.21 所示。

(1) 如果选择 Enable SD-Card，则 Gowin_EMPU_M1 支持 SD-Card，默认关闭。

(2) SD-Card 端口 SD_SPICLK，必须接入 30 MHz 的时钟输入。

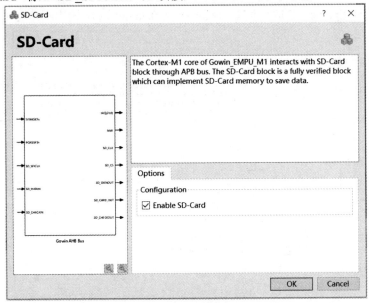

图 4.21　SD-Card 配置页面

16) APB Master [1-16]配置

在图 4.3 中，用鼠标左键双击打开 APB Master [1-16]页面可进行页面配置，如图 4.22 所示。如果选择 Enable APB Master [n](n 为 1～16)，则 Gowin_EMPU_M1 支持 APB Master [n]用户 APB 总线扩展接口，用户可以在此接口扩展 APB 外部设备，默认关闭。

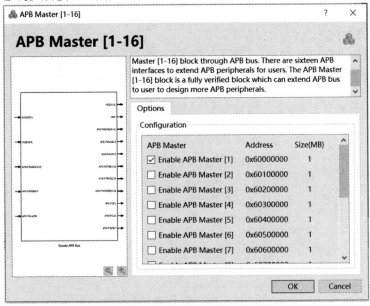

图 4.22　APB Master [1-16]配置页面

APB Master [1-16]用户 APB 总线扩展接口的起始地址和地址空间定义如表 4.6 所示。

表 4.6　APB Master[1-16]地址定义

APB 总线接口	起始地址	Size (MB)
APB Master [1]	0x60000000	1
APB Master [2]	0x60100000	1
APB Master [3]	0x60200000	1
APB Master [4]	0x60300000	1
APB Master [5]	0x60400000	1
APB Master [6]	0x60500000	1
APB Master [7]	0x60600000	1
APB Master [8]	0x60700000	1
APB Master [9]	0x60800000	1
APB Master [10]	0x60900000	1
APB Master [11]	0x60A00000	1
APB Master [12]	0x60B00000	1
APB Master [13]	0x60C00000	1
APB Master [14]	0x60D00000	1
APB Master [15]	0x60E00000	1
APB Master [16]	0x60F00000	1

　　如果用户在此 APB 扩展接口上扩展的 APB 外部设备需要支持外部中断信号，可选择 GPIO[15:0]模拟外部中断信号，也可以联系技术支持进行定制。

17) PSRAM 配置

在图 4.3 中，用鼠标左键双击打开 PSRAM 可进行页面配置，如图 4.23 所示。

(1) 如果选择 Enable PSRAM，则 Gowin_EMPU_M1 支持 PSRAM，默认关闭。

(2) 下面的器件(GW2AR-18/GW2AR-18C)支持 Gowin_EMPU_M1 PSRAM：

① GW2AR-LV18QN88PC8/I7；

② GW2AR-LV18QN88PC7/I6；

③ GW2AR-LV18EQ144PC8/I7；

④ GW2AR-LV18EQ144PC7/I6；

⑤ GW2AR-LV18EQ144PC9/I8。

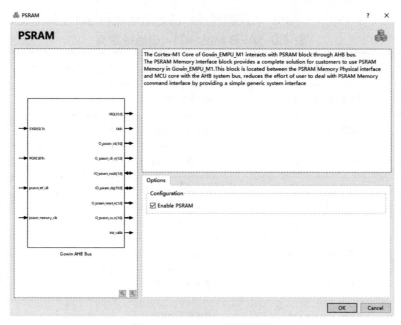

图 4.23　PSRAM 配置页面

4.2.3　Gowin_EMPU_M1 加入设计工程

1. 将 Gowin_EMPU_M1 加入设计工程

将 Gowin_EMPU_M1 加入设计工程的步骤如下：

(1) 完成 Gowin_EMPU_M1 配置后，在 Gowin EMPU M1 界面点击 OK 按钮，在弹出的 Confirm 窗口点击 Yes 按钮，如图 4.24 所示，产生 Gowin_EMPU_M1 硬件设计；在弹出的 Generation success 窗口会提示 "Do you want to add generated file(s) to current project?"，直接点击 OK 按钮。

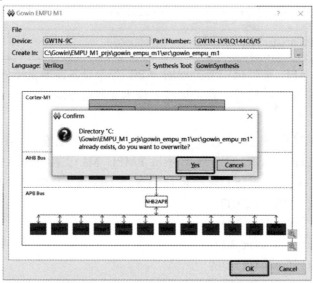

图 4.24　产生 Gowin EMPU M1 处理器核

（2）在设计工程代码中实例化 Gowin_EMPU_M1 Top Module。

（3）在用户设计中，连接 Gowin_EMPU_M1 Top Module 与用户设计接口信号，形成完整的 RTL 设计。

（4）完成用户 RTL 设计后，根据使用的开发板和需要输出的 IO，产生物理约束文件；根据时序要求，产生时序约束文件。

2. 综合选项配置

在 Gowin 云源软件中，选择菜单 Project→Configuration 命令，在 Configuration 对话框进行综合选项配置，如图 4.25 所示。

（1）根据设计中的实际顶层模块名称，配置 Top Module/Entity。

（2）根据设计中的实际文件引用路径，配置 Include Path。

（3）配置 Verilog Language，如 System Verilog 2017。

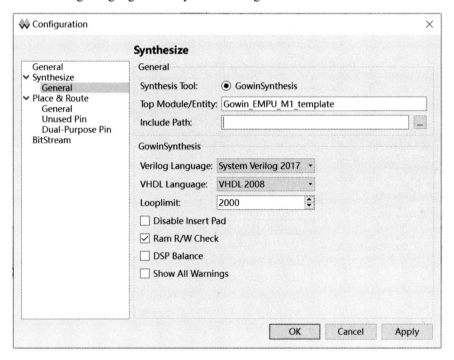

图 4.25　Gowin 工程综合选项配置界面

3. Post-Place File 配置

如果使用 Gowin_EMPU_M1 软件编程设计和硬件设计自动化合并的下载方法，则需要在 Configuration 中配置 Place & Route→General→Generate Post-Place File 选项的值为 True，产生 Post-Place File，如图 4.26 所示。

4. Dual-Purpose Pin 配置

如果 Gowin_EMPU_M1 使用片外 SPI-Flash 下载启动方式，则复用 MSPI 端口为通用端口，如图 4.27 所示，否则不需要配置端口复用。

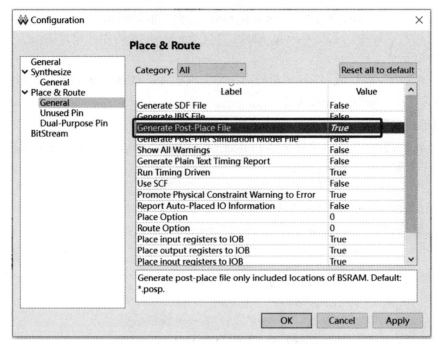

图 4.26 Gowin 工程 Post-Place File 配置界面

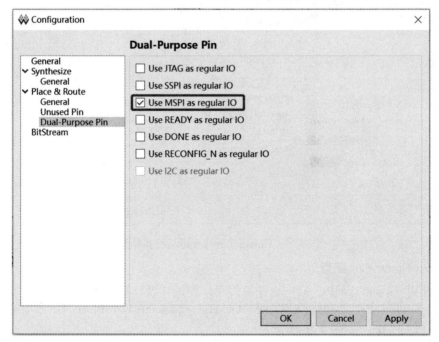

图 4.27 Gowin 工程 Dual-Purpose Pin 配置界面

5. 综合与布局布线

相关配置设置好以后，即可在 Gowin 云源软件中加入 Gowin_EMPU_M1 的工程，利用综合工具 GowinSynthesis 完成 RTL 设计的综合，利用布局布线工具 Place & Route 完成布局布线，产生硬件设计码流文件，如图 4.28 所示。

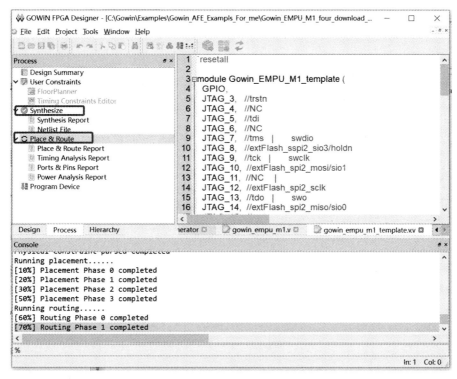

图 4.28　Gowin 工程综合与布局布线

6. 设计码流文件下载

在 Gowin 云源软件，选择菜单 Tool→Programmer 命令，打开码流文件下载工具 Programmer，在 Programmer 窗口，选择菜单栏 Edit→Configure Device 命令，打开 Device configuration 界面。根据不同的下载配置方法进行下载选项的配置。

1) GW1N 系列器件

如果所用实验板板载器件为 GW1N-9/GW1NR-9/GW1N-9C/GW1NR-9C 系列，且 Gowin_ EMPU_M1 的 ITCM Select 配置为 Internal Instruction Memory，下载选项配置如图 4.29 所示。

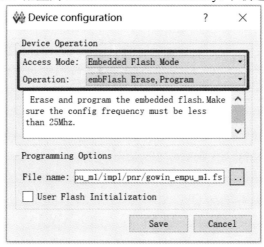

图 4.29　GW1N 系列 Gowin_EMPU_M1 工程的 Device configuration

(1) 在 Access Mode 下拉列表中选择 Embedded Flash Mode 选项。

(2) 在 Operation 下拉列表中选择 embFlash Erase、Program 或 embFlash Erase、Program、Verify 选项。

(3) 选择 Programming Options → File name 选项，导入需要下载的硬件设计码流文件。

(4) 单击 Save，完成硬件设计码流文件下载选项配置。

2) GW1N(R)-9C 系列器件

如果所用实验板板载器件为 GW1N-9C/GW1NR-9C 系列，且 Gowin_EMPU_M1 的 ITCM Select 配置为 External Instruction Memory，并选择内嵌 UserFlash 作为指令存储器，下载选项配置如图 4.30 所示。

(1) 在 Access Mode 下拉列表中选择 MCU Model L 选项。

(2) 在 Operation 下拉列表中选择 Firmware Erase, Program 或 Firmware Erase, Program, Verify 选项。

(3) 选择 Programming Options → File name 选项，导入需要下载的硬件设计码流文件。

(4) 选择 FW/MCU/Binary Input Options → Firmware/Binary File 选项，导入需要下载的软件编程设计二进制 BIN 文件。

(5) 单击 Save，同时完成硬件设计码流文件和软件编程设计二进制 BIN 文件下载选项配置。

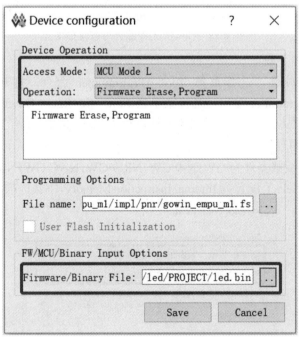

图 4.30   GW1N(R)-9C 系列 Gowin_EMPU_M1 工程的 Device configuration

3) GW2A 系列器件

如果所用实验板板载器件为 GW2AN-9X/GW2A-18/GW2A-18C/GW2AR-18/GW2AR -18C/GW2ANR-18 C/GW2AN-18X/GW2A-55/GW2A-55C/GW2AN-55C 系列，下载选项配置如图 4.31 所示。

(1) 在 Access Mode 下拉列表中选择 External Flash Mode 选项。

(2) 在 Operation 下拉列表中选择 exFlash Erase, Program thru GAO-Bridge 或 exFlash Erase, Program, Verify thru GAO-Bridge 选项。

(3) 选择 Programming Options → File name 选项，导入需要下载的硬件设计码流文件。

(4) 选择 External Flash Options → Device 选项，请根据开发板板载 Flash 芯片类型选择(如高云开发板板载 Winbond W25Q64BV)。

(5) 选择 External Flash Options → Start Address 选项，设置为 0x000000。

(6) 单击 Save，完成硬件设计码流文件下载选项配置。

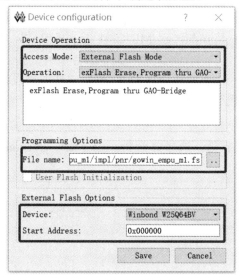

图 4.31　GW2A 系列 Gowin_EMPU_M1 工程的 Device configuration

完成 Device configuration 后，单击 Programmer 工具栏中的 Program/Configure 快捷键，如图 4.32 所示，下载硬件设计码流文件(如果 GW1N-9C/GW1NR-9C 使用内嵌 UserFlash 作指令存储器，则同时下载软件编程设计二进制 BIN 文件)。

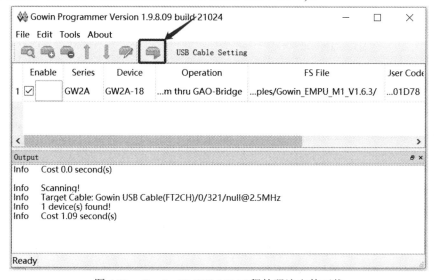

图 4.32　Gowin_EMPU_M1 工程的码流文件下载

4.3　Gowin_EMPU_M1 IDE 软件

4.3.1　ARM Keil 软件

ARM Keil MDK(Microcontroller Development Kit)软件可以参考网站提供的 https://armkeil.blob.core.windows.net/product/gs_MDK5_4_en.pdf 文件，建议使用 ARM Keil MDK V5.26 及以上版本。

使用 ARM Keil MDK 进行 Gowin_EMPU_M1 软件编程设计，需要创建工程、配置选项、编写代码、编译、下载和调试。

1. 创建软件工程

启动 ARM Keil MDK 软件，选择菜单 Project→New μVision Project…命令，创建新的软件工程，如图 4.33 所示。

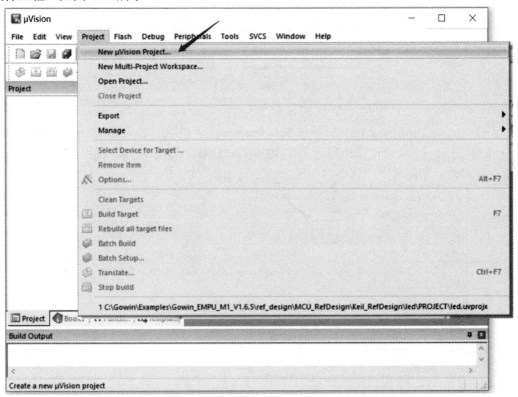

图 4.33　创建 ARM Keil 软件工程

在选择好工程目录，并输入工程名称后，弹出如所示的目标器件选择界面。在这里选择 Gowin_EMPU_M1 内置的 ARM Cortex-M1 内核，器件类型配置为 ARM Cortex M1→ARMCM1，如图 4.34 所示。

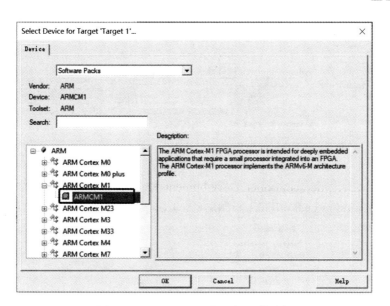

图 4.34　ARM Keil 工程目标器件选择

目标器件选择完成后，会弹出如图 4.35 所示的 Manage Run-Time Environment 窗口，该窗口显示了与所选择目标器件相关的软件单元。

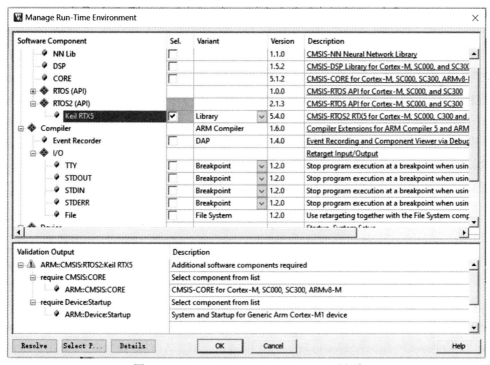

图 4.35　Manage Run-Time Environment 界面

2. 配置选项

在 Keil MDK 软件创建工程后，选择菜单 Project→Options for Target…命令，或直接点击快捷按钮，如图 4.36 所示，弹出 Options for Target 'led'窗口。

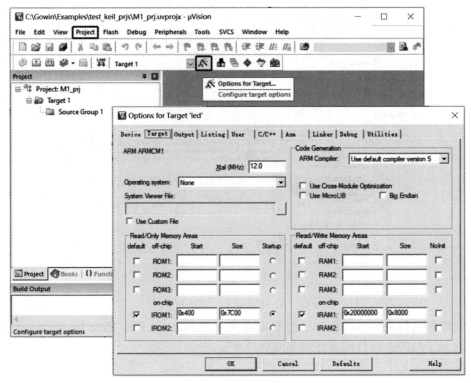

图 4.36　配置界面

配置界面的 Device 页面可以看到在创建工程时选择的器件，也可以修改所选择的器件。

1) 配置 ROM 和 RAM

在图 4.36 窗口的 Target 页面，可以配置 Gowin_EMPU_M1 的 ROM 和 RAM。Gowin_EMPU_M1 的内部指令存储器或外部指令存储器作为 ROM。Gowin_EMPU_M1 的内部数据存储器或外部数据存储器作为 RAM。

(1) 配置 ROM(Internal Instruction Memory)和 RAM(Internal Data Memory 的起始地址和 Size 大小。

① ROM 起始地址和 Size 配置。

当采用片外 SPI-Flash 下载启动方式时，ROM 起始地址为 0x400；ROM Size 根据硬件设计 ITCM Size 的实际配置来设置，以软件开发工具包参考设计为例，设置为 0x7C00。

当采用片内 ITCM 初始值下载启动方式时，ROM 起始地址为 0x00000000；ROM Size 根据硬件设计 ITCM Size 的实际配置来设置，以软件开发工具包参考设计为例，设置为 0x8000。

② RAM 起始地址和 Size 配置。RAM 起始地址为 0x20000000；RAM Size 根据硬件设计 DTCM Size 的实际配置来设置，以软件开发工具包参考设计为例，设置为 0x8000。

受限于片内 Block RAM 硬件存储资源，ITCM 和 DTCM 的 Size 配置不能超过片内 Block RAM 的最大存储资源：

a. GW1N-9/GW1NR-9/GW1N-9C/GW1NR-9C，ITCM 或 DTCM 最大可配置为 32 KB，如果 ITCM 或 DTCM 某个存储器已配置为 32 KB，则另一个存储器最大只能配置为 16 KB。

b. GW2AN-9X/GW2AN-18X，ITCM 或 DTCM 最大可配置为 32 KB，如果 ITCM 或 DTCM 某个存储器已配置为 32 KB，则另一个存储器最大只能配置为 16 KB。

c. GW2A-18/GW2A-18C/GW2AR-18/GW2AR-18C/GW2ANR-18C。

d. ITCM 或 DTCM 最大可配置为 64 KB，如果 ITCM 或 DTCM 某个存储器已配置为 64 KB，则另一个存储器最大只能配置为 16 KB。

e. GW2A-55/GW2A-55C/GW2AN-55C，ITCM 或 DTCM 最大可配置为 256 KB，如果 ITCM 或 DTCM 某个存储器已配置为 256 KB，则另一个存储器最大只能配置为 16 KB。

ROM(Internal Instruction Memory)和 RAM(Internal Data Memory)的配置，如图 4.36 所示。以软件开发工具包 DK-START-GW2A18 V2.0 开发板参考设计为例，"ROM" 起始地址设置为 "0x400" "Size" 设置为 "0x7C00"，"RAM" 起始地址设置为 "0x20000000"，"Size" 设置为 "0x8000"。

(2) 配置 ROM(External Instruction Memory)和 RAM(External Data Memory)的起始地址和 Size 大小。

① ROM 起始地址和 Size 配置。ROM 起始地址为 0x00000000；ROM Size 根据硬件设计实际 Size 设置。

② RAM 起始地址和 Size 配置。RAM 起始地址为 0x20100000；RAM Size 根据硬件设计实际 Size 设置。

2) 配置输出文件格式

Gowin_EMPU_M1 软件编程设计，需要产生软件设计二进制 BIN 文件，所以需要将 axf 文件格式转换为二进制 BIN 文件格式。

如果使用软件设计二进制 BIN 文件作为 ITCM 的初始值，需要使用 make_hex.exe 工具，将软件设计二进制 BIN 文件转换为四个十六进制映像文件 itcm0、itcm1、itcm2 和 itcm3。点击图 4.36 中的 User 页面，其命令行选项中文件格式转换工具调用方法，如图 4.37 所示。

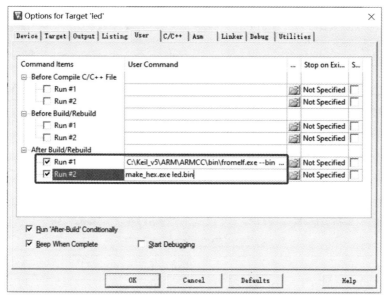

图 4.37　配置输出文件格式页面

　　Run #1:　fromelf.exe --bin -o bin-file axf-file

　　Run #2:　make_hex.exe bin-file

3) 配置 C 头文件路径

点击图 4.36 中的 C/C++页面，配置 C 头文件路径，编译过程中用来调用 C 头文件，配置如图 4.38 所示。

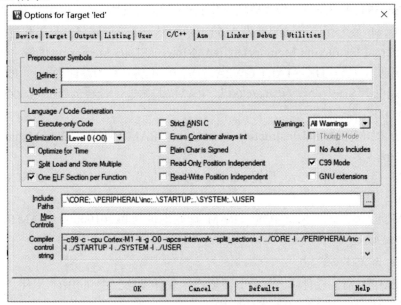

图 4.38　配置 C 头文件路径页面

4) 配置调试选项

点击图 4.36 中的 Debug 页面，可以对调试选项进行配置，如图 4.39 所示。

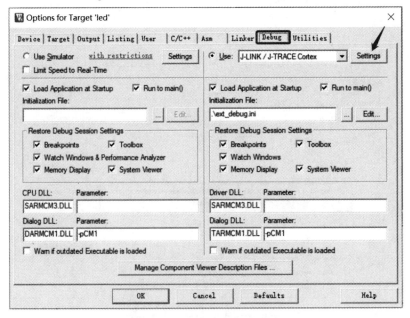

图 4.39　配置调试选项页面

(1) 配置仿真器类型。在图 4.39 所示的右上角 Use 选项中，如果选择使用 U-LINK 仿真器，则 Debug 选项配置为 ULNK2/ME Cortex Debugger；如果选择使用 J-LINK 仿真器，则 Debug 选项配置为 J-LINK/J-TRACE Cortex。

(2) 配置调试接口类型。点击图 4.39 右上角的 Settings 按钮设置调试仿真器接口类型。如果配置为 JTAG 调试接口类型，配置方法如图 4.40 所示。

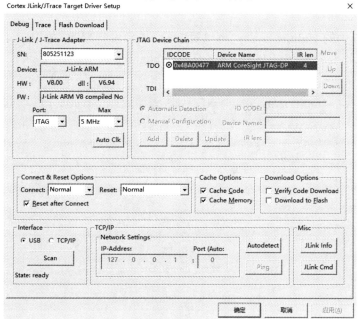

图 4.40　配置 JTAG 调试接口类型

如果配置为 SW 调试接口类型，配置方法如图 4.41 所示。

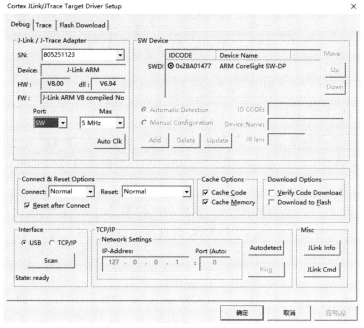

图 4.41　配置 SW 调试接口类型

在图 4.40 或图 4.41 的调试接口类型配置选项中，不要勾选 Download Options→Verify Code Download 选项，也不要勾选 Download Options→Download to Flash 选项。

(3) 配置调试初始化文件。如果选择片外 SPI-Flash 下载方式，软件在线调试时需要加载调试初始化文件，需要在图 4.39 页面的 Initialization File 部分，选择加载调试初始化文件"ext_debug.ini"。

5) 配置 Flash 选项

点击图 4.36 中的 Utilities 页面，可以对 Flash 选项进行配置，如图 4.42 所示。如果需要在线调试，请不要勾选 Update Target before Debugging 选项。

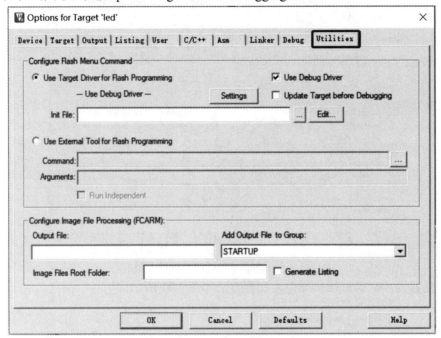

图 4.42　配置 Flash 选项页面

3. 编译

在 ARM Keil MDK 软件中完成代码编写和选项配置后，用鼠标左键点击 Project 菜单下的 Build 或 Rebuild 命令，或直接点击工具栏上的 Build 或 Rebuild 快捷键对设计软件进行编译，编译产生软件设计二进制 BIN 文件和四个十六进制映像文件 itcm0、itcm1、itcm2 和 itcm3，如图 4.43 所示。

4. 软件在线调试

在完成硬件设计产生的硬件设计码流文件和软件编程设计产生的软件设计二进制 BIN 文件的下载前，可以连接 U-LINK 或 J-LINK 仿真器对设计软件进行在线调试。在线调试无须重新编译硬件设计。

1) 连接仿真器

按照硬件设计中约束到 FPGA IO 的 Debug Access Port(JTAG_3～JTAG_18，VCC 和 GND)的位置，连接 J-LINK 或 U-LINK。这里以软件开发工具包 DK-START-GW2A18 V2.0 开发板参考设计为例，仿真器连接方式如图 4.44 所示。

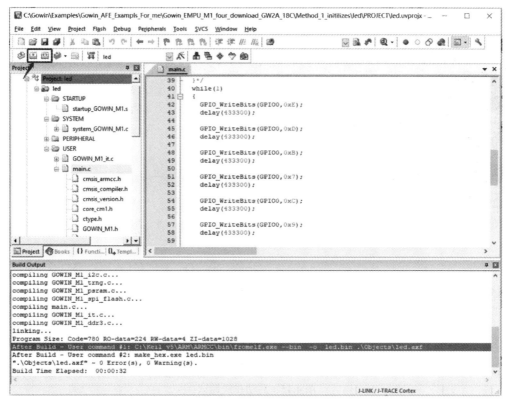

图 4.43　工程编译

图 4.44　仿真器连接图

2) 启动调试

连接 U-LINK 或 J-LINK 仿真器后，点击菜单 Debug→Start/Stop Debug Session 命令，或工具栏中的 Start/Stop Debug Session 快捷按钮进入调试状态，可以执行断点设置、单步调试、复位和运行等操作，如图 4.45 所示。

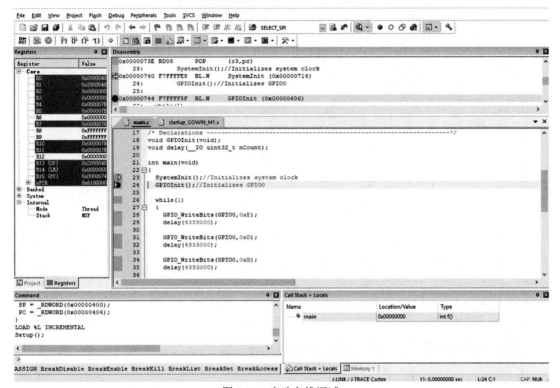

图 4.45　启动在线调试

4.3.2　GOWIN MCU Designer(GMD)软件

GOWIN MCU Designer 是高云半导体根据自有 FPGA+MCU SoC 架构的产品特性，基于开源 GNU GCC 编译工具链和开源 Eclipse 架构，自主研发的新一代 MCU 软件集成开发环境，支持通用的 C/C++开发语言，帮助用户迅速实现 MCU 软件开发过程中的代码编译、链接和二进制映像文件生成下载等工作。GOWIN MCU Designer 支持 ARM 架构和 RISC-V 架构处理器编译工具链，集成在线调试工具，支持仿真器在线调试。GMD 教育版本，不需要申请 License，且该版本只能用于教育、研究等非营利非商业用途。

使用 GOWIN MCU Designer 进行 Gowin_EMPU_M1 软件编程设计，需要创建工程、配置选项、编写代码、编译、下载和在线调试等步骤。

1. 新建软件工程

启动 GMD 软件，选择菜单 File→New→C Project 命令，如图 4.46 所示。

1) 选择编译工具链

如图 4.47 所示，在弹出的 C Project 对话框中输入项目名称(Project name)，如 gowin_led，并选择项目所在目录位置，默认选择 Use default location 作为项目位置；在 Project type 中选择项目类型，如这里选择 Executable 中的 Empty Project；在 Toolchains 中选择编译工具链，这里选择 ARM Cross GCC。

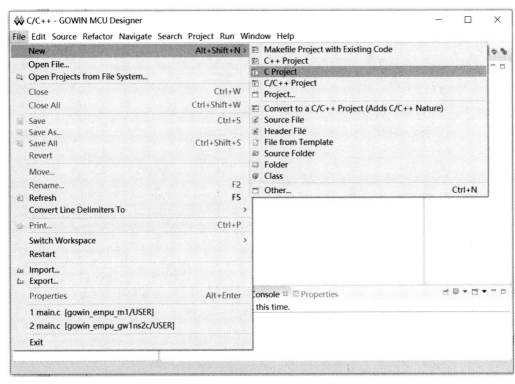

图 4.46　在 GMD 中新建工程

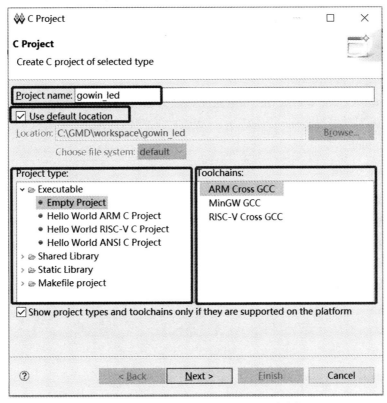

图 4.47　在 GMD 中新建工程类型及工具链选择

2) 选择平台配置类型

在图 4.47 对话框中点击 Next 按钮,弹出 Select Configurations 对话框,如图 4.48 所示,选择平台配置类型 Debug 和 Release。

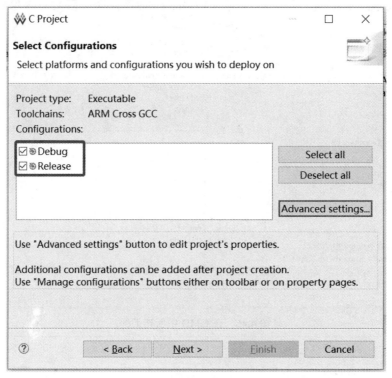

图 4.48　选择平台配置类型

3) 选择编译工具链和路径

在图 4.48 中点击 Next 按钮,弹出 GNU ARM Cross Toolchain 对话框,如图 4.49 所示。选择交叉编译工具链 arm-none-eabi-gcc 及其所在路径,建议选择默认配置 Toolchain name 和 Toolchain path。

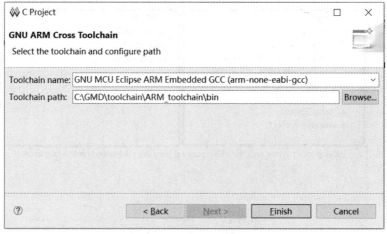

图 4.49　选择编译工具链和路径

4) 建立项目工程

完成工程创建后，在 Project Explorer 视图中选择新建的项目工程，添加工程结构和代码，导入软件编程设计。

以软件开发工具包 GMD_RefDesign 参考设计为例，软件编程设计项目工程结构及代码包括：

(1) CORE：ARM Cortex-M1 MCU 内核定义。

(2) PERIPHERAL：外设驱动函数库。

(3) STARTUP：MCU 内核引导启动文件。

(4) SYSTEM：外设寄存器定义、系统初始化和系统时钟定义。

(5) USER：用户应用设计。

(6) GOWIN_M1_flash.ld：GMD Flash 链接器。

完成项目工程建立后，在 Project Explorer 视图中选择当前工程，右键选择 Refresh 选项，自动更新当前项目工程的结构和代码。

2. 配置选项

在 GMD 软件的 Project Explorer 视图中，选择当前工程，右键选择 Properties → C/C++ Build → Setting 目录，配置当前工程的参数选项，如图 4.50 所示。

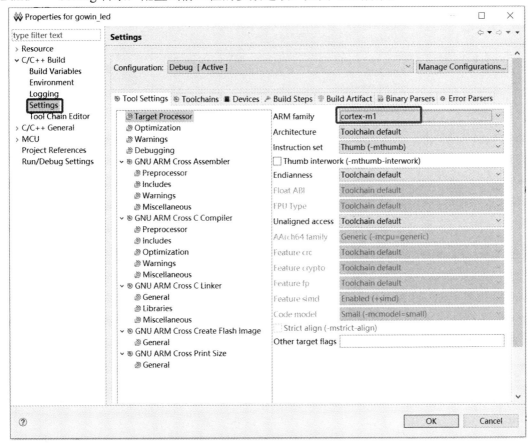

图 4.50　配置 Target Processor

1) 配置 Target Processor

在图 4.50 中，配置 Target Processor → ARM family 选项，该选项配置为 cortex-m1。

2) 配置 GNU ARM Cross Assembler

配置 GNU ARM Cross Assembler → Preprocessor → Defined symbols (-D)选项，如图 4.51 所示，点击 Add 按钮，在 Enter Value 的 Defined symbols (-D)中输入__STARTUP_ CLEAR_BSS，然后点击 OK 按钮。

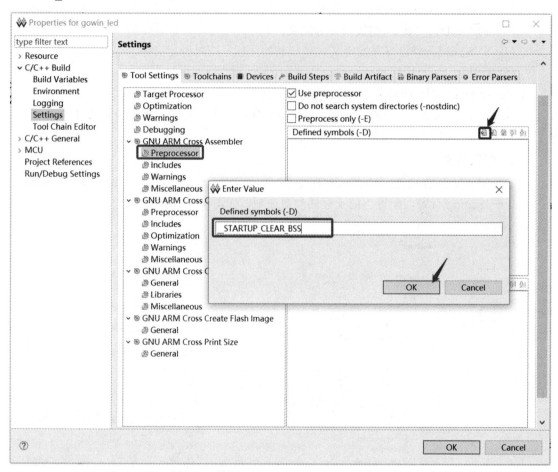

图 4.51　配置 Cross ARM GNU Assembler

3) 配置 GNU ARM Cross C Compiler

配置 GNU ARM Cross C Compiler → Includes → Include paths (-I)选项， 该选项配置 C 头文件引用路径，如图 4.52 所示。

以软件开发工具包 GMD_RefDesign 参考设计为例，C 头文件引用路径配置包括 "${workspace_loc:/${ProjName}/CORE}" "${workspace_loc:/${ProjName}/PERIPHERAL/ inc}" "${workspace_loc:/${ProjName}/SYSTEM}" 和 "${workspace_loc:/${ProjName} /USER}"。

在图 4.52 中，点击 Include paths (-I)后面的 Add 按钮，在 Add directory path 对话框，点击 Workspace...按钮并选择新建的工程名，然后在 Directory 中出现的${workspace_ loc:/${ProjName}}后面分别添加 CORE、PERIPHERAL/inc、SYSTEM 和 USER，并点击 OK 按钮即可。

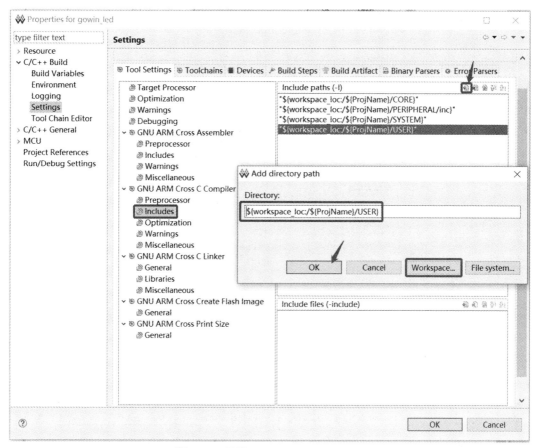

图 4.52　配置 Cross ARM C Compiler

4) 配置 GNU ARM Cross C Linker

配置 GNU ARM Cross C Linker → General → Script files (-T)选项，该选项配置 GOWIN_M1_flash.ld 作为 GMD Flash 链接器，如图 4.53 所示。

以软件开发工具包 GMD_RefDesign 参考设计为例，Flash 链接器配置为"${workspace_loc:/${ProjName}/GOWIN_M1_flash.ld}"。

GMD Flash 链接器 Flash 起始地址 FLASH ORIGIN 设置如下：

(1) Internal Instruction Memory。

FLASH ORIGIN 设置为 0x00000000，ITCM Initialization 下载启动方式。

FLASH ORIGIN 设置为 0x00000400，片外 SPI-Flash 下载启动方式。

(2) External Instruction Memory。FLASH ORIGIN 设置为 0x00000000。

5) 配置 GNU ARM Cross Create Flash Image

配置 GNU ARM Cross Create Flash Image → General → Output file format (-O)选项，该选项配置为 Raw binary，产生软件设计二进制 BIN 文件，如图 4.54 所示。

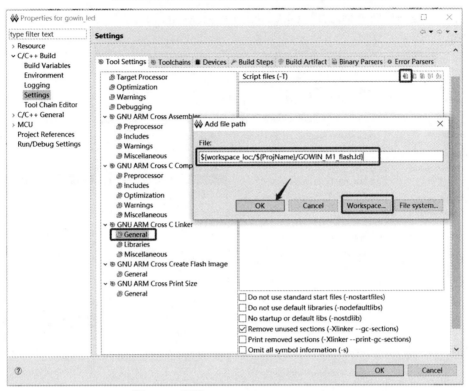

图 4.53　配置 GNU ARM Cross C Linker

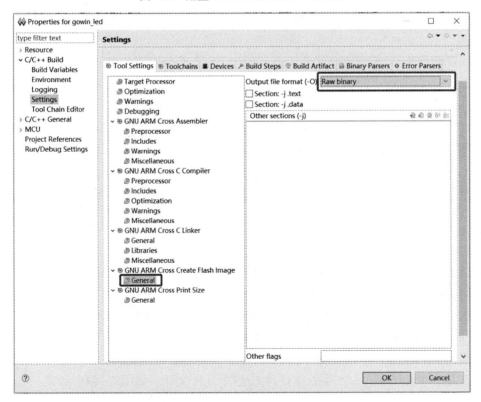

图 4.54　配置 GNU ARM Cross Create Flash Image

6) 配置 Devices

在 C/C++ Build → Settings 界面，选择 Devices 标签，如图 4.55 所示，在 Device selection 中选择配置 Devices → ARM → ARM Cortex M1 → ARMCM1，并点击 OK 按钮。

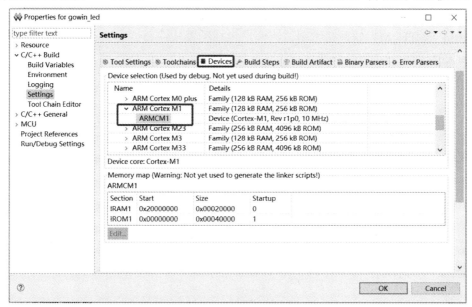

图 4.55　配置 Devices

3. 编译

完成工程选项配置和代码编写后，编译当前工程，单击工具栏编译按钮 ，编译产生软件设计二进制 BIN 文件，如图 4.56 所示。

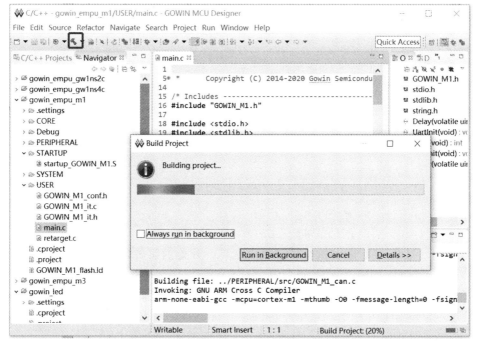

图 4.56　工程编译

4. 软件在线调试

在完成 Gowin_EMPU_M1 硬件设计产生的硬件设计码流文件和软件编程设计产生的软件设计二进制 BIN 文件的下载前，可以连接实验板与 J-LINK 仿真器对设计软件进行在线调试(在线调试的软件设计必须与下载到芯片中的软件设计保持一致)。

Gowin_EMPU_M1 软件在线调试流程，包括配置软件调试选项、配置软件调试等级、连接调试仿真器、启动软件在线调试。

1) 配置软件调试选项

(1) 在 GMD 软件中，选择菜单 Run → Debug Configurations 命令，弹出 Debug Configurations 对话框，如图 4.57 所示，在 GDB SEGGER J-Link Debugging 上点击鼠标右键，选择 New，建立当前工程的调试配置选项。

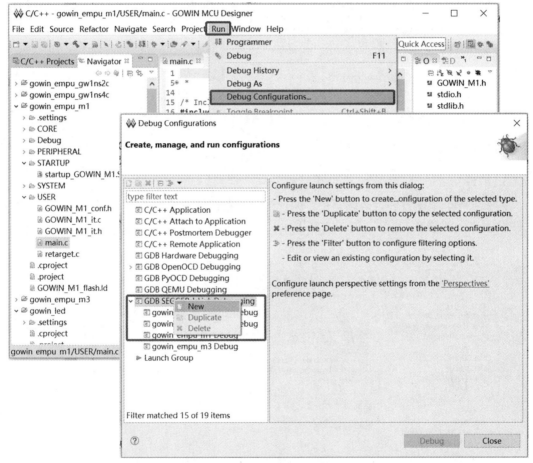

图 4.57　建立软件调试配置选项

(2) 选择已建立的软件调试选项的 Main 选项，配置当前调试工程的 Project 和 C/C++ Application 等选项，如图 4.58 所示。

(3) 选择已建立的软件调试选项的 Debugger 选项，配置当前调试工程的 J-Link 和 GDB 等选项，如图 4.59 所示，Device Name 为 Cortex-M1、Interface 选择 JTAG 或 SWD、Endianness 选择 Little，Connection 选择 USB。点击 Apply 按钮。

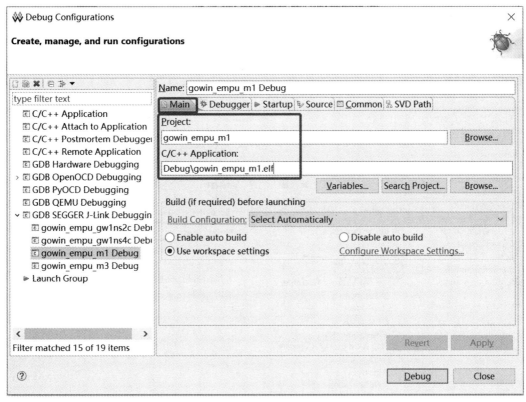

图 4.58　配置 Main 选项

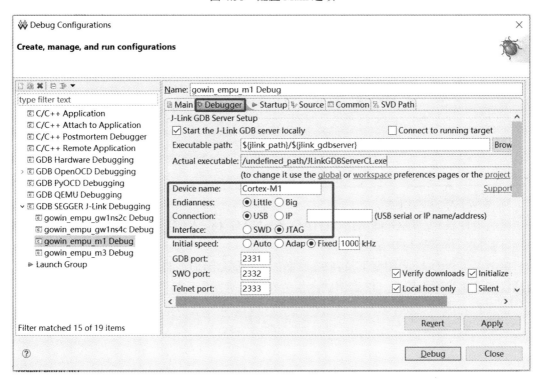

图 4.59　配置 Debugger 选项

2) 配置软件调试等级

在 Project Explorer 视图中，选择当前调试项目工程的 Properties → C/C++ Build → Settings→Debugging→Debug level 选项，如图 4.60 所示，建议配置调试等级为 Default(-g) 或 Maximum(-g3)。

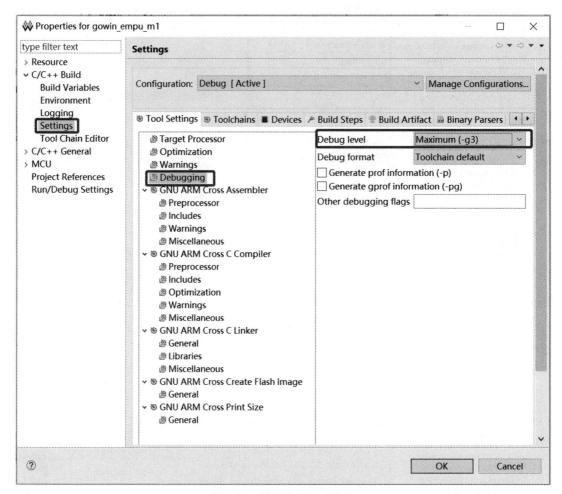

图 4.60　配置软件调试等级

3) 启动软件在线调试

按照硬件设计 JTAG 调试接口(JTAG_3～JTAG_18、VCC 和 GND)的物理约束位置，连接 J-LINK 仿真器与开发板。

单击工具栏 Debug 按钮下拉列表 " ✿ ▼ "，选择当前项目的 Debug 配置， 单击进入调试状态，执行断点设置、单步调试、复位和运行等操作，如图 4.61 所示。

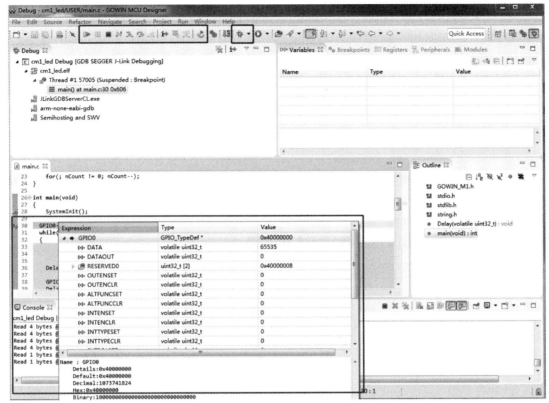

图 4.61　启动软件在线调试

4.4　Gowin_EMPU_M1 下载

Gowin_EMPU_M1 支持三种硬件设计和软件编程设计下载方法，它们分别是：

(1) 软件编程设计产生映像文件作为硬件设计中 ITCM 初始值。

① Gowin_EMPU_M1 软件编程设计，产生软件设计二进制 BIN 文件。

② 使用 make_hex 工具，将软件设计二进制 BIN 文件转换为四个十六进制格式映像文件 itcm0、itcm1、itcm2 和 itcm3。

③ itcm0、itcm1、itcm2 和 itcm3 作为硬件设计中 ITCM 的初始值文件读入。

④ 综合、布局布线，产生包括软件编程设计和硬件设计的硬件设计码流文件。

⑤ 使用 Gowin 下载工具 Programmer，下载硬件设计码流文件。

(2) 合并软件编程设计产生的软件设计二进制 BIN 文件和硬件设计产生的硬件设计码流文件。

① Gowin_EMPU_M1 硬件设计，产生硬件设计码流文件。

② Gowin_EMPU_M1 软件编程设计，产生软件设计二进制 BIN 文件。

③ 使用 merge_bit 工具，合并软件设计二进制 BIN 文件和硬件设计码流文件。

④ 产生合并软件编程设计和硬件设计后的新的硬件设计码流文件。

⑤ 使用 Gowin 下载工具 Programmer，下载合并后的新的硬件设计码流文件。

(3) 片外 SPI-Flash 下载软件编程设计产生的软件设计二进制 BIN 文件。

① Gowin_EMPU_M1 硬件设计中，配置 ITCM Size，根据不同的 ITCM Size 选择不同的 bootload 作为 ITCM 初始值。

② Gowin_EMPU_M1 硬件设计，产生具有片外 SPI-Flash 下载功能的硬件设计码流文件。

③ 使用 Gowin 下载工具 Programmer，下载硬件设计产生的硬件设计码流文件。

④ Gowin_EMPU_M1 软件编程设计，产生软件设计二进制 BIN 文件。

⑤ 使用 Gowin 下载工具 Programmer，下载软件编程设计产生的软件设计二进制 BIN 文件。

4.4.1　软件编程输出作为硬件 ITCM 初始值

1. 需要的软件工具

(1) Linux：Gowin_EMPU_M1\tool\linux\make_hex\bin\make_hex。

(2) Windows：Gowin_EMPU_M1\tool\windows\make_hex\bin\make_hex.exe。

可通过下面的链接获取上述软件工具：http://cdn.gowinsemi.com.cn/Gowin_EMPU_M1.zip

2. 命令参数

(1) Linux：make_hex bin-file。

(2) Windows：make_hex.exe bin-file。

3. 软件配置

软件编程设计，产生软件设计二进制 BIN 文件。使用 make_hex 工具，将软件设计二进制 BIN 文件，转换为四个十六进制格式的映像文件 itcm0、itcm1、itcm2 和 itcm3。

在 ARM Keil MDK(V5.24 及以上版本)软件中，选择菜单 Project→Options 命令，在 User 标签页中，配置 make_hex.exe 作为外部工具，如图 4.62 所示。

(1) Run #1：fromelf.exe --bin -o bin-file axf-file。

(2) Run #2：make_hex.exe bin-file。

软件编译时，自动调用 make_hex.exe 工具，产生软件设计二进制 BIN 文件和四个十六进制格式的映像文件。

4. 硬件配置

高云云源软件的 IP Core Generator 工具中：

(1) 选择 Cortex-M1 → Memory → ITCM → ITCM Select → Internal Instruction Memory 选项。

(2) 选择 Cortex-M1 → Memory → ITCM → Initialize ITCM 选项。

(3) 选择Cortex-M1 → Memory → ITCM → ITCM Initialization Path 选项，导入 itcm0、itcm1、itcm2、itcm3 四个十六进制映像文件所在的路径，作为 ITCM 初始值的路径，如图 4.63 所示。

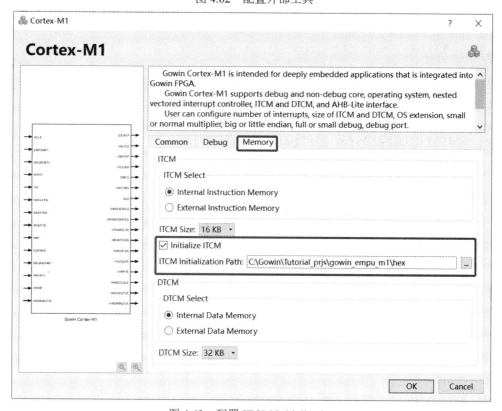

图 4.62 配置外部工具

图 4.63 配置 ITCM Initialization

(4) 导入 itcm0、itcm1、itcm2、itcm3 作为 ITCM 初始值，以及 IP Core Generator 中完成其他 Cortex-M1 和 AHB/APB 外部设备选项配置后，产生的 Gowin_EMPU_M1 硬件设计，即包含软件编程设计。

5. 设计流程与步骤

(1) 利用 ARM Keil MDK(V5.24 及以上版本)或 GOWIN MCU Designer(V1.1 及以上版本)工具进行软件编程设计，编译产生四个十六进制映像文件，分别是 itcm0、itcm1、itcm2 和 itcm3。

(2) 利用高云 Gowin 云源软件的 IP Core Generator 工具，配置产生 Gowin_EMPU_M1 硬件设计，软件编程设计产生的 itcm0、itcm1、itcm2 和 itcm3 作为硬件设计中 ITCM 的初始值。

(3) 实例化 Gowin_EMPU_M1 Top Module，连接用户设计。

(4) 对设计工程进行物理约束和时序约束。

(5) 使用综合工具 Synplify Pro 或 GowinSynthesis 对设计工程进行综合。

(6) 使用布局布线工具 Place & Route 布局布线，产生包含软件编程设计的硬件设计码流文件。

(7) 使用下载工具 Programmer，下载硬件设计码流文件。

6. 适用器件

(1) GW1N-9/GW1NR-9/GW1N-9C/GW1NR-9C。

(2) GW2A-18/GW2A-18C/GW2AR-18/GW2AR-18C/GW2ANR-18C。

(3) GW2A-55/GW2A-55C。

7. 参考设计

读者可以下载 http://cdn.gowinsemi.com.cn/Gowin_EMPU_M1.zip，参考其中 Gowin_EMPU_M1\tool\windows\make_hex\example 的参考设计。

4.4.2　合并软件编程设计和硬件设计

1. 需要的软件工具

(1) Linux：Gowin_EMPU_M1\tool\linux\merge_bit\bin\merge_bit.sh。

(2) Windows：Gowin_EMPU_M1\tool\windows\merge_bit\bin\merge_bit.bat。

通过下面的链接获取上述软件工具：

http://cdn.gowinsemi.com.cn/Gowin_EMPU_M1.zip

2. 命令参数

(1) Linux：bash merge_bit.sh。

(2) Windows：merge_bit.bat。

以 merge_bit.bat 为例，描述软件工具命令及参数的使用方法如下，相关命令及参数描述如表 4.7 所示。

```
call make_loc.exe –i posp-file –s itcm_size [-d] –t synthesis_tool.

call merge_bit.exe bin-file itcm.loc fs-file
```

表 4.7　merge_bit 命令及参数描述

参　数	功　能　描　述
make_loc.exe	输入 posp-file，产生 ITCM 布局信息 itcm.loc 文件
-i	高云云源软件配置 Place & Route → General → Generate Post-Place File 选项，产生的 Post-Place File
-s	根据 Gowin_EMPU_M1 硬件设计中配置的 ITCM Size 设定
-d	可选项； 如果配置 Enable Debug，则使能-d；如果 Disable Debug，则禁用 -d
-t	综合工具选择； 如果选用 Synplify Pro，则参数设置为 synplify_pro； 如果选用 GowinSynthesis，则参数设置为 gowin_syn
merge_bit.exe	合并 Gowin_EMPU_M1 硬件设计和软件编程设计
bin-file	Gowin_EMPU_M1 软件编程设计，产生的软件设计二进制 BIN 文件
itcm.loc	make_loc.exe 产生的 ITCM 布局位置信息 itcm.loc 文件
fs-file	Gowin_EMPU_M1 硬件设计，产生的硬件设计码流文件

　　需要注意的是，合并软件编程设计产生的软件设计二进制 BIN 文件与硬件设计产生的硬件设计码流文件，产生新的硬件设计码流文件。merge_bit.sh 或 merge_bit.bat 在使用过程中，请根据实际选项配置，修改参数-i posp-file、-s itcm_size、-d、-t synthesis_tool、bin-file、fs-file。

3. 硬件配置

　　在高云 Gowin 云源软件设计工程的 Process 中，用鼠标右键点击 Place & Route 并选择右键菜单 Configuration 命令，在 Configuration 对话框，如图 4.64 所示，选择 Place & Route → General → Generate Post-Place File 选项，设置为 True，产生 Post-Place File，作为 make_loc.exe –i 参数的 posp 输入文件。

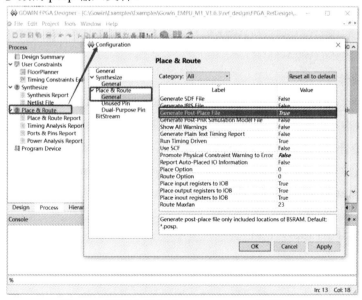

图 4.64　配置布局布线 Post-Place File 选项

4. 设计流程与步骤

(1) Gowin_EMPU_M1 硬件设计，产生硬件设计码流文件和 Post-Place File。

(2) Gowin_EMPU_M1 软件编程设计，产生软件设计二进制 BIN 文件。

(3) Linux 环境执行 merge_bit.sh 或 Windows 环境执行 merge_bit.bat，合并硬件设计产生的硬件设计码流文件和软件编程设计产生的软件设计二进制 BIN 文件，产生新的硬件设计码流文件，如图 4.65 所示。

(4) 完成合并后，使用 Gowin 下载工具 Programmer，下载新的硬件设计码流文件。

```
---------- GOWIN Merge Tool ----------
Read bit stream file gowin_empu_m1.fs ...
Build bsram init value fusemap...
Reading original bsram init value map...
Location file itcm.loc reading...
Bsram R46[0] init value convert to fusemap success.
Bsram R46[1] init value convert to fusemap success.
Bsram R46[2] init value convert to fusemap success.
Bsram R46[3] init value convert to fusemap success.
Bsram R28[5] init value convert to fusemap success.
Bsram R46[4] init value convert to fusemap success.
Bsram R28[6] init value convert to fusemap success.
Bsram R28[7] init value convert to fusemap success.
Bsram R28[8] init value convert to fusemap success.
Bsram R28[9] init value convert to fusemap success.
Bsram R10[11] init value convert to fusemap success.
Bsram R28[10] init value convert to fusemap success.
Bsram R10[12] init value convert to fusemap success.
Bsram R10[13] init value convert to fusemap success.
Bsram R10[14] init value convert to fusemap success.
Bsram R10[15] init value convert to fusemap success.
Replace new bsram init value map to file new_gowin_empu_m1.fs...
Build bsram init value replace completed.
```

图 4.65　合并软件编程设计和硬件设计

5. 适用器件

(1) GW2A-18/GW2A-18C/GW2AR-18/GW2AR-18C/GW2ANR-18C。

(2) GW2A-55/GW2A-55C。

6. 适用软件

适用于 IP Core Generator 工具中，使用综合工具 Synplify Pro 和 GowinSynthesis(V1.9.6 Beta 及以上版本)，产生的 Gowin_EMPU_M1 硬件设计。

7. 参考设计

读者可以下载 http://cdn.gowinsemi.com.cn/Gowin_EMPU_M1.zip，参考其中 Gowin_EMPU_M1\tool\windows\merge_bit\example 的参考设计。

4.4.3　片外 SPI-Flash 下载

1. 软件配置

Gowin_EMPU_M1 软件编程设计中，如果使用 ARM Keil MDK(V5.24 及以上版本)软件开发环境，IROM1 起始地址设为 0x400，IROM1 Size 请根据 ITCM Size 硬件实际配置来设置。

以软件开发工具包 DK-START-GW2A18 V2.0 开发板参考设计为例，在 ARM Keil MDK 软件中，选择菜单 Project→Options 命令，在 Target 标签页中，IROM1 设置为 0x7C00，如图 4.66 所示。

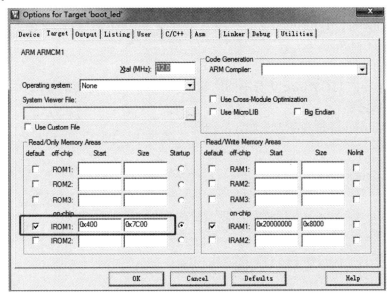

图 4.66　ROM 起始地址和容量配置

如果使用 GOWIN MCU Designer(V1.1 及以上版本)软件开发环境，修改 Flash 链接器 GOWIN_M1_flash.ld 中的 Flash 起始地址"FLASH ORIGIN"为 0x00000400，如图 4.67 所示。

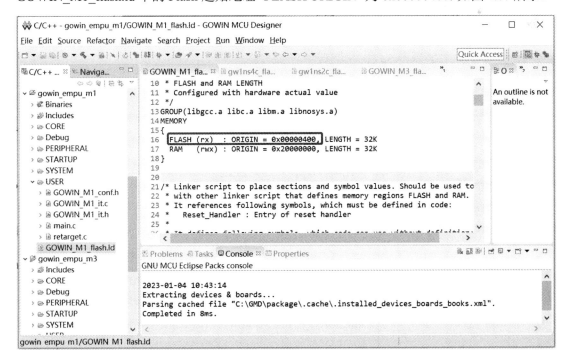

图 4.67　在 GMD 软件中修改 FLASH ORIGIN

2. 硬件配置

1) ITCM Initialization 配置

在高云 Gowin 云源软件的 IP Core Generator 工具，配置产生 Gowin_EMPU_M1 硬件设计的过程中：

(1) 选择 Internal Instruction Memory 作为 Gowin_EMPU_M1 的指令存储器。

(2) 选择 ITCM Size。

(3) 选择 Initialized ITCM。

(4) 根据不同的 ITCM Size 选择不同的 bootload 作为 ITCM 初始值，ITCM Initialization Path 导入 bootload 路径。

ITCM Initialization 选项配置如图 4.68 所示。

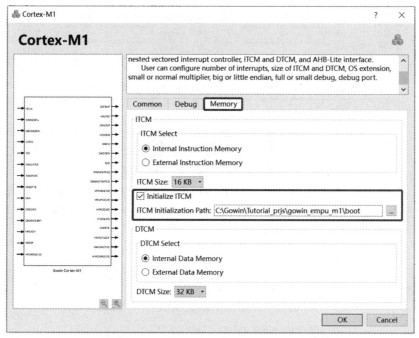

图 4.68　ITCM Initialization Path 选项配置

不同的 ITCM Size 所对应的 bootload，如表 4.8 所示。

表 4.8　不同 ITCM Size 对应的 bootload

ITCM Size/kb	bootload
2	Gowin_EMPU_M1\bootload\boot\ITCM_Size_2KB
4	Gowin_EMPU_M1\bootload\boot\ITCM_Size_4KB
8	Gowin_EMPU_M1\bootload\boot\ITCM_Size_8KB
16	Gowin_EMPU_M1\bootload\boot\ITCM_Size_16KB
32	Gowin_EMPU_M1\bootload\boot\ITCM_Size_32KB
64	Gowin_EMPU_M1\bootload\boot\ITCM_Size_64KB
128	Gowin_EMPU_M1\bootload\boot\ITCM_Size_128KB
256	Gowin_EMPU_M1\bootload\boot\ITCM_Size_256KB

2) Dual-Purpose Pin 配置

高云 Gowin 云源软件 Place & Route 配置选项中，选择 Place & Route → Dual-Purpose Pin 选项，配置 SSPI、MSPI 为通用端口，如图 4.69 所示。

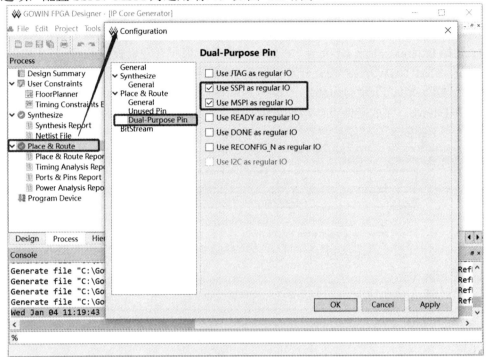

图 4.69　配置 Dual-Purpose Pin 选项

3. 设计流程及步骤

(1) Gowin_EMPU_M1 硬件设计配置过程中，需要正确选择 Internal Instruction Memory、ITCM Size、Initialized ITCM，并根据不同的 ITCM Size，选择不同的 bootload 作为 ITCM 初始值。

(2) 产生 Gowin_EMPU_M1 硬件设计。

(3) 在 Gowin 云源软件中对设计工程进行综合、布局布线，产生具有片外 SPI-Flash 下载功能的硬件设计码流文件。

(4) 利用下载工具 Programmer，配置 Device configuration，下载硬件设计码流文件。

(5) Gowin_EMPU_M1 软件编程设计，产生软件设计二进制 BIN 文件。

(6) 利用下载工具 Programmer，配置 Device configuration，下载软件设计二进制 BIN 文件。

4. 下载编程

1) 下载硬件设计码流文件

在 Gowin 云源软件中的 IP Core Generator 生成 Gowin_EMPU_M1 硬件设计，产生以 bootload 作为 ITCM 初始值、具有片外 SPI-Flash 下载功能的硬件设计码流文件，使用下载工具 Programmer 下载硬件设计码流文件。

选择高云 Gowin 云源软件菜单 Tools → Programmer 命令，或工具栏中的 Programmer 快捷键，打开下载工具 Programmer。选择 Programmer 菜单栏中的 Edit → Configure

Device 命令，或工具栏 Configure Device 快捷键 " 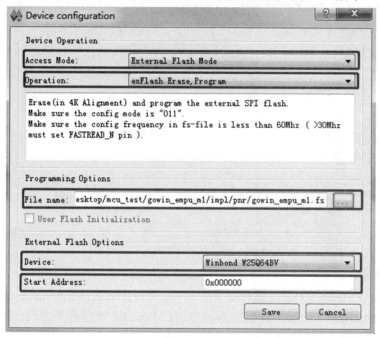 "，打开 Device configuration。

(1) 在 Access Mode 下拉列表中选择 External Flash Mode 选项。

(2) 在 Operation 下拉列表中选择 exFlash Erase, Program 或 exFlash Erase, Program, Verify 选项。

(3) 选择 Programming Options → File name 选项，导入需要下载的硬件设计码流文件。

(4) 选择 External Flash Options → Device 选项，根据开发板板载 Flash 芯片类型选择 (如高云 DK-START-GW2A18 V2.0 开发板板载 Winbond W25Q64BV)。

(5) 选择 External Flash Options → Start Address 选项，设置为 0x000000。

(6) 单击 Save，完成硬件设计码流文件下载选项配置，如图 4.70 所示。

图 4.70　硬件下载 Device configuration

完成 Device configuration 后，单击 Programmer 工具栏中的 Program/Configure 快捷键 " "，开始下载硬件设计码流文件。

2) 下载软件设计二进制 BIN 文件

完成 Gowin_EMPU_M1 硬件设计码流文件下载后，使用下载工具 Programmer，下载软件设计二进制 BIN 文件。

在高云 Gowin 云源软件中或软件安装路径中，打开下载工具 Programmer。单击 Programmer 菜单栏中的 Edit → Configure Device 或工具栏中的 Configure Device 快捷键 " "，打开 Device configuration 对话框。

(1) 在 Access Mode 下拉列表中选择 External Flash Mode 选项。

(2) 在 Operation 下拉列表中选择 exFlash C Bin Erase, Program 或 exFlash C Bin Erase, Program, Verify 选项。

(3) 选择 FW/MCU Input Options → Firmware/Binary File 选项，导入需要下载的软件设计二进制 BIN 文件。

(4) 选择 External Flash Options → Device 选项，根据开发板板载 Flash 芯片类型选择 (如高云开发板 DK-START-GW2A18 V2.0 开发板板载 Winbond W25Q64BV)。

(5) 选择 External Flash Options → Start Address 选项，设置为"0x400000"。

(6) 单击 Save，完成软件设计二进制 BIN 文件下载选项配置，如图 4.71 所示。

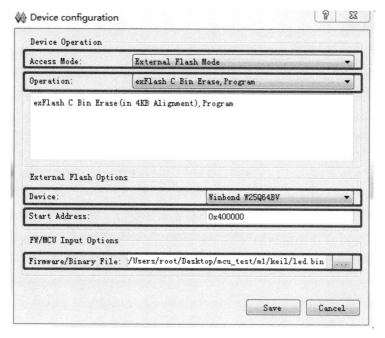

图 4.71　软件下载 Device configuration

完成 Device configuration 后，单击 Programmer 工具栏中的 Program/Configure 快捷键 ，开始下载软件设计二进制 BIN 文件。

5. 适用器件

(1) GW2A-18/GW2A-18C/GW2AR-18/GW2AR-18C/GW2ANR-18C。

(2) GW2A-55/GW2A-55C。

6. 参考设计

读者可以下载 http://cdn.gowinsemi.com.cn/Gowin_EMPU_M1.zip，参考其中 Gowin_EMPU_M1\bootload\example 的参考设计。

第 5 章　基于 FPGA 的综合设计实验

本章介绍基于 FPGA 的综合设计实验，包括初级实验、中级实验和提高实验三个部分，为学生及读者熟练掌握基于高云 Gowin 云源软件的应用提供参考，也作为初学者由浅入深掌握基于硬件描述语言的 FPGA 设计技术提供基本的练习实验。

本章所有实验硬件均基于第 2 章所介绍的 Pocket Lab-F0 开发板，逻辑开发均基于高云公司的 Gowin 云源软件工具，逻辑仿真均使用 Mentor 公司的 ModelSim 仿真工具。如果条件允许，建议学生在自备的笔记本电脑上安装上述软件进行实验开发。同时，实验室应提供示波器、万用表等必要的设备。

实验的基本思路：先进行功能的逻辑抽象和模块划分，然后在计算机上使用逻辑开发工具编写逻辑，接着在使用逻辑仿真工具验证逻辑有效性的基础上，将逻辑下载到实验板中观察逻辑的实际运行情况，运行正确后，再根据运行结果撰写实验报告、整理文档，对实验进行总结。

建议实验报告样式如下：

(1) 实验题目。

(2) 实验要求。

(3) 设计过程描述及基于 Verilog HDL/VHDL 语言逻辑代码和逻辑设计框图。

(4) 逻辑仿真图，以及仿真结果。

(5) 实际下载结果，如果在实验中遇到的故障，故障是如何排除的。

(6) 实验结果的现象描述。

5.1　初 级 实 验

5.1.1　简单流水灯实验

1. 基本要求

设计 FPGA 逻辑，以 1 Hz 的频率点亮 Pocket Lab-F0 开发板上的发光二极管 LED0～LED7，如图 5.1 所示(白色代表未点亮，灰色代表点亮)。

2. 扩展要求

(1) 设计 FPGA 逻辑，以其他频率实现基本要求的发光二极管显示样式。

(2) 设计其他的发光二极管的显示样式。

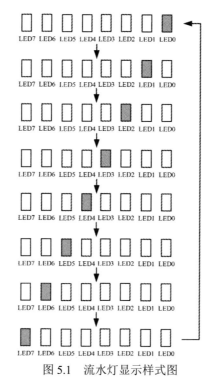

图 5.1　流水灯显示样式图

3. 按实验基本要求完成的设计示例

如图 5.2 所示，为了完成实验的基本要求，整个系统应该由分频器、流水灯计数器及 LED 显示转换器构成。下面对整个设计过程进行讲解，以便于后面的实例参考，在后续的实验设计示例中只对必要的过程进行讲解。

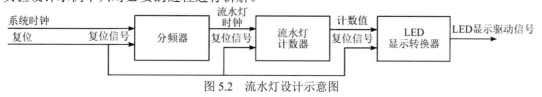

图 5.2　流水灯设计示意图

1) 建立工程

前面各章已经对 Gowin 云源软件的建立工程过程进行了详细介绍，这里不再重复。

2) 逻辑设计

(1) 分频器(模块名为 FREQUENCY_DIVIDER)。分频器实际上是一个具有某个模值的计数器，其作用为当计数器计数到模值时，对计数寄存器进行清零操作，并对输出时钟寄存器进行翻转操作，以得到占空比为 50%的同步分频输出，因此需要设计的分频器的实际模值的计算公式为

$$分频器模值 = \frac{系统时钟频率/期望输出时钟频率}{2} - 1 \qquad (5\text{-}1)$$

当分频器的期望输出频率为 1 Hz 时，分频器模值为 50 MHz/2 - 1 = 24 999 999(F0 开发板上的系统时钟频率为 50 MHz)。值得注意的是，为了保证分频器正常工作，计数寄存器所能表示的最大值必须大于分频器模值。分频器产生的频率越低，计数寄存器所需的位

数越多，这里我们将计数寄存器的位数设定为 32 位，这时计数寄存器可表示的最大数值为 $2^{32} - 1 = 4\,294\,967\,295 > 24\,999\,999$，能够满足分频器输出 1 Hz 的要求。

这里分别给出分频器的 Verilog HDL 和 VHDL 语言的逻辑源代码：

① Verilog HDL 语言分频器逻辑源代码：

```verilog
module FREQUENCY_DIVIDER (
                    input       i_sys_clk,    //系统时钟输入
                    input       i_sys_rst_n,      //系统复位输入，低电平有效
                    output reg  o_div_clk/        /分频时钟输出
                    );

    parameter  sys_clk_fre_value = 32'd50000000;     //系统时钟频率值
    parameter  div_clk_fre_value = 1;                 //分频器输出期望值
    parameter  div_count_value = sys_clk_fre_value/div_clk_fre_value/2-32'd1;

    reg [31:0] r_div_count;                           //计数寄存器

    always @ (negedge i_sys_clk or negedge i_sys_rst_n)
    begin
        if( ! i_sys_rst_n )begin                      //当输入系统复位低电平有效时
            r_div_count <= 32'd0;                     //清零计数寄存器
            o_div_clk <= 1'b0;                        //清零输出分频时钟
        end else begin
            if( r_div_count == div_count_value )begin //达到分频器模值
                r_div_count <= 32'd0;                 //清零计数寄存器
                o_div_clk <= ~o_div_clk;              //翻转输出分频时钟
            end else begin
                r_div_count <= r_div_count + 32'd1;   //对计数寄存器做+1 操作
            end
        end
    end

    endmodule
```

VHDL 语言分频器逻辑源代码：

```vhdl
    library IEEE;
    use IEEE.std_logic_1164.all;
    use IEEE.std_logic_arith.all;
    use IEEE.std_logic_unsigned.all;
    entity FREQUENCY_DIVIDER is
        generic(
```

```
                sys_clk_fre_value: INTEGER := 50000000;-- 系统时钟频率值
                div_clk_fre_value: INTEGER := 1-- 分频器输出期望值
        );
        port(
                i_sys_clk: in STD_LOGIC;--系统时钟输入
                i_sys_rst_n: in STD_LOGIC;--系统复位输入，低电平有效
                o_div_clk: out STD_LOGIC--分频时钟输出
        );
end entity FREQUENCY_DIVIDER;

architecture behavior of FREQUENCY_DIVIDER is
        signal r_div_count: STD_LOGIC_VECTOR (31 downto 0);-- 计数寄存器
        signal r_div_clk:STD_LOGIC;-- 分频时钟暂存
begin
        process(i_sys_rst_n, i_sys_clk)
            begin
                    if (i_sys_rst_n = '0') then--当输入系统复位低电平有效时
                            r_div_count <= x"00000000";--清零计数寄存器
                            r_div_clk <= '0';-- 清零输出分频时钟
                    elsif (i_sys_clk'event AND i_sys_clk = '1') then
                            if (r_div_count = sys_clk_fre_value/div_clk_fre_value/2-1) then
                                                            --达到分频器模值
                                    r_div_count <=    x"00000000";--清零计数寄存器
                                    r_div_clk <= NOT r_div_clk;-- 翻转分频时钟暂存
                            else
                                    r_div_count <= r_div_count+1;-- 对计数寄存器做+1 操作
                            end if;
                    end if;
            end process;
            o_div_clk <= r_div_clk;--将分频时钟暂存值赋值到分频时钟输出
    end architecture behavior;
```

这里需要注意的是，使用 VHDL 语言进行设计时，首先需要对可能用到的库进行声明，由于 VHDL 语言属于强类型语言，在设计过程中需要保证各个逻辑对象间类型的匹配性，同时逻辑的输出信号在进程中不允许被读取，因而需要像本例子中给出的分频器逻辑源代码那样，首先定义内部信号(分频器逻辑中的 r_div_clk)，对内部信号进行操作后再将结果赋值到输出信号(分频器逻辑中的 o_div_clk)。

对前面的 Verilog 描写的 FREQUENCY_DIVIDER 直接在 ModelSim 中进行仿真，仿真波形如图 5.3 所示。可以看到，由于计数器的模值很大，需要很长时间才能看到输出信号的变化。

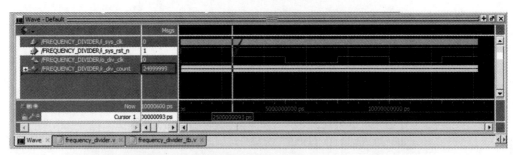

图 5.3　FREQUENCY_DIVIDER 在 ModelSim 中的仿真(不改变参数)

　　由于功能仿真只是为了验证所编写代码的功能是否满足设计要求，因此在仿真时可以重新定义程序中比较大的参数。下面给出对 Verilog 编写的 FREQUENCY_DIVIDER 的 Testbench 仿真代码，在测试代码中重新定义了 FREQUENCY_DIVIDER 中的时钟频率参数 sys_clk_fre_value，这样就可以很快地看到输出信号的变化。

　　② Verilog 编写的 FREQUENCY_DIVIDER_tb 仿真代码：

```verilog
`timescale 1ns/1ps                    //定义仿真时间和精度
`define clock_period 20               //定义仿真的时钟周期
module frequency_divider_tb();
    reg        i_sys_clk;
    reg        i_sys_rst_n;
    wire       o_div_clk;

    FREQUENCY_DIVIDER u1_FREQUENCY_DIVIDER(   //MUT 例化
        .i_sys_clk(i_sys_clk),//
        .i_sys_rst_n(i_sys_rst_n),//
        .o_div_clk(o_div_clk)
    );
//重新定义 sys_clk_fre_value 参数
    defparam u1_FREQUENCY_DIVIDER.sys_clk_fre_value = 50;
    initial i_sys_clk = 1;    //初始化时钟初值
    always #(`clock_period/2) i_sys_clk = ~i_sys_clk;          //产生时钟

    initial begin
        i_sys_rst_n = 0;
        #(`clock_period*10);
        i_sys_rst_n = 1;
        #(`clock_period*1000)
        $stop;
    end

endmodule
```

在 ModelSim 中编译 FREQUENCY_DIVIDER_tb.v 文件并启动仿真，仿真波形如图 5.4
所示，可以看出，由于重新定义了内部参数，所以仿真时间缩短了。

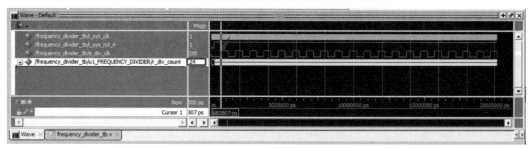

图 5.4　FREQUENCY_DIVIDER_tb 在 ModelSim 中的仿真(重新定义内部参数)

(2) 流水灯计数器(模块名为 LAMP_COUNTER)。由于本实验的任务是依次点亮 Pocket
Lab-F0 开发板上的 8 个 LED，整个流水灯的工作流程存在 8 个工作状态，因此流水灯计数
器实质上就是一个模 8 计数器。需要注意的是要保证计数寄存器所能表示的最大数值大于
8，这里建议将计数寄存器的位数设置为 4 位，与分频器设计有所不同，需要将计数器的计
数值作为输出变量输出到外部。

① 流水灯计数器部分 LAMP_COUNTER 的 Verilog HDL 代码如下：

```verilog
module LAMP_COUNTER (
        input                   i_lamp_clk,
        input                   i_sys_rst_n,
        output reg[3:0]         o_lamp_val
        );


parameter   cnt_mod_value = 4'd8;
parameter   cnt_mod_compare_value = cnt_mod_value - 4'd1;


always @ (posedge i_lamp_clk or negedge i_sys_rst_n)
begin
    if( ! i_sys_rst_n )begin
        o_lamp_val <= 4'd0;
    end else begin
        if( o_lamp_val == cnt_mod_compare_value )begin
            o_lamp_val <= 4'd0;
        end else begin
            o_lamp_val <= o_lamp_val + 4'd1;
        end
    end
end


endmodule
```

② VHDL 语言 LAMP_COUNTER 逻辑源代码：

```vhdl
library IEEE;
use IEEE.std_logic_1164.all;
use IEEE.std_logic_arith.all;
use IEEE.std_logic_unsigned.all;

entity LAMP_COUNTER is
    generic(
        cnt_mod_value: INTEGER := 8
    );
    port(
        i_lamp_clk: in STD_LOGIC;
        i_sys_rst_n: in STD_LOGIC;
        o_lamp_val: out STD_LOGIC_VECTOR (3 downto 0)
    );
end entity LAMP_COUNTER;

architecture behavior of LAMP_COUNTER is
    signal r_lamp_val: STD_LOGIC_VECTOR (3 downto 0);
begin
    process(i_sys_rst_n, i_lamp_clk)
        begin
            if (i_sys_rst_n = '0') then
                r_lamp_val <= x"0";
            elsif (i_lamp_clk'event AND i_lamp_clk = '1') then
                if (r_lamp_val = cnt_mod_value-1) then
                    r_lamp_val <= x"0";
                else
                    r_lamp_val <= r_lamp_val+1;
                end if;
            end if;
        end process;
        o_lamp_val <= r_lamp_val;
end architecture behavior;
```

(3) LED 显示转换器(模块名为 LAMP_CONVERTER)。LED 显示转换器实质上是 1 个对流水灯计数器输出计数值与 LED 显示结果进行转换的逻辑，这里设计一个采用 case 结构的组合逻辑电路。由于 Pocket Lab-F0 开发板上 LED 的电路连接方式为共阳极结构，因此点亮某个 LED，从逻辑上讲就是将与这个 LED 相连接的 FPGA 管脚设置为低电平，在逻辑设计语言中就是对输出信号的某位赋值为逻辑 0。下面分别给出 LED 显示转换器的

Verilog HDL 和 VHDL 语言逻辑源代码。

① Verilog HDL 语言 LED 显示转换器逻辑源代码：

```verilog
module LAMP_CONVERTER (
    input   [3:0] i_lamp_val,//流水灯计数器输入
    input    i_sys_rst_n,//系统复位输入
    output reg[7:0]   o_lamp_display_val //LED 显示输出
                                    );

    always @ (i_sys_rst_n or i_lamp_val)
    begin
        if( !i_sys_rst_n )begin//当输入系统复位低有效时
            o_lamp_display_val <= 8'b1111_1111;//熄灭所有 LED
        end else begin
            case( i_lamp_val )//根据流水灯计数器输入依次点亮 LED
                4'd0: o_lamp_display_val <= 8'b1111_1110;
                4'd1: o_lamp_display_val <= 8'b1111_1101;
                4'd2: o_lamp_display_val <= 8'b1111_1011;
                4'd3: o_lamp_display_val <= 8'b1111_0111;
                4'd4: o_lamp_display_val <= 8'b1110_1111;
                4'd5: o_lamp_display_val <= 8'b1101_1111;
                4'd6: o_lamp_display_val <= 8'b1011_1111;
                4'd7: o_lamp_display_val <= 8'b0111_1111;
                default: o_lamp_display_val <= 8'b1111_1111;
            endcase
        end
    end
endmodule
```

② VHDL 语言 LED 显示转换器逻辑源代码：

```vhdl
library IEEE;
use IEEE.std_logic_1164.all;
use IEEE.std_logic_arith.all;
use IEEE.std_logic_unsigned.all;

entity LAMP_CONVERTER is
    port(
        i_lamp_val: in STD_LOGIC_VECTOR (3 downto 0);-- 流水灯计数器输入
        i_sys_rst_n: in STD_LOGIC;        --系统复位输入
        o_lamp_display_val: out STD_LOGIC_VECTOR (7 downto 0) -- LED 显示输出
        );
```

```vhdl
end entity LAMP_CONVERTER;

architecture behavior of LAMP_CONVERTER is
    signal r_lamp_display_val: STD_LOGIC_VECTOR (7 downto 0);
begin
    process(i_sys_rst_n, i_lamp_val)
        begin
            if(i_sys_rst_n = '0') then--当输入系统复位低电平有效时
                r_lamp_display_val <= "11111111";--熄灭所有 LED
            else
                case i_lamp_val is--根据流水灯计数器输入依次点亮 LED
                    when "0000" => r_lamp_display_val <= "11111110";
                    when "0001" => r_lamp_display_val <= "11111101";
                    when "0010" => r_lamp_display_val <= "11111011";
                    when "0011" => r_lamp_display_val <= "11110111";
                    when "0100" => r_lamp_display_val <= "11101111";
                    when "0101" => r_lamp_display_val <= "11011111";
                    when "0110" => r_lamp_display_val <= "10111111";
                    when "0111" => r_lamp_display_val <= "01111111";
                    when others => r_lamp_display_val <= "11111111";
                end case;
            end if;
    end process;
    o_lamp_display_val <= r_lamp_display_val;
end architecture behavior;
```

(4) 顶层逻辑(模块名为 LAMP_LIGHT_TOP)。为了使流水灯正常工作，需要设计 1 个顶层逻辑，整合上述的 3 个逻辑模块，下面分别给出顶层函数的 Verilog HDL 和 VHDL 语言的逻辑源代码。由于顶层逻辑主要是对各个逻辑模块进行整合，具有一定的相似性，因而在后续实验中将不再给出这部分的代码。

① Verilog HDL 语言顶层逻辑源代码：

```verilog
module LAMP_LIGHT_TOP (
    input       i_sys_clk,//系统时钟输入
    input       i_sys_rst_n,//系统复位输入
    output  [7:0]       o_lamp_display_val//LED 显示输出
    );

    wire        w_lamp_clk;//分频时钟
    wire [3:0]  w_lamp_val;//LED 计数值输出
```

```
            FREQUENCY_DIVIDER u1(
                                    .i_sys_clk(i_sys_clk),
                                    .i_sys_rst_n(i_sys_rst_n),
                                    .o_div_clk(w_lamp_clk)
                                    );//分频器模块

            LAMP_COUNTER u2(
                                    .i_lamp_clk(w_lamp_clk),
                                    .i_sys_rst_n(i_sys_rst_n),
                                    .o_lamp_val(w_lamp_val)
                                    );//流水灯计数器模块

            LAMP_CONVERTER        u3(
                                    .i_lamp_val(w_lamp_val),
                                    .i_sys_rst_n(i_sys_rst_n),
                                    .o_lamp_display_val(o_lamp_display_val)
                                    );//LED 显示转换器模块

    endmodule
```

② VHDL 语言顶层逻辑源代码：

```vhdl
    library IEEE;
    use IEEE.std_logic_1164.all;
    use IEEE.std_logic_arith.all;
    use IEEE.std_logic_unsigned.all;

    entity LAMP_LIGHT_TOP is
        port(
                i_sys_clk: in STD_LOGIC;--系统时钟输入
                i_sys_rst_n: in STD_LOGIC;--系统复位输入
                o_lamp_display_val: out STD_LOGIC_VECTOR (7 downto 0)--LED 显示输出
            );
    end entity LAMP_LIGHT_TOP;
    --模块声明
    architecture behavior of LAMP_LIGHT_TOP is
        component FREQUENCY_DIVIDER is
            generic(--参数声明
                sys_clk_fre_value: INTEGER := 50000000;
                div_clk_fre_value: INTEGER := 1
            );
            port(--输入输出声明
```

```vhdl
            i_sys_clk: in STD_LOGIC;
            i_sys_rst_n: in STD_LOGIC;
            o_div_clk: out STD_LOGIC
        );
    end component;
    component LAMP_COUNTER is
        generic(--参数声明
            cnt_mod_value: INTEGER := 8
        );
        port(--输入输出声明
            i_lamp_clk: in STD_LOGIC;
            i_sys_rst_n: in STD_LOGIC;
            o_lamp_val: out STD_LOGIC_VECTOR (3 downto 0)
        );
    end component;
    component LAMP_CONVERTER is
        port(--输入输出声明
            i_lamp_val: in STD_LOGIC_VECTOR (3 downto 0);
            i_sys_rst_n: in STD_LOGIC;
            o_lamp_display_val: out STD_LOGIC_VECTOR (7 downto 0)
        );
    end component;
    signal w_div_clk: STD_LOGIC;--分频时钟
    signal w_lamp_val: STD_LOGIC_VECTOR (3 downto 0);--LED 计数值


begin
    U1: FREQUENCY_DIVIDER port map (       i_sys_clk => i_sys_clk,
                                           i_sys_rst_n => i_sys_rst_n,
                                           o_div_clk => w_div_clk);
                              --分频器模块
    U2: LAMP_COUNTER port map ( i_lamp_clk => w_div_clk,
                                i_sys_rst_n => i_sys_rst_n,
                                o_lamp_val => w_lamp_val);
                              --LED 计数器模块
    U3: LAMP_CONVERTER port map ( i_lamp_val => w_lamp_val,
                                  i_sys_rst_n => i_sys_rst_n,
                                  o_lamp_display_val => o_lamp_display_val );
                              --LED 显示转换器模块
end architecture behavior;
```

这里需要注意的是，考虑到前面所设计的逻辑模块，复位信号均为低电平有效，实际与模块的复位信号进行锁定连接时，建议将系统的复位信号连接到实验板上低电平有效的 FPGA 全局复位按键上，如果所用实验板没有 FPGA 全局复位，可以连接到按下时为低电平的按键上(如果按键按下时为高电平，需要在输入端加反向处理)。此外，由于 VHDL 语言属于强类型语言，进行模块调用时，首先需要对各个模块的参数、输入、输出进行声明。

3) 逻辑仿真

由于上述逻辑均是通过仿真验证过的模块，这里略过这个过程。需要注意的是为了保证仿真的顺利进行，仿真脚本中所有的输入信号均应该在系统复位时给出确定的数值，以防止输入信号出现 X(不确定状态)，影响仿真的输出结果。

4) 锁定管脚

这里给出与本实验相关的 FPGA 管脚，根据前面章节介绍的方法，对相关管脚进行锁定后，通过编译就可以最终完成设计过程。该例中所用管脚分布如表 5.1 所示。

表 5.1　Pocket Lab-F0 开发板 FPGA 管脚分配表

HDL 代码信号名称	F0 实验板信号名称	FPGA 管脚序号
i_sys_clk	CLK_50MHz_IN	pin_6
i_sys_rst_n	FPGA_RST_N	pin_92
o_lamp_display_val[7]	FPGA_LED8	pin_56
o_lamp_display_val[6]	FPGA_LED7	pin_57
o_lamp_display_val[5]	FPGA_LED6	pin_58
o_lamp_display_val[4]	FPGA_LED5	pin_59
o_lamp_display_val[3]	FPGA_LED4	pin_60
o_lamp_display_val[2]	FPGA_LED3	pin_61
o_lamp_display_val[1]	FPGA_LED2	pin_62
o_lamp_display_val[0]	FPGA_LED1	pin_63

5) 下载到 FPGA

根据前面章节介绍的方法，将以 fs 为后缀的编程文件加载到 FPGA 中即可观察到本实验基础部分的演示现象。

5.1.2　简单计时器实验

1. 基本要求

设计 FPGA 逻辑，使用 F0 开发板上的 4 位七段数码管，如图 5.5 所示，实现一个计数范围为 0 分 0 秒～59 分 59 秒的计数器。其中左边的两个七段数码管用来显示计数器的分钟数值，右边的两个七段数码管用来显示计数器的秒数值。计数器通过实验板上复位按键进行清零。

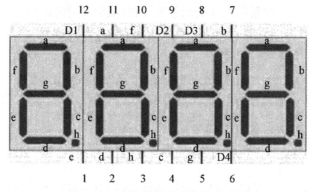

图 5.5　4 位七段数码管管脚分布图

如图 5.5 所示，4 位七段数码管可以显示 4 位数字，封装共有 12 个管脚，包括用于段选的 a、b、c、d、e、f、g、h 的 8 个，其中 h 为小数点；另外还有 4 个管脚 D1、D2、D3、D4 用于位选操作，F0 实验板上的 4 位七段数码管位选为高电平对应的数码管被选中，段选为低电平有效，对应的二极管将会被点亮。四个数码管的显示原理是不断扫描 D1、D2、D3、D4，然后相应的八段数码管可依次点亮。当扫描速度很快时，所看到的现象就是四个数码管同时显示的效果。根据以上原理，本实验实现简单计时器的分和秒的显示。

2. 扩展要求

设计 FPGA 逻辑，使用 F0 开发板上的 4 位七段数码管，实现一个计数范围为 0 小时 0 分 0 秒～23 小时 59 分 59 秒的计数器，当计数值为 0 分 0 秒～59 分 59 秒范围时，左边两个七段数码管显示计数器的分钟数值，右边两个七段数码管显示计数器的秒数值。当计数值为 1 小时 0 分 0 秒～23 小时 59 分 59 秒范围时，左边两个七段数码管显示计数器的小时数值，右边两个七段数码管显示计数器的分钟数值。计数器通过实验板上复位按键进行清零。

3. 实验基本要求的设计示例

如图 5.6 所示，为了完成实验的基本要求，整个系统应该由分频模块、BCD 码秒/分计数器及 4 位七段数码管扫描控制模块构成，下面将对系统的各个模块的逻辑设计，以及顶层的管脚锁定进行详细描述。

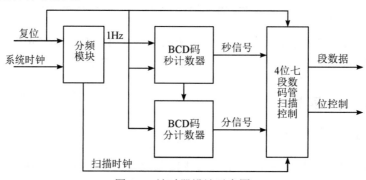

图 5.6　计时器设计示意图

1) 逻辑设计

(1) 分频模块(模块名为 FREQUENCY_DIVIDER_1s_100k)。本实验中所采用的分频模块可产生 1 Hz 和 100 kHz 两个时钟，其中 1 Hz 时钟用于秒/分计数器模块，100 kHz 时钟用于 4 位七段数码管的扫描控制，下面分别给出分频模块的 Verilog HDL 和 VHDL 语言逻辑源代码。

① Verilog HDL 语言分频模块逻辑源代码：

```verilog
module FREQUENCY_DIVIDER_1s_100k (
        input           i_sys_clk,
        input           i_sys_rst_n,
        output reg      o_div_clk_1s,
        output reg      o_clk_100k
        );

    parameter   sys_clk_fre_value = 32'd50000000;   //时钟频率
    parameter   div_clk_fre_value = 1;              //1 Hz 分频
    parameter   div_clk_fre_100k = 100;             //100 kHz 分频
    parameter   div_count_value = sys_clk_fre_value/div_clk_fre_value/2-32'd1;
    parameter   div_count_100k = sys_clk_fre_value/div_clk_fre_100k/2 -32'd1;

    reg [31:0] r_div_count;
    reg [31:0] r_div_count_100k;

    always @ (posedge i_sys_clk or negedge i_sys_rst_n)
    begin
        if( !i_sys_rst_n )begin
            r_div_count <= 32'd0;
            o_div_clk_1s <= 1'b0;
        end else begin
            if( r_div_count == div_count_value )begin
                r_div_count <= 32'd0;
                o_div_clk_1s <= ~o_div_clk_1s;
            end else begin
                r_div_count <= r_div_count + 32'd1;
            end
        end
    end

    always @ (posedge i_sys_clk or negedge i_sys_rst_n)
    begin
```

```verilog
            if( !i_sys_rst_n )begin
                r_div_count_100k <= 32'd0;
                o_clk_100k <= 1'b0;
            end else begin
                if( r_div_count_100k == div_count_100k )begin
                    r_div_count_100k <= 32'd0;
                    o_clk_100k <= ~o_clk_100k;
                end else begin
                    r_div_count_100k <= r_div_count_100k + 32'd1;
                end
            end
        end
    end
endmodule
```

② VHDL 语言分频模块逻辑源代码：

```vhdl
library IEEE;
use IEEE.std_logic_1164.all;
use IEEE.std_logic_arith.all;
use IEEE.std_logic_unsigned.all;

entity FREQUENCY_DIVIDER_1s_100k is
    generic(
        sys_clk_fre_value: INTEGER := 50000000;      --时钟频率
        div_clk_fre_value: INTEGER := 1;             --1 Hz 计数器分频
        div_clk_fre_100k:  INTEGER := 100            --100 kHz 计数器分频
    );
    port(
        i_sys_clk : in STD_LOGIC;
        i_sys_rst_n : in STD_LOGIC;
        o_div_clk_1s : out STD_LOGIC;
        o_clk_100k : out STD_LOGIC
    );
end entity FREQUENCY_DIVIDER_1s_100k;

architecture behavior of FREQUENCY_DIVIDER_1s_100k is
    signal r_div_count : STD_LOGIC_VECTOR(31 downto 0);
    signal r_div_count_100k : STD_LOGIC_VECTOR(31 downto 0);
    signal r_div_clk_1s : STD_LOGIC;
    signal r_clk_100k : STD_LOGIC;
begin
```

```vhdl
        o_div_clk_1s <= r_div_clk_1s;
        o_clk_100k <= r_clk_100k;
        process(i_sys_clk, i_sys_rst_n)        --1 Hz 分频进程
        begin
            if (i_sys_rst_n = '0') then
                r_div_count <= x"00000000";
                r_div_clk_1s <= '0';
            elsif (i_sys_clk'event AND i_sys_clk = '1') then
                if (r_div_count_100k = sys_clk_fre_value/div_clk_fre_value/2-1) then
                    r_div_count <= x"00000000";
                    r_div_clk_1s <= NOT r_div_clk_1s;
                else
                    r_div_count <= r_div_count + 1;
                end if;
            end if;
        end process;


        process(i_sys_clk, i_sys_rst_n)        --100 kHz 分频进程
        begin
            if (i_sys_rst_n = '0') then
                r_div_count_100k <= x"00000000";
                r_clk_100k <= '0';
            elsif (i_sys_clk'event AND i_sys_clk = '1') then
                if (r_div_count = sys_clk_fre_value/div_clk_fre_100k/2-1) then
                    r_div_count_100k <= x"00000000";
                    r_clk_100k <= NOT r_clk_100k;
                else
                    r_div_count_100k <= r_div_count_100k + 1;
                end if;
            end if;
        end process;
    end architecture behavior;
```

(2) BCD 码的秒/分计数器模块(模块名为 BCD_COUNTER60)。又称 BCD 码模 60 计数器，该模块实现 BCD 码输出的模 60 计数器，输出为 8 位二进制，其中低四位表示 BCD 码模 60 计数器输出的个位，表示范围为 0～9；高四位表示 BCD 码模 60 计数器输出的十位，表示范围为 0～5；并且在输出为十进制 59，即高四位为"0101"，低四位为"1001"时，进位输出为高电平。下面分别给出 BCD 码模 60 计数器的 Verilog HDL 和 VHDL 语言逻辑源代码。

① Verilog HDL 语言 BCD 码模 60 计数器逻辑源代码：

```verilog
module BCD_COUNTER60(
        input clk,              //1 Hz
        input rst_n,
        output co,              //BCD 码模 60 的进位输出
        output [3:0] lq,        //BCD 码模 60 的低四位
        output [3:0] hq         //BCD 码模 60 的高四位
    );
    reg [3:0] lq_cnt,hq_cnt;
    reg tmp_co;
    assign lq = lq_cnt;
    assign hq = hq_cnt;
    assign co = tmp_co;

    always@(posedge clk or negedge rst_n)
    begin
        if (!rst_n)    //if (rst_n==1'b0)
        begin
            lq_cnt <= 4'd0;
            hq_cnt <= 4'd0;
        end
        else if (lq_cnt < 4'd9)
        begin
            lq_cnt <= lq_cnt + 1'b1;
            hq_cnt <= hq_cnt;
        end
        else if (hq_cnt < 4'd5)
        begin
            lq_cnt <= 4'd0;
            hq_cnt <= hq_cnt + 1'b1;
        end
        else //count = 59
        begin
            lq_cnt <= 4'd0;
            hq_cnt <= 4'd0;
        end
    end //always-end

    always@(posedge clk or negedge rst_n)   //进位为同步进位
    begin
```

```
                if (!rst_n)
                    tmp_co <= 1'b0;
                else if ((lq_cnt == 4'd8)&&(hq_cnt == 4'd5))
                    tmp_co <= 1'b1;
                else
                    tmp_co <= 1'b0;
            end
    endmodule
```

② VHDL 语言 BCD 码模 60 计数器逻辑源代码：

```
    library IEEE;
    use IEEE.std_logic_1164.all;
    use IEEE.std_logic_arith.all;
    use IEEE.std_logic_unsigned.all;

    entity BCD_COUNTER60 is
        port(
            clk     : in STD_LOGIC;
            rst_n   : in STD_LOGIC;
            co      : out STD_LOGIC;
            lq      : out STD_LOGIC_VECTOR(3 downto 0);
            hq      : out STD_LOGIC_VECTOR(3 downto 0)
        );
    end entity BCD_COUNTER60;

    architecture behavior of BCD_COUNTER60 is
        signal lq_cnt : STD_LOGIC_VECTOR(3 downto 0);
        signal hq_cnt : STD_LOGIC_VECTOR(3 downto 0);
        signal tmp_co : STD_LOGIC;
    begin
        lq <= lq_cnt;
        hq <= hq_cnt;
        co <= tmp_co;
        process(clk, rst_n)        --BCD 码模 60 计数器进程
        begin
            if (rst_n = '0') then
                lq_cnt <= x"0";
                    hq_cnt <= x"0";
            elsif (clk'event AND clk = '1') then
                if (lq_cnt < x"9") then
```

```
                        lq_cnt <= lq_cnt + 1;
                        hq_cnt <= hq_cnt;
                elsif (hq_cnt < x"5") then
                        lq_cnt <= x"0";
                        hq_cnt <= hq_cnt +1;
                else
                        lq_cnt <= x"0";
                        hq_cnt <= x"0";
                end if;
            end if;
        end process;


        process(clk, rst_n)    --同步进位进程
        begin
            if (rst_n = '0') then
                        tmp_co <= '0';
            elsif (clk'event AND clk = '1') then
                if (hq_cnt = x"5" AND lq_cnt = x"8") then
                        tmp_co <= '1';
                else
                        tmp_co <= '0';
                end if;
            end if;
        end process;
    end architecture behavior;
```

BCD 码模 60 技术模块在 ModelSim 中的仿真结果如图 5.7 所示。两个 BCD 码模 60 计数器级联可以实现分-秒计数。

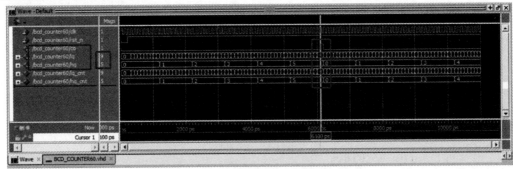

图 5.7   BCD 码模 60 计时模块仿真波形

(3) 4 位七段数码管扫描控制模块(模块名为 SEG_SCAN)。4 位七段数码管结构原理如前面所述，本实验要用 4 位七段数码管分别显示分和秒的 BCD 计数结果，分和秒的 BCD 码表示为 8 位，因此这里分别给出用 Verilog HDL 和 VHDL 语言实现的 4 位七段数码管扫

描显示逻辑控制源代码，其中 data_s[7:0]表示 8 位秒信号的 BCD 码，data_m[7:0]表示 8 位分信号的 BCD 码，SEG7[7:0]表示七段显示的译码输出，DIG[3:0]表示 4 位七段数码管的位控制信号。

① Verilog HDL 语言 4 位七段数码管扫描控制逻辑源代码：

```verilog
module SEG_SCAN (
                input [7:0] data_s,          //second bcd
                input [7:0] data_m,          //minute bcd
                input clk,                   //scan frequency 100 kHz
                input rst_n,                 //低电平有效复位信号
                output [7:0] SEG7,
                output [3:0] DIG
        );


        //------------段控制    共阳/共阴-----------------------
        parameter    SEG_NUM0    = 8'hc0, //3f,
                     SEG_NUM1    = 8'hf9, //06,
                     SEG_NUM2    = 8'ha4, //5b,
                     SEG_NUM3    = 8'hb0, //4f,
                     SEG_NUM4    = 8'h99, //66,
                     SEG_NUM5    = 8'h92, //6d,
                     SEG_NUM6    = 8'h82, //7d,
                     SEG_NUM7    = 8'hF8, //07,
                     SEG_NUM8    = 8'h80, //7f,
                     SEG_NUM9    = 8'h90, //6f,
                     SEG_NUMA    = 8'h88, //77,
                     SEG_NUMB    = 8'h83, //7c,
                     SEG_NUMC    = 8'hc6, //39,
                     SEG_NUMD    = 8'ha1, //5e,
                     SEG_NUME    = 8'h86, //79,
                     SEG_NUMF    = 8'h8e; //71;


        reg [1:0] cnt;
        reg [3:0] tmp_dig;
        reg [3:0] data;
        reg [7:0] seg_num;

        assign DIG = tmp_dig;        //BIT
        assign SEG7 = seg_num;       //SEGMENT
```

```verilog
always@(posedge clk or negedge rst_n)
begin
    if (!rst_n)
        cnt <= 2'd0;
    else
        cnt <= cnt + 1'b1;

    case (cnt)        //位扫描控制
            2'b00: begin tmp_dig <= 4'b1000; data <= data_s[3:0]; end
            2'b01: begin tmp_dig <= 4'b0100; data <= data_s[7:4]; end
            2'b10: begin tmp_dig <= 4'b0010; data <= data_m[3:0]; end
            2'b11: begin tmp_dig <= 4'b0001; data <= data_m[7:4]; end
    endcase
end


always@(posedge clk or negedge rst_n)
begin
    if (!rst_n)
            seg_num <= SEG_NUM0;
        else
        case(data)        //段显示控制
            4'h0: seg_num <= SEG_NUM0;
            4'h1: seg_num <= SEG_NUM1;
            4'h2: seg_num <= SEG_NUM2;
            4'h3: seg_num <= SEG_NUM3;
            4'h4: seg_num <= SEG_NUM4;
            4'h5: seg_num <= SEG_NUM5;
            4'h6: seg_num <= SEG_NUM6;
            4'h7: seg_num <= SEG_NUM7;
            4'h8: seg_num <= SEG_NUM8;
            4'h9: seg_num <= SEG_NUM9;
            4'ha: seg_num <= SEG_NUMA;
            4'hb: seg_num <= SEG_NUMB;
            4'hc: seg_num <= SEG_NUMC;
            4'he: seg_num <= SEG_NUME;
            4'hf:    seg_num <= SEG_NUMF;
            default: seg_num <= SEG_NUM0;
        endcase
end
```

```
endmodule
```

② VHDL 语言七段数码管显示转换器部分逻辑源代码：

```
library IEEE;
use IEEE.std_logic_1164.all;
use IEEE.std_logic_arith.all;
use IEEE.std_logic_unsigned.all;

entity SEG_SCAN is
    port(
        data_s      : in STD_LOGIC_VECTOR(7 downto 0);
        data_m      : in STD_LOGIC_VECTOR(7 downto 0);
        clk         : in STD_LOGIC;
        rst_n       : in STD_LOGIC;
        SEG7        : out STD_LOGIC_VECTOR(7 downto 0);
        DIG         : out STD_LOGIC_VECTOR(3 downto 0)
    );
end entity SEG_SCAN;

architecture behavior of SEG_SCAN is
    signal cnt : STD_LOGIC_VECTOR(1 downto 0);
    signal tmp_dig : STD_LOGIC_VECTOR(3 downto 0);
    signal data : STD_LOGIC_VECTOR(3 downto 0);
    signal seg_num : STD_LOGIC_VECTOR(7 downto 0);
    --七段显示常量声明
    constant SEG_NUM0 : STD_LOGIC_VECTOR(7 downto 0) := x"c0";
    constant SEG_NUM1 : STD_LOGIC_VECTOR(7 downto 0):= x"f9";
    constant SEG_NUM2 : STD_LOGIC_VECTOR(7 downto 0):= x"a4";
    constant SEG_NUM3 : STD_LOGIC_VECTOR(7 downto 0):= x"b0";
    constant SEG_NUM4 : STD_LOGIC_VECTOR(7 downto 0):= x"99";
    constant SEG_NUM5 : STD_LOGIC_VECTOR(7 downto 0):= x"92";
    constant SEG_NUM6 : STD_LOGIC_VECTOR(7 downto 0):= x"82";
    constant SEG_NUM7 : STD_LOGIC_VECTOR(7 downto 0):= x"F8";
    constant SEG_NUM8 : STD_LOGIC_VECTOR(7 downto 0):= x"80";
    constant SEG_NUM9 : STD_LOGIC_VECTOR(7 downto 0):= x"90";
    constant SEG_NUMA : STD_LOGIC_VECTOR(7 downto 0):= x"88";
    constant SEG_NUMB : STD_LOGIC_VECTOR(7 downto 0):= x"83";
    constant SEG_NUMC : STD_LOGIC_VECTOR(7 downto 0):= x"c6";
    constant SEG_NUMD : STD_LOGIC_VECTOR(7 downto 0):= x"a1";
    constant SEG_NUME : STD_LOGIC_VECTOR(7 downto 0):= x"86";
```

```vhdl
        constant SEG_NUMF : STD_LOGIC_VECTOR(7 downto 0):= x"8e";
begin
    DIG <= tmp_dig;
    SEG7 <= seg_num;

    process(clk, rst_n)
    begin
        if (rst_n = '0') then
            cnt <= "00";
        else
            cnt <= cnt + 1;
        end if;
        case (cnt) is
            when "00" =>
                tmp_dig <= "1000";
                data <= data_s(3 downto 0);
            when "01" =>
                tmp_dig <= "0100";
                data <= data_s(7 downto 4);
            when "10" =>
                tmp_dig <= "0010";
                data <= data_m(3 downto 0);
            when "11" =>
                tmp_dig <= "0001";
                data <= data_m(7 downto 4);
            when others =>
                tmp_dig <= "0000";
        end case;
    end process;

    process(clk, rst_n)
    begin
        if (rst_n = '0') then
            seg_num <= SEG_NUM0;
        else
            case (data) is
            when "0000" => seg_num <= SEG_NUM0;
            when "0001" => seg_num <= SEG_NUM1;
            when "0010" => seg_num <= SEG_NUM2;
```

```
                        when "0011" => seg_num <= SEG_NUM3;
                        when "0100" => seg_num <= SEG_NUM4;
                        when "0101" => seg_num <= SEG_NUM5;
                        when "0110" => seg_num <= SEG_NUM6;
                        when "0111" => seg_num <= SEG_NUM7;
                        when "1000" => seg_num <= SEG_NUM8;
                        when "1001" => seg_num <= SEG_NUM9;
                        when "1010" => seg_num <= SEG_NUMA;
                        when "1011" => seg_num <= SEG_NUMB;
                        when "1100" => seg_num <= SEG_NUMC;
                        when "1101" => seg_num <= SEG_NUMD;
                        when "1110" => seg_num <= SEG_NUME;
                        when "1111" => seg_num <= SEG_NUMF;
                        when others => seg_num <= SEG_NUM0;
                     end case;
                  end if;
               end process;
            end architecture behavior;
```

(4) 顶层逻辑(模块名为 TOP_TIMER)。根据图 5.6 所示的计时器设计示意图，把前面的各模块连接起来，即可实现本节的具有分-秒显示的简单计时器实例。下面分别给出由 Verilog HDL 和 VHDL 语言实现的简单计时器顶层逻辑源代码。注意，下面给出的顶层级联采用的是异步级联方式，但由于 BCD 码模 60 计数模块中的进位输出是同步输出，因此异步级联可以正常工作。感兴趣的读者可以试着将顶层级联采用同步级联方式，同步级联和异步级联相关知识可参考《数字电路与逻辑设计》教材中关于时序逻辑电路设计部分。

① Verilog HDL 实现的顶层逻辑源代码：

```
module TOP_TIMER(
        input i_sys_clk,      //50 MHz
        input i_sys_rst_n,    //低电平有效的复位信号
        output [7:0] seg,     //段显示控制
        output [3:0] dig      //位控制
);

        wire tmp_clk_1s;
        wire tmp_clk_100k;
        wire tmp_co;
        wire [7:0] tmp_bcd_s;     //BCD 模 60-秒信号
        wire [7:0] tmp_bcd_m;     //BCD 模 60-分信号

        FREQUENCY_DIVIDER_1s_100k   u1(
```

```verilog
            .i_sys_clk(i_sys_clk),
            .i_sys_rst_n(i_sys_rst_n),
            .o_div_clk_1s(tmp_clk_1s),
            .o_clk_100k(tmp_clk_100k)
        );
    //---------BCD counter of second and minute of timer
    BCD_COUNTER60    u2(          //秒计数的 BCD 码模 60
            .clk(tmp_clk_1s),
            .rst_n(i_sys_rst_n),
            .co(tmp_co),
            .lq(tmp_bcd_s[3:0]),
            .hq(tmp_bcd_s[7:4])
        );
    BCD_COUNTER60    u3(          //分计数的 BCD 码模 60
            .clk(~tmp_co),           //秒计数器的进位输出级联信号
            .rst_n(i_sys_rst_n),
            .co(),
            .lq(tmp_bcd_m[3:0]),
            .hq(tmp_bcd_m[7:4])
        );
    //--------------------------------------------------------------------
    SEG_SCAN u4(
            .data_s(tmp_bcd_s),          //秒计数器输出的 BCD 码信号
            .data_m(tmp_bcd_m),          //分计数器输出的 BCD 码信号
            .clk(tmp_clk_100k),          // 100 kHz 的扫描显示时钟信号
            .rst_n(i_sys_rst_n),    //
            .SEG7(seg),
            .DIG(dig)
        );
endmodule
```

② VHDL 实现的顶层逻辑源代码：

```vhdl
    library IEEE;
    use IEEE.std_logic_1164.all;
    use IEEE.std_logic_arith.all;
    use IEEE.std_logic_unsigned.all;

    entity TOP_TIMER is
        port(
            i_sys_clk    : in STD_LOGIC;
```

```vhdl
            i_sys_rst_n : in STD_LOGIC;
        seg         : out STD_LOGIC_VECTOR(7 downto 0);
        dig         : out STD_LOGIC_VECTOR(3 downto 0)
    );
end entity TOP_TIMER;

architecture behavior of TOP_TIMER is
    component FREQUENCY_DIVIDER_1s_100k is
    generic(
        sys_clk_fre_value: INTEGER := 50000000;
        div_clk_fre_value: INTEGER := 1;
        div_clk_fre_100k:   INTEGER := 500
    );
    port(
        i_sys_clk : in STD_LOGIC;
        i_sys_rst_n : in STD_LOGIC;
        o_div_clk_1s : out STD_LOGIC;
        o_clk_100k : out STD_LOGIC
    );
    end component;
    component BCD_COUNTER60 is
    port(
        clk     : in STD_LOGIC;
        rst_n : in STD_LOGIC;
        co      : out STD_LOGIC;
        lq      : out STD_LOGIC_VECTOR(3 downto 0);
        hq      : out STD_LOGIC_VECTOR(3 downto 0)
    );
    end component;
    component SEG_SCAN is
    port(
        data_s      : in STD_LOGIC_VECTOR(7 downto 0);
        data_m      : in STD_LOGIC_VECTOR(7 downto 0);
        clk         : in STD_LOGIC;
        rst_n       : in STD_LOGIC;
        SEG7        : out STD_LOGIC_VECTOR(7 downto 0);
        DIG         : out STD_LOGIC_VECTOR(3 downto 0)
    );
    end component;
```

```vhdl
    signal tmp_clk_1s : STD_LOGIC;
    signal tmp_clk_100k : STD_LOGIC;
    signal tmp_co : STD_LOGIC;
    signal tmp_bcd_s : STD_LOGIC_VECTOR(7 downto 0);
    signal tmp_bcd_m : STD_LOGIC_VECTOR(7 downto 0);
    signal tmp_asy_clk : STD_LOGIC;
begin
    u1: FREQUENCY_DIVIDER_1s_100k port map(
        i_sys_clk => i_sys_clk,
        i_sys_rst_n => i_sys_rst_n,
        o_div_clk_1s => tmp_clk_1s,
        o_clk_100k => tmp_clk_100k
    );
    u2: BCD_COUNTER60 port map(
        clk => tmp_clk_1s,
        rst_n => i_sys_rst_n,
        co => tmp_co,
        lq => tmp_bcd_s(3 downto 0),
        hq => tmp_bcd_s(7 downto 4)
    );
    tmp_asy_clk <= NOT tmp_co;
    u3: BCD_COUNTER60 port map(
        clk => tmp_asy_clk,
        rst_n => i_sys_rst_n,
        --co =>
        lq => tmp_bcd_m(3 downto 0),
        hq => tmp_bcd_m(7 downto 4)
    );
    u4: SEG_SCAN port map(
        data_s => tmp_bcd_s,
        data_m => tmp_bcd_m,
        clk => tmp_clk_100k,
        rst_n => i_sys_rst_n,
        SEG7 => seg,
        DIG => dig
    );
end architecture behavior;
```

2) 锁定管脚

这里给出与本实验相关的 F0 开发板 FPGA 管脚，根据前面章节介绍的方法，对相关管脚进行锁定后，通过编译就可以最终完成设计过程。本节简单计时器实验所用到的管脚分布如表 5.2 所示。

表 5.2　简单计时器实验所用到的 Pocket Lab-F0 开发板 FPGA 管脚分配表

HDL 代码信号名称	F0 实验板信号名称	FPGA 管脚序号
i_sys_clk	CLK_50MHz_IN	pin_6
i_sys_rst_n	FPGA_RST_N	pin_92
seg[7]	FPGA_SMG_P	pin_99
seg[6]	FPGA_SMG_G	pin_101
seg[5]	FPGA_SMG_F	pin_104
seg[4]	FPGA_SMG_E	pin_97
seg[3]	FPGA_SMG_D	pin_98
seg[2]	FPGA_SMG_C	pin_100
seg[1]	FPGA_SMG_B	pin_102
seg[0]	FPGA_SMG_A	pin_106
dig[3]	FPGA_SMG_DIG4	pin_111
dig[2]	FPGA_SMG__DIG3	pin_110
dig[1]	FPGA_SMG_DIG2	pin_113
dig[0]	FPGA_SMG_DIG1	pin_112

5.1.3　单稳态触发器实验

1. 基本要求

设计 FPGA 逻辑，实现一个单稳态触发器功能。当按下某个按键(低电平有效，作为外部触发输入信号)时，可以使 F0 实验板上的 8 个发光二极管同时点亮发光(注意 F0 实验板上的发光二极管是共阳极，低电平发光)，经过 2 s 后 8 个发光二极管同时熄灭，在 8 个发光二极管熄灭前再次按下该触发按键无效，当 8 个发光二极管熄灭后再次按下触发按键可以重复上述现象。

2. 扩展要求

设计 FPGA 逻辑，实现一个单稳态触发器功能。当按下触发按键时，可以使 F0 实验板上的 8 个发光二极管发光，经过 1 s 后 8 个发光二极管同时熄灭，在 8 个发光二极管熄灭前及熄灭后 1 s 内再次按下触发按键无效，当 8 个发光二极管熄灭 1 s 后再次按下触发按键可以重复上述现象(即输入脉冲长度大于输出脉冲长度的单稳态触发器)。

3. 实验基本要求的设计示例

如图 5.8 所示，为了完成实验的基本要求，整个系统应该由下降沿触发 D 触发器、基本逻辑门电路及脉冲宽度计数器电路构成，下降沿触发 D 触发器用来接收外部的输入信号的下降沿，脉冲宽度计数器在不同的模值下产生不同宽度的输出脉冲信号，模值越大则输出脉冲的宽度越长。下面将对系统的逻辑设计、锁定管脚进行描述。

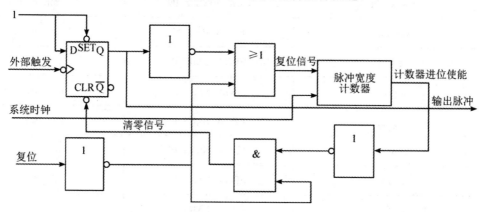

图 5.8   单稳态触发器设计示意图

1) 逻辑设计

(1) 下降沿触发的 D 触发器(模块名为 D_FLIP_FLOP)。这里使用的 D 触发器为下降沿触发的 D 触发器，并具有低有效的异步置 1 和清 0 端。下面分别给出下降沿触发 D 触发器的 Verilog HDL 和 VHDL 语言逻辑源代码。

① Verilog HDL 语言下降沿触发 D 触发器逻辑源代码：

```
module D_FLIP_FLOP (
                    input              i_trig,//外部触发输入
                    input              i_d,//D 触发器输入
                    input              i_set_n,//异步置 1 输入
                    input              i_clr_n,//异步清 0 输入
                    output     reg     o_q//D 触发器输出
                    );


    always @ (negedge i_set_n or negedge i_clr_n or negedge i_trig)
    begin
        if( !i_set_n )begin//当置 1 低有效时
            o_q <= 1'b1;//D 触发器输出为 1
        end else begin
            if( !i_clr_n )begin//当清 0 低有效时
```

```
                o_q <= 1'b0;//D 触发器输出为 0
            end else begin//外部触发信号下降沿来临时
                o_q <= i_d;//D 触发器输出等于 D 触发器输入
            end
        end
    end
endmodule
```

② VHDL 语言下降沿触发 D 触发器逻辑源代码：

```
library IEEE;
use IEEE.std_logic_1164.all;
use IEEE.std_logic_arith.all;
use IEEE.std_logic_unsigned.all;

entity D_FLIP_FLOP is
    port(
        i_trig: in STD_LOGIC;-- 外部触发输入
        i_d: in STD_LOGIC;-- D 触发器输入
        i_set_n: in STD_LOGIC;-- 异步置 1 输入
        i_clr_n: in STD_LOGIC;-- 异步清 0 输入
        o_q: out STD_LOGIC-- D 触发器输出
        );
end entity D_FLIP_FLOP;

architecture behavior of D_FLIP_FLOP is
begin
    process(i_set_n,i_clr_n,i_trig)
        begin
            if (i_set_n = '0') then    --当置 1 低有效时
                o_q <= '1';-- D 触发器输出为 1
            elsif (i_clr_n = '0') then --当清 0 低有效时
                o_q <= '0';-- D 触发器输出为 0
            elsif (i_trig'event AND i_trig = '0') then  --外部触发信号下降沿来临时
                o_q <= i_d;-- D 触发器输出等于 D 触发器输入
            end if;
        end process;
    end architecture behavior;
```

(2) 脉冲宽度计数器(模块名为 PULSE_WIDTH_COUNTER)。本实验中所使用的脉冲宽度计数器与计时器实验中所使用的计时器具有相似的逻辑结构。值得注意的是，为了保证单稳态触发器具有足够宽的输出脉冲，这里将计数器寄存器的位数设定为 32 位。下面分别给出 Verilog HDL 和 VHDL 实现脉冲宽度计数器的逻辑源代码。

① Verilog HDL 实现脉冲宽度计数器的逻辑源代码：

```verilog
module PULSE_WIDTH_COUNTER (
        input               i_rst,
        input               i_sys_clk,
        output reg          o_count_carry
);

    parameter count_value = 32'd100000000 - 32'd1;

    reg [31:0] r_count;

    always @ (posedge i_rst or posedge i_sys_clk)
    begin
        if( i_rst )begin
            r_count <= 32'd0;
            o_count_carry <= 1'b0;
        end else begin
            r_count <= r_count + 32'd1;
            if( r_count == count_value )
                o_count_carry <= 1'b1;
        end
    end
endmodule
```

② VHDL 实现脉冲宽度计数器的逻辑源代码：

```vhdl
library IEEE;
use IEEE.std_logic_1164.all;
use IEEE.std_logic_arith.all;
use IEEE.std_logic_unsigned.all;

entity PULSE_WIDTH_COUNTER is
    generic(count_value: INTEGER := 100000000);
    port(
        i_rst: in STD_LOGIC;
        i_sys_clk: in STD_LOGIC;
        o_count_carry: out STD_LOGIC
        );
end entity PULSE_WIDTH_COUNTER;
```

```
architecture behavior of PULSE_WIDTH_COUNTER is
    signal r_count: STD_LOGIC_VECTOR (31 downto 0);
begin
    process(i_rst,i_sys_clk)
        begin
            if (i_rst = '1') then
                r_count <= x"00000000";
                o_count_carry <= '0';
            elsif (i_sys_clk'event AND i_sys_clk = '1') then
                if(r_count = count_value) then
--                    r_count <= x"00000000";
                    o_count_carry <= '1';
                end if;
                r_count <= r_count + 1;
            end if;
        end process;
    end architecture behavior;
```

(3) 顶层逻辑(模块名为 MONOSTABLE_TRIGGER_TOP)。由于单稳态触发器 D 触发器与脉冲宽度计数器之间需要使用基本逻辑门进行比较复杂的连接，这里给出单稳态触发器的顶层模块的 Verilog HDL 和 VHDL 语言的逻辑源代码。

① Verilog HDL 语言单稳态触发器的顶层模块逻辑源代码:

```
module MONOSTABLE_TRIGGER_TOP (
        input           i_sys_clk,//系统时钟输入
        input           i_sys_rst,//系统复位输入
        input           i_trig,//外部触发输入
        output [7:0]    o_pulse//触发脉冲输出
);

wire w_clr;//清零暂存
wire o_p;

assign o_pulse = {o_p, o_p, o_p, o_p, o_p, o_p, o_p, o_p};

D_FLIP_FLOP u1(
    .i_trig(i_trig),//外部触发输入
    .i_d(1'b1),//D 触发器输入(高电平)
    .i_set_n(1'b1),//异步置 1 输入(高电平)
    .i_clr_n( i_sys_rst &  ~w_clr),//异步清 0 输入
    .o_q(o_p)//触发脉冲输出
```

```
        );

    PULSE_WIDTH_COUNTER u2(
        .i_rst((~i_sys_rst | ~o_p)),//复位输入
        .i_sys_clk(i_sys_clk),//系统时钟输入
        .o_count_carry(w_clr)//计数进位信号输出
        );
    endmodule
```

② VHDL 语言单稳态触发器的顶层模块逻辑源代码：

```
    library IEEE;
    use IEEE.std_logic_1164.all;
    use IEEE.std_logic_arith.all;
    use IEEE.std_logic_unsigned.all;

    entity MONOSTABLE_TRIGGER_TOP is
        port(
            i_sys_clk: in STD_LOGIC;-- 系统时钟输入
            i_sys_rst: in STD_LOGIC;-- 系统复位输入
            i_trig: in STD_LOGIC;-- 外部触发输入
            o_pulse: out STD_LOGIC_VECTOR(7 downto 0)--触发脉冲输出
            );
    end entity MONOSTABLE_TRIGGER_TOP;

    architecture behavior of MONOSTABLE_TRIGGER_TOP is--模块声明
        component D_FLIP_FLOP is
        port(
            i_trig: in STD_LOGIC;-- 外部触发输入
            i_d: in STD_LOGIC;-- D 触发器输入(高电平)
            i_set_n: in STD_LOGIC;-- 异步置 1 输入(高电平)
            i_clr_n: in STD_LOGIC;-- 异步清 0 输入
            o_q: out STD_LOGIC--触发脉冲输出
            );
        end component;
        component PULSE_WIDTH_COUNTER is
        generic(count_value: INTEGER := 100000000 ); – 1—设定脉冲宽度
        port(
            i_rst: in STD_LOGIC;-- 复位输入
            i_sys_clk: in STD_LOGIC;-- 系统时钟输入
            o_count_carry: out STD_LOGIC--计数进位信号输出
```

```
        );
    end component;
    signal o_p: STD_LOGIC;--触发脉冲暂存
    signal w_clr_n: STD_LOGIC;--D 触发器清 0 暂存
    signal w_rst: STD_LOGIC;--计数器复位暂存
    signal w_clr: STD_LOGIC;--计数器进位信号输出暂存
begin
    w_clr_n <= i_sys_rst AND (NOT w_clr);
    w_rst <= (NOT i_sys_rst) OR (NOT o_p);
    U1: D_FLIP_FLOP port map (
            i_trig => i_trig,
            i_d => '1',
            i_set_n => '1',
            i_clr_n => w_clr_n,
            o_q => o_p
            );
    U2: PULSE_WIDTH_COUNTER port map (
            i_rst => w_rst,
            i_sys_clk => i_sys_clk,
            o_count_carry => w_clr
            );
    --将触发脉冲暂存赋值到触发脉冲输出
    o_pulse <= o_p & o_p & o_p & o_p & o_p & o_p & o_p & o_p;
end architecture behavior;
```

2) 锁定管脚

这里给出与本实验相关的 FPGA 管脚，根据前面章节介绍的方法，对相关管脚进行锁定后，通过编译就可以最终完成设计过程。本节的单稳态触发器实验的管脚分配如表 5.3 所示。

表 5.3　单稳态触发器开发的 F0 开发板 FPGA 管脚分配表

HDL 代码信号名称	F0 开发板信号名称	FPGA 管脚序号
i_sys_clk	CLK_50MHz_IN	pin_6
i_sys_rst_n	FPGA_RST_N	pin_92
o_pulse[7]	FPGA_LED8	pin_56
o_pulse[6]	FPGA_LED7	pin_57
o_pulse[5]	FPGA_LED6	pin_58
o_pulse[4]	FPGA_LED5	pin_59

续表

HDL 代码信号名称	F0 开发板信号名称	FPGA 管脚序号
o_pulse[3]	FPGA_LED4	pin_60
o_pulse[2]	FPGA_LED3	pin_61
o_pulse[1]	FPGA_LED2	pin_62
o_pulse[0]	FPGA_LED1	pin_63

5.1.4　脉宽调制(PWM)实验

1. 基本要求

设计 FPGA 逻辑,实现单路 PWM 发生器。通过拨动 F0 开发板上的 BM7～BM1 拨码开关,可以调节 F0 开发板上的某个发光二极管(如 D4)的亮度。

2. 扩展要求

设计 FPGA 逻辑,实现单路 PWM 发生器,当每次按下按键 K1 时,可以使 F0 实验板上的发光二极管 D4 在 10 个不同亮度间依次切换。

3. 实验基本要求的设计示例

如图 5.9 所示,为了完成实验的基本要求,整个系统应该由分频器、PWM 计数器及 PWM 数值比较器逻辑电路构成,下面将对系统的逻辑设计、锁定管脚进行描述。

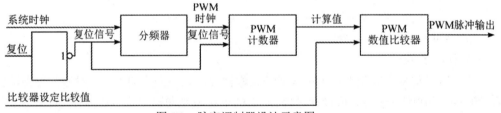

图 5.9　脉宽调制器设计示意图

1) 逻辑设计

(1) 分频器(模块名为 FREQUENCY_DIVIDER)。由于本实验中所采用的分频器与流水灯实验所采用的分频器具有相同的逻辑结构,本实验分频得到的输出频率为 100 kHz,这里给出 Verilog HDL 和 VHDL 语言实现的逻辑源代码。

① Verilog HDL 实现的逻辑源代码:

```
module FREQUENCY_DIVIDER (
    input        i_sys_clk,
    input        i_sys_rst,
    output reg   o_div_clk
    );
```

```verilog
parameter    sys_clk_fre_value = 32'd50000000;
parameter    div_clk_fre_value = 100000;
parameter    div_count_value = sys_clk_fre_value/div_clk_fre_value/2-32'd1;

reg [31:0] r_div_count;

always @ (posedge i_sys_rst or posedge i_sys_clk)
begin
    if( i_sys_rst )begin
        r_div_count <= 32'd0;
        o_div_clk <= 1'b0;
    end else begin
        if( r_div_count == div_count_value )begin
            r_div_count <= 32'd0;
            o_div_clk <= ~o_div_clk;
        end else begin
            r_div_count <= r_div_count + 32'd1;
        end
    end
end
endmodule
```

② VHDL 实现的逻辑源代码：

```vhdl
library IEEE;
use IEEE.std_logic_1164.all;
use IEEE.std_logic_arith.all;
use IEEE.std_logic_unsigned.all;

entity FREQUENCY_DIVIDER is
    generic(
        sys_clk_fre_value: INTEGER := 50000000;
        div_clk_fre_value: INTEGER := 5000
    );
    port(
        i_sys_clk: in STD_LOGIC;
        i_sys_rst: in STD_LOGIC;
        o_div_clk: out STD_LOGIC
    );
end entity FREQUENCY_DIVIDER;
```

```vhdl
architecture behavior of FREQUENCY_DIVIDER is
    signal r_div_count: STD_LOGIC_VECTOR (31 downto 0);
    signal r_div_clk:STD_LOGIC;
begin
    process(i_sys_rst,i_sys_clk)
        begin
            if (i_sys_rst = '1') then
                r_div_count <= x"00000000";
                r_div_clk <= '0';
            elsif (i_sys_clk'event AND i_sys_clk = '1') then
                if (r_div_count = sys_clk_fre_value/div_clk_fre_value/2-1) then
                    r_div_count <=    x"00000000";
                    r_div_clk <= NOT r_div_clk;
                else
                    r_div_count <= r_div_count+1;
                end if;
            end if;
        end process;
        o_div_clk <= r_div_clk;
    end architecture behavior;
```

(2) PWM 计数器(模块名为 PWM_COUNTER)。本实验中所使用的 PWM 计数器与计时器实验中所使用的计时器具有相似的逻辑结构，这里将计数器寄存器的位数设定为 7 位，计数范围为 0～99。这里给出 Verilog HDL 和 VHDL 语言实现的逻辑源代码。

① Verilog HDL 实现的逻辑源代码：

```verilog
module PWM_COUNTER (
    input                i_pwm_clk,
    input                i_sys_rst,
    output reg[6:0]      o_pwm_val
    );

parameter    cnt_mod_value = 7'd100;
parameter    cnt_mod_compare_value = cnt_mod_value - 7'd1;

always @ (posedge i_sys_rst or posedge i_pwm_clk)
begin
    if( i_sys_rst )begin
        o_pwm_val <= 7'd0;
    end else begin
```

```
                if( o_pwm_val == cnt_mod_compare_value )begin
                    o_pwm_val <= 7'd0;
                end else begin
                    o_pwm_val <= o_pwm_val + 7'd1;
                end
            end
        end
    endmodule
```

② VHDL 实现的逻辑源代码：

```vhdl
library IEEE;
use IEEE.std_logic_1164.all;
use IEEE.std_logic_arith.all;
use IEEE.std_logic_unsigned.all;

entity PWM_COUNTER is
    generic(
        cnt_mod_value: INTEGER := 100
    );
    port(
        i_pwm_clk: in STD_LOGIC;
        i_sys_rst: in STD_LOGIC;
        o_pwm_val: out STD_LOGIC_VECTOR (6 downto 0)
    );
end entity PWM_COUNTER;

architecture behavior of PWM_COUNTER is
    signal r_pwm_val: STD_LOGIC_VECTOR (6 downto 0);
begin
    process(i_sys_rst,i_pwm_clk)
        begin
            if (i_sys_rst = '1') then
                r_pwm_val <= "0000000";
            elsif (i_pwm_clk'event AND i_pwm_clk = '1') then
                if (r_pwm_val = cnt_mod_value-1) then
                    r_pwm_val <= "0000000";
                else
                    r_pwm_val <= r_pwm_val+1;
                end if;
            end if;
```

```
    end process;
    o_pwm_val <= r_pwm_val;
end architecture behavior;
```

(3) PWM 数值比较器(模块名为 PWM_COMPARATOR)。PWM 数值比较器属于一个组合逻辑电路，当输入计数值小于比较器设定值时，输出高电平，否则输出低电平。这里给出 Verilog HDL 和 VHDL 语言实现的逻辑源代码。

① Verilog HDL 实现的逻辑源代码：

```verilog
module PWM_COMPARATOR (
        input       [6:0]    i_compare_value,
        input       [6:0]     i_compare_set_value,
        output reg   o_compare_result
        );

    always @ (i_compare_value or i_compare_set_value)
    begin
        if( i_compare_value < i_compare_set_value    )begin
            o_compare_result <= 1'b1;
        end else begin
            o_compare_result <= 1'b0;
        end
    end
endmodule
```

② VHDL 实现的逻辑源代码：

```vhdl
library IEEE;
use IEEE.std_logic_1164.all;
use IEEE.std_logic_arith.all;
use IEEE.std_logic_unsigned.all;

entity PWM_COMPARATOR is
    port(
        i_compare_value: in STD_LOGIC_VECTOR (6 downto 0);
        i_compare_set_value: in STD_LOGIC_VECTOR (6 downto 0);
        o_compare_result: out STD_LOGIC
    );
end entity PWM_COMPARATOR;

architecture behavior of PWM_COMPARATOR is
begin
    process(i_compare_value,i_compare_set_value)
```

```vhdl
                  begin
                        if (i_compare_value < i_compare_set_value) then
                              o_compare_result <='1';
                        else
                              o_compare_result <='0';
                        end if;
                  end process;
            end architecture behavior;
```

(4) 顶层逻辑(模块名为 PWM_TOP)。按照图 5.9 所示脉宽调制器原理框图，将相关模块进行连接。这里给出顶层模块的 Verilog HDL 和 VHDL 的逻辑源代码。

① Verilog HDL 实现的顶层逻辑源代码：

```verilog
module PWM_TOP (
            input                     i_sys_clk,
            input                     i_sys_rst,
            input [6:0]               i_compare_set_value,
            output                    o_compare_result
            );

wire w_pwm_clk;
wire [6:0] w_compare_value;

FREQUENCY_DIVIDER u1(
            .i_sys_clk(i_sys_clk),
            .i_sys_rst(~i_sys_rst),
            .o_div_clk(w_pwm_clk)
            );

PWM_COUNTER u2(
            .i_pwm_clk(w_pwm_clk),
            .i_sys_rst(~i_sys_rst),
            .o_pwm_val(w_compare_value)
             );

PWM_COMPARATOR u3(
            .i_compare_value(w_compare_value),
            .i_compare_set_value(i_compare_set_value),
            .o_compare_result(o_compare_result)
            );
endmodule
```

② VHDL 实现的顶层逻辑源代码：

```vhdl
library IEEE;
use IEEE.std_logic_1164.all;
use IEEE.std_logic_arith.all;
use IEEE.std_logic_unsigned.all;

entity PWM_TOP is
    port(
        i_sys_clk: in STD_LOGIC;
        i_sys_rst: in STD_LOGIC;
        i_compare_set_value: in STD_LOGIC_VECTOR (6 downto 0);
        o_compare_result: out STD_LOGIC
    );
end entity PWM_TOP;

architecture behavior of PWM_TOP is
    component FREQUENCY_DIVIDER is
    generic(
        sys_clk_fre_value: INTEGER := 50000000;
        div_clk_fre_value: INTEGER := 100000
    );
    port(
        i_sys_clk: in STD_LOGIC;
        i_sys_rst: in STD_LOGIC;
        o_div_clk: out STD_LOGIC
    );
    end component;

    component PWM_COUNTER is
    generic(
        cnt_mod_value: INTEGER := 100
    );
    port(
        i_pwm_clk: in STD_LOGIC;
        i_sys_rst: in STD_LOGIC;
        o_pwm_val: out STD_LOGIC_VECTOR (6 downto 0)
    );
    end component;
```

```
component PWM_COMPARATOR is
port(
        i_compare_value: in STD_LOGIC_VECTOR (6 downto 0);
        i_compare_set_value: in STD_LOGIC_VECTOR (6 downto 0);
        o_compare_result: out STD_LOGIC
);
end component;
signal w_sys_rst: STD_LOGIC;
signal w_pwm_clk: STD_LOGIC;
signal w_pwm_val: STD_LOGIC_VECTOR (6 downto 0);
begin
    w_sys_rst <= NOT i_sys_rst;
    U1: FREQUENCY_DIVIDER port map (
                i_sys_clk => i_sys_clk,
                i_sys_rst => w_sys_rst,
                o_div_clk => w_pwm_clk
                );
    U2: PWM_COUNTER port map(
                i_pwm_clk => w_pwm_clk,
                i_sys_rst => w_sys_rst,
                o_pwm_val =>w_pwm_val
                );
    U3: PWM_COMPARATOR port map(
                i_compare_value => w_pwm_val,
                i_compare_set_value => i_compare_set_value,
                o_compare_result => o_compare_result
                );
end architecture behavior;
```

2) 锁定管脚

这里给出与本实验相关的 FPGA 管脚，根据前面章节介绍的方法，对相关管脚进行锁定后，通过编译就可以最终完成设计过程。脉宽调制实验管脚分配如表 5.4 所示。

表 5.4　脉宽调制实验 FPGA 管脚分配表

基础与扩展要求使用管脚		
HDL 代码信号名称	F0 开发板信号名称	FPGA 管脚序号
i_sys_clk	CLK_50MHz_IN	pin_6
i_sys_rst_n	FPGA_RST_N	pin_92
i_compare_set_value[6]	FPGA_BM7	pin_39

续表

基础与扩展要求使用管脚		
HDL 代码信号名称	F0 开发板信号名称	FPGA 管脚序号
i_compare_set_value[5]	FPGA_BM6	pin_40
i_compare_set_value[4]	FPGA_BM5	pin_42
i_compare_set_value[3]	FPGA_BM4	pin_44
i_compare_set_value[2]	FPGA_BM3	pin_46
i_compare_set_value[1]	FPGA_BM2	pin_48
i_compare_set_value[0]	FPGA_BM1	pin_50
o_compare_result	FPGA_LED4	pin_60
扩展要求使用管脚		
K1(i_trig)	FPGA_KEY1	pin_54

5.1.5　直接数字频率合成(DDS)波形发生器实验

直接数字频率合成器(Direct Digital Synthesis, DDS)与传统的频率合成器相比，具有低成本、低功耗、高分辨率等优点，广泛使用在电信与电子仪器领域，是实现设备全数字化的一个关键技术。

1. DDS 的基本原理

DDS 的原理图如图 5.10 所示，其基本组成包括相位累加器、波形存储器(ROM)及 D/A 转换器。相位累加器在参考时钟 f_{clk} 的控制下以频率控制字 K 为步长作累加运算，输出结果经截断处理后作为 ROM 的输入地址，对波形 ROM 进行寻址。ROM 中输出的幅度码经 D/A 转换后就可得到合成波形。这里我们以正弦信号为例来分析 DDS 的基本原理。

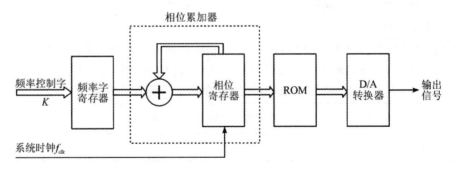

图 5.10　DDS 的原理图

假设一个频率为 f_{out} 的载波，其时域表达式为

$$C_t = A\sin(2\pi f_{out}t + \theta)$$

(5-2)

其相位是：

$$\phi_t = 2\pi f_{out} t + \theta \tag{5-3}$$

以频率为 f_{clk} 的基准时钟对正弦信号进行采样，则在一个基准时钟周期 T_{clk} 内，相位的变化量为

$$\Delta\phi_t = 2\pi f_{out} T_{clk} = \frac{2\pi f_{out}}{f_{clk}} \tag{5-4}$$

假设该正弦波的相位精度为 N 位，则相位变化量 $\Delta\theta$ 的数字量为

$$K = \frac{\Delta\phi_t}{2\pi} 2^N = 2^N \frac{f_{out}}{f_{clk}} \tag{5-5}$$

对式(5-5)进行变化，得到

$$f_{out} = \frac{f_{clk}}{2^N} \times K \tag{5-6}$$

由此可知，在基准时钟信号频率 f_{clk} 确定的情况下，输出信号的频率值 f_{out} 由 K 决定。通过改变 K 的大小，就可改变输出信号的频率，因此，K 也称为频率控制字。当 $K=1$ 时，DDS 输出最低频率，即频率分辨率 $f = f_{clk}/2^N$。而 DDS 的最大输出频率由奈奎斯特采样定理决定，即 $f = f_{clk}/2$，此时，$K = 2^{N-1}$。因此，只要 N 取得足够大，DDS 就可以得到足够精细的频率间隔。

2. 基本要求

设计 FPGA 逻辑，实现一个 DDS 波形发生器，产生一个 10 kHz 的三角函数信号(sin/cos)。

3. 扩展要求

设计 FPGA 逻辑，实现一个 DDS 波形发生器，产生频率可调的正弦波信号。当每次按下某个按键(如 K1)时，可以使正弦波信号的频率在 1～10 kHz 范围内以 1 kHz 为步进依次切换。产生上述频率的方波、三角波信号。

4. 满足实验基本要求的设计示例

如图 5.11 所示，为了完成实验的基本要求，整个系统应该由 DDS 相位累加器、DDS 波形存储器(ROM)组成。下面对系统的逻辑设计、锁定管脚以及仿真信号的波形显示进行描述。

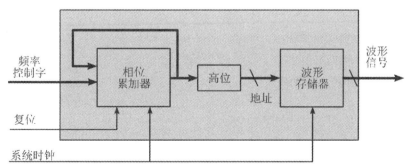

图 5.11　直接数字频率合成(DDS)波形发生器设计示意图

1) 逻辑设计

(1) DDS 相位累加器(模块名为 DDS_PHASE_ACCUMULATOR)。DDS 相位累加器由

加法器和累加寄存器构成，每来 1 个时钟脉冲，加法器将频率控制字与累加寄存器当前的累加相位数据相加，并将结果存入累加寄存器。这里选取加法器和累加寄存器的位数为 26 位。频率控制字可以控制输出波形的频率。可以根据期望的输出信号频率，按照下面的方法计算频率控制字：

$$DDS\ 频率控制字 = 2^{相位累加器的位数} \times 期望的输出信号频率/系统时钟频率 \qquad (5\text{-}7)$$

Pocket Lab F0 开发板上的系统时钟频率为 50 MHz，当期望的输出信号频率为 10 kHz 时，根据式(5-7)可以计算得到应该设置的 DDS 频率控制字约为 13 422(十六进制数为 346E)。下面给出 DDS 相位累加器的 Verilog HDL 和 VHDL 语言的逻辑源代码。

① Verilog HDL 语言 DDS 相位累加器的逻辑源代码如下：

```verilog
module DDS_PHASE_ACCUMULATOR (
        input        i_sys_clk,//系统时钟输入
        input        i_sys_rst_n,//系统复位输入
        input [25:0]  i_dds_phase_accumulator_word, //相位累加器控制字
        output reg [25:0] o_dds_phase_accumulator //相位累加器输出
        );

    always @ (negedge i_sys_rst_n or posedge i_sys_clk)
    begin
        if( ! i_sys_rst_n )begin//系统复位输入，低电平有效
            o_dds_phase_accumulator <= 26'd0;//相位累加器输出为 0
        end else begin
            o_dds_phase_accumulator <= o_dds_phase_accumulator +
                                        i_dds_phase_accumulator_word;
                    //对相位累加器输出进行累加操作
        end
    end
    endmodule
```

② VHDL 语言 DDS 相位累加器的逻辑源代码如下：

```vhdl
library IEEE;
use IEEE.std_logic_1164.all;
use IEEE.std_logic_arith.all;
use IEEE.std_logic_unsigned.all;

entity DDS_PHASE_ACCUMULATOR is
    port(
        i_sys_clk: in STD_LOGIC;--系统时钟输入
        i_sys_rst_n: in STD_LOGIC;--系统复位输入
        i_dds_phase_accumulator_word: in STD_LOGIC_VECTOR (25 downto 0);
                        --相位累加器控制字
```

```vhdl
                    o_dds_phase_accumulator: out STD_LOGIC_VECTOR (25 downto 0)
                                            --相位累加器输出
        );
    end entity DDS_PHASE_ACCUMULATOR;


    architecture behavior of DDS_PHASE_ACCUMULATOR is
        signal r_dds_phase_accumulator: STD_LOGIC_VECTOR (25 downto 0);
                    --相位累加器输出暂存
    begin
        process(i_sys_rst_n, i_sys_clk)
            begin
                if (i_sys_rst_n = '0') then      --系统复位输入，低电平有效
                    r_dds_phase_accumulator <= "00" & x"000000";
                                --相位累加器输出暂存为 0
                elsif (i_sys_clk'event AND i_sys_clk = '1') then
                    r_dds_phase_accumulator <= r_dds_phase_accumulator +
                                            i_dds_phase_accumulator_word;
                            --对相位累加器暂存进行累加操作
                end if;
            end process;
            o_dds_phase_accumulator <= r_dds_phase_accumulator;
            --将相位累加器暂存结果赋值到相位累加器输出
    end architecture behavior;
```

(2) DDS 波形存储器(模块名为 DDS_ROM_1024POINTS)。DDS 波形存储器可以使用 IP Core Generator 直接生成，这里选择波形数据输出量为 10 位，ROM 存储深度为 1024，即 ROM 中存储的一个周期波形数据的点数为 1024，DDS 相位累加器输出的高 10 位作为 ROM 的输入地址。此时需要对 ROM 进行初始化(即将输出波形的一个周期的 1024 点数据存储在 ROM 中)，这部分读者可以参考 2.5.3 和 2.5.4 节正弦波信号产生器实例中介绍的方法，此处不再赘述。

(3) 顶层逻辑(模块名为 DDS_TOP)。按照图 5.10 所示的 DDS 原理图将相关模块进行连接。这里给出顶层模块的 Verilog HDL 和 VHDL 的逻辑源代码。

① Verilog HDL 实现的顶层逻辑源代码如下：

```verilog
    module DDS_TOP(
        input       sys_clk,        // 系统时钟
        input       sys_rst_n,      //全局复位，低电平有效

        output   [9:0] data         //波形数据输出
    );
        parameter   freq_ctrl_word = 26'h0010000;   //频率控制字
```

```verilog
        wire [25:0] add;

        DDS_PHASE_ACCUMULATOR    u1_phase_add(
                .i_sys_clk(sys_clk),
                .i_sys_rst_n(sys_rst_n),
                .i_dds_phase_accumulator_word(freq_ctrl_word),
                .o_dds_phase_accumulator(add)
                );

        Gowin_pROM u2_ROM(
            .dout(data),
            .clk(sys_clk),
            .oce(1'b1),
            .ce(1'b1),
            .reset(~sys_rst_n),
            .ad(add[25:16])
        );
    endmodule
```

② VHDL 实现的顶层逻辑源代码如下：

```vhdl
    library IEEE;
    use IEEE.std_logic_1164.all;
    use IEEE.std_logic_arith.all;
    use IEEE.std_logic_unsigned.all;

    entity DDS_TOP is
        port(
            sys_clk       : in STD_LOGIC;
            sys_rst_n : in STD_LOGIC;
            data             : out STD_LOGIC_VECTOR(9 downto 0)
        );
    end entity DDS_TOP;

    architecture behavior of DDS_TOP is
        constant freq_ctrl_word : STD_LOGIC_VECTOR(25 downto 0) :=
                                    "00000000010000000000000000";
        signal tmp_rst_n : STD_LOGIC;
        signal add : STD_LOGIC_VECTOR(25 downto 0);
        signal tmp_data: STD_LOGIC_VECTOR(9 downto 0);
```

```vhdl
component DDS_PHASE_ACCUMULATOR   is
    port(
            i_sys_clk : in STD_LOGIC;
            i_sys_rst_n : in STD_LOGIC;
            i_dds_phase_accumulator_word: in STD_LOGIC_VECTOR(25 downto 0);
            o_dds_phase_accumulator : out STD_LOGIC_VECTOR(25 downto 0)
            );
    end component;


    component Gowin_pROM is
        port(
            dout: out STD_LOGIC_VECTOR(9 downto 0);
            clk: in STD_LOGIC;
            oce: in STD_LOGIC;
            ce: in STD_LOGIC;
            reset: in STD_LOGIC;
            ad: in STD_LOGIC_VECTOR(9 downto 0)
        );
end component;


begin
    u1_phase_add: DDS_PHASE_ACCUMULATOR port map(
        i_sys_clk => sys_clk,
        i_sys_rst_n => sys_rst_n,
        i_dds_phase_accumulator_word => freq_ctrl_word,
        o_dds_phase_accumulator => add(25 downto 0)
    );
    tmp_rst_n <= NOT sys_rst_n;
    data <= tmp_data;
    u2_ROM: Gowin_pROM port map(
        dout => tmp_data,
        clk => sys_clk,
        oce => '1',
        ce => '1',
        reset => tmp_rst_n,
        ad => add(25 downto 16)
    );
end architecture behavior;
```

2) 锁定管脚

下面给出与本实验相关的 FPGA 管脚。根据前面章节介绍的方法，对相关管脚进行锁定后，通过编译就可以最终完成设计过程。直接数字频率合成器波形发生器管脚分配如表 5.5 所示。

表 5.5　FPGA 管脚分配表

HDL 代码信号名称	F0 开发板信号名称	FPGA 管脚序号
i_sys_clk	CLK_50MHz_IN	pin_6
i_sys_rst_n	FPGA_RST_N	pin_92
o_dds_value[9]	PMOD2_2	pin_85
o_dds_value[8]	PMOD2_1	pin_86
o_dds_value[7]	PMOD1_8	pin_23
o_dds_value[6]	PMOD1_7	pin_24
o_dds_value[5]	PMOD1_6	pin_25
o_dds_value[4]	PMOD1_5	pin_26
o_dds_value[3]	PMOD1_4	pin_27
o_dds_value[2]	PMOD1_3	pin_28
o_dds_value[1]	PMOD1_2	pin_29
o_dds_value[0]	PMOD1_1	pin_30

值得注意的是，F0 实验板并不包含数/模转换(DAC)芯片。为了观察实验产生的波形，参考第 2 章 Gowin 软件工具的使用方法，我们可以使用 Gowin 云源软件的调试工具 GAO(Gowin Analyzer Oscilloscope，嵌入式逻辑分析仪)进行逻辑分析，这里将本工程涉及的 DDS 波形的 10 位输出接在了 F0 开发板的 PMOD1 的 8 个管脚和 PMOD2 的 2 个管脚上。

3) GAO 的信号波形显示

根据本节所介绍的 DDS 各部分功能的 HDL 描述，在 Gowin 云源软件中新建工程，加入各部分功能描述文件和顶层文件，成功编译后，Gowin 软件通过 File→New…→GAO Config File 新建 GAO 配置文件，如图 2.45 所示。选择 Standard 和 For Post-Synthesis Netlist 模式，如图 2.46 所示。启动 GAO 配置文件，如图 2.50 所示，配置 AO Core 的触发端口(Trigger Ports)、匹配单元(Match Units)、触发表达式(Expressions)、采样信号(Capture Options)等相关设置参数，最后综合编译、布局布线后产生下载码流文件下载的 F0 实验板。按照 2.3.2 节 GAO 工具的使用方法，启动 GAO，观察采集到的信号波形，如图 5.12 所示，data[9:0] 为 ROM 输出信号，u2_ROM/ad[9:0]为 ROM 的地址信号。读者可试着修改 Verilog 或 VHDL 代码中频率控制字 freq_ctrl_word 的值，观察输出信号的变化，从而掌握 DDS 的工作原理。

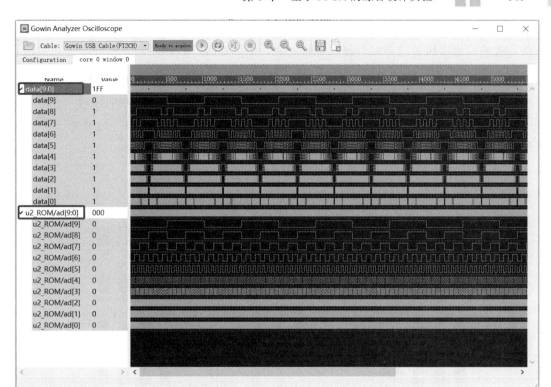

图 5.12　直接数字频率合成(DDS)波形发生器 GAO 的在线逻辑分析波形图

5.2　中　级　实　验

本节包含的实验有呼吸流水灯实验、通用异步串行收发(UART)实验。本节实验仍然使用 Pocket Lab-F0 开发板完成，使用高云的 Gowin 云源开发工具、Mentor 公司的 ModelSim 仿真工具进行开发仿真。本节的实验逻辑层次多为 3 层，即子逻辑模块由多个逻辑模块构成，同时在部分实验中引入了有限状态机(FSM)的设计理念，与初级实验相比，功能和逻辑结构更加复杂，也具有一定的设计难度。但是值得注意的是，本节的所有实验在逻辑模块的设计技术上与初级实验存在一定的继承性，希望使用本教材的读者可以在活用初级实验中所学知识的基础上完成本节实验的设计。

本节进行实验设计的基本思路与初级实验相同。希望读者在完成实验后按照与初级实验相同的要求完成实验报告的撰写。

5.2.1　呼吸流水灯实验

1. 基本要求

设计 FPGA 逻辑，以 10 Hz 的频率，如图 5.13 所示(白色代表未点亮，其余色代表点亮，颜色越浅代表亮度越高)，点亮 F0 实验板上的发光二极管(LED7～LED0)，显示过程中各个点亮的发光二极管的亮度呈现出明暗变化，形似呼吸，故称之为呼吸灯。

2. 扩展要求

设计 FPGA 逻辑，在满足基本要求、产生发光二极管规定显示样式的前提下，简化逻辑结构(提示：使用存储器保存显示样式)，并产生更多的发光二极管显示样式。通过读取存储器中保存的样式数据来实现二极管不同样式的显示效果。

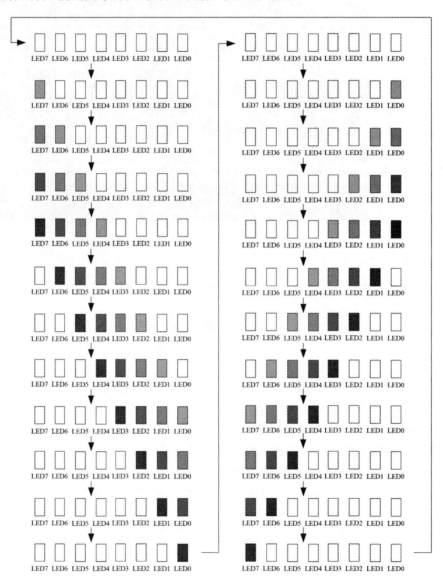

图 5.13　呼吸流水灯显示样式图

3. 满足实验基本要求的设计示例

呼吸流水灯设计示意图如图 5.14 所示。为了满足实验的基本要求，整个系统应该由流水灯分频器、PWM 分频器、流水灯计数器、流水灯 PWM 显示输出器及 LED PWM 显示输出器构成，这里 LED PWM 显示输出器实际上就是满足初级实验部分"脉宽调制(PWM)"
基本要求所设计的逻辑，不同之处在于将 PWM 设定值的输入由波动开关 BM7～BM1 改为
流水灯 PWM 显示输出器的 7 bit 数值。下面将对系统的逻辑设计、锁定管脚进行详细描述。

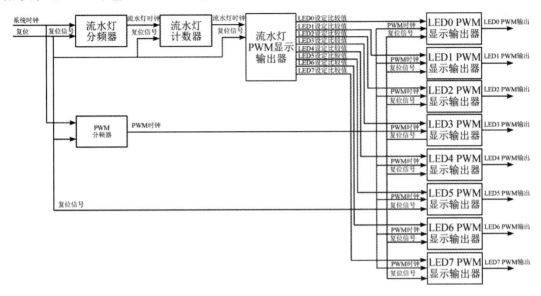

图 5.14　呼吸流水灯设计示意图

1) 逻辑设计

(1) 流水灯分频器与 PWM 分频器(模块名为 FREQUENCY_DIVIDER)。本实验中所采
用的流水灯分频器和 PWM 分频器与流水灯实验所采用的分频器具有相同的逻辑结构。注
意：需要按照题目将对显示频率的要求调整为分频器的计数器设定值。为了保证每个 LED
的 PWM 输出能够有效显示，即流水灯样式的刷新率不大于 PWM 的实际输出频率，这里
设定流水灯分频器的输出频率为 10 Hz，PWM 分频器的输出频率为 1000 Hz(即实际 PWM
分频器的输出频率为 10 Hz)。这里给出由 Verilog HDL 和 VHDL 实现流水灯分频器与 PWM
分频器的逻辑源代码。

① Verilog HDL 实现的 FREQUENCY_DIVIDER 逻辑源代码：

```
module FREQUENCY_DIVIDER (
            input              i_sys_clk,
            input              i_sys_rst_n,
            input [31:0]       i_div_count_value,
            output reg         o_div_clk
        );
reg [31:0] r_div_count;

always @ (negedge i_sys_rst_n or posedge i_sys_clk)
begin
    if( !i_sys_rst_n )begin
        r_div_count <= 32'd0;
```

```
                o_div_clk <= 1'b0;
        end else begin
            if( r_div_count == i_div_count_value )begin
                r_div_count <= 32'd0;
                o_div_clk <= ~o_div_clk;
            end else begin
                r_div_count <= r_div_count + 32'd1;
            end
        end
    end
endmodule
```

② VHDL 实现的 FREQUENCY_DIVIDER 逻辑源代码：

```vhdl
library IEEE;
use IEEE.std_logic_1164.all;
use IEEE.std_logic_arith.all;
use IEEE.std_logic_unsigned.all;

entity FREQUENCY_DIVIDER is
    generic(
        sys_clk_fre_value: INTEGER := 50000000;
        div_clk_fre_value: INTEGER := 5000
    );
    port(
        i_sys_clk: in STD_LOGIC;
        i_sys_rst_n: in STD_LOGIC;
        o_div_clk: out STD_LOGIC
    );
end entity FREQUENCY_DIVIDER;

architecture behavior of FREQUENCY_DIVIDER is
    signal r_div_count: STD_LOGIC_VECTOR (31 downto 0);
    signal r_div_clk:STD_LOGIC;
begin
    process(i_sys_rst_n, i_sys_clk)
        begin
            if (i_sys_rst_n = '0') then
                r_div_count <= x"00000000";
                r_div_clk <= '0';
            elsif (i_sys_clk'event AND i_sys_clk = '1') then
```

```
                    if (r_div_count = sys_clk_fre_value/div_clk_fre_value/2-1) then
                            r_div_count <=   x"00000000";
                            r_div_clk <= NOT r_div_clk;
                    else
                            r_div_count <= r_div_count+1;
                    end if;
            end if;
    end process;
    o_div_clk <= r_div_clk;
end architecture behavior;
```

(2) 流水灯计数器(模块名为 LAMP_COUNTER)。本实验中所使用的计数器与流水灯实验中所使用的计数器具有相似的逻辑结构，但是考虑到显示样式的增加，需要将模值调整为 24(0~23)。这里给出由 Verilog HDL 和 VHDL 实现流水灯计数器的逻辑源代码。

① Verilog HDL 实现的 LAMP_COUNTER 逻辑源代码：

```verilog
module LAMP_COUNTER (
                input                   i_lamp_clk,
                input                   i_sys_rst_n,
                input        [5:0]      i_cnt_mod_value,
                output reg[5:0]         o_lamp_val
        );


    always @ (negedge i_sys_rst_n or posedge i_lamp_clk)
    begin
        if( !i_sys_rst_n )begin
            o_lamp_val <= 6'd0;
        end else begin
            if( o_lamp_val == i_cnt_mod_value )begin
                o_lamp_val <= 6'd0;
            end else begin
                o_lamp_val <= o_lamp_val + 6'd1;
            end
        end
    end
endmodule
```

② VHDL 实现的 LAMP_COUNTER 逻辑源代码：

```vhdl
library IEEE;
use IEEE.std_logic_1164.all;
use IEEE.std_logic_arith.all;
use IEEE.std_logic_unsigned.all;
```

```vhdl
entity LAMP_COUNTER is
    generic(
        cnt_mod_value: INTEGER := 10
    );
    port(
        i_lamp_clk: in STD_LOGIC;
        i_sys_rst_n: in STD_LOGIC;
        o_lamp_val: out STD_LOGIC_VECTOR (5 downto 0)
    );
end entity LAMP_COUNTER;

architecture behavior of LAMP_COUNTER is
    signal r_lamp_val: STD_LOGIC_VECTOR (5 downto 0);
begin
    process(i_sys_rst_n, i_lamp_clk)
        begin
            if (i_sys_rst_n = '0') then
                r_lamp_val <= "00" & x"0";
            elsif (i_lamp_clk'event AND i_lamp_clk = '1') then
                if (r_lamp_val = cnt_mod_value-1) then
                    r_lamp_val <= "00" & x"0";
                else
                    r_lamp_val <= r_lamp_val+1;
                end if;
            end if;
    end process;
    o_lamp_val <= r_lamp_val;
end architecture behavior;
```

(3) 流水灯 PWM 显示输出器(模块名为 LAMP_PWM_DISPLAY)。流水灯 PWM 显示输出器与七段数码管显示转换器存在一定的技术联系，但是针对每个 LED 灯的控制变量的位数不再是 1 bit，而是为了保证对亮度的控制变为 7 bit。为了保证显示效果，这里将 5 个不同的 LED 显示亮度对应的 PWM 占空比设置为 0%(LED 全灭)、1%(LED 最暗)、5%(LED 次暗)、35%(LED 次亮)、70%(LED 最亮)。由于逻辑代码长度和篇幅关系，下面分别给出流水灯 PWM 显示输出器的 Verilog HDL 和 VHDL 语言逻辑的主要源代码。

① Verilog HDL 实现的流水灯 PWM 显示输出器的部分逻辑源代码：

```verilog
module LAMP_PWM_DISPLAY (
        input       [5:0]   i_lamp_val,         //计数器数值输入
        input               i_sys_rst_n,        //系统复位输入，低电平
```

```verilog
    output reg[6:0]    o_led0_display_val,    //LED0 PWM 设定值
    output reg[6:0]    o_led1_display_val,    //LED1 PWM 设定值
    output reg[6:0]    o_led2_display_val,    //LED2 PWM 设定值
    output reg[6:0]    o_led3_display_val,    //LED3 PWM 设定值
    output reg[6:0]    o_led4_display_val,    //LED4 PWM 设定值
    output reg[6:0]    o_led5_display_val,    //LED5 PWM 设定值
    output reg[6:0]    o_led6_display_val,    //LED6 PWM 设定值
    output reg[6:0]    o_led7_display_val     //LED7 PWM 设定值
);


parameter brightness_level0 = 7'd0,      //LED 全灭
          brightness_level1 = 7'd1,      //LED 最暗
          brightness_level2 = 7'd5,      //LED 次暗
          brightness_level3 = 7'd35,     //LED 次亮
          brightness_level4 = 7'd70;     //LED 最亮


always @ (i_sys_rst_n or i_lamp_val)
begin
    if( !i_sys_rst_n )begin //系统复位输入，低电平有效，LED 全灭
        o_led0_display_val <= brightness_level0;
        o_led1_display_val <= brightness_level0;
        o_led2_display_val <= brightness_level0;
        o_led3_display_val <= brightness_level0;
        o_led4_display_val <= brightness_level0;
        o_led5_display_val <= brightness_level0;
        o_led6_display_val <= brightness_level0;
        o_led7_display_val <= brightness_level0;
    end else begin
        case( i_lamp_val )              //根据计数器的输入值进行显示
            6'd0:begin
                    o_led0_display_val <= brightness_level0;
                    o_led1_display_val <= brightness_level0;
                    o_led2_display_val <= brightness_level0;
                    o_led3_display_val <= brightness_level0;
                    o_led4_display_val <= brightness_level0;
                    o_led5_display_val <= brightness_level0;
                    o_led6_display_val <= brightness_level0;
                    o_led7_display_val <= brightness_level0;
                end
```

```verilog
        6'd1:begin
                o_led0_display_val <= brightness_level0;
                o_led1_display_val <= brightness_level0;
                o_led2_display_val <= brightness_level0;
                o_led3_display_val <= brightness_level0;
                o_led4_display_val <= brightness_level0;
                o_led5_display_val <= brightness_level0;
                o_led6_display_val <= brightness_level0;
                o_led7_display_val <= brightness_level4;
        end
        6'd2:begin
                o_led0_display_val <= brightness_level0;
                o_led1_display_val <= brightness_level0;
                o_led2_display_val <= brightness_level0;
                o_led3_display_val <= brightness_level0;
                o_led4_display_val <= brightness_level0;
                o_led5_display_val <= brightness_level0;
                o_led6_display_val <= brightness_level4;
                o_led7_display_val <= brightness_level3;
        end
        6'd3:begin
                o_led0_display_val <= brightness_level0;
                o_led1_display_val <= brightness_level0;
                o_led2_display_val <= brightness_level0;
                o_led3_display_val <= brightness_level0;
                o_led4_display_val <= brightness_level0;
                o_led5_display_val <= brightness_level4;
                o_led6_display_val <= brightness_level3;
                o_led7_display_val <= brightness_level2;
        end
        6'd4:begin
                o_led0_display_val <= brightness_level0;
                o_led1_display_val <= brightness_level0;
                o_led2_display_val <= brightness_level0;
                o_led3_display_val <= brightness_level0;
                o_led4_display_val <= brightness_level4;
                o_led5_display_val <= brightness_level3;
                o_led6_display_val <= brightness_level2;
                o_led7_display_val <= brightness_level1;
```

```
                    end
            6'd5:begin
                        o_led0_display_val <= brightness_level0;
                        o_led1_display_val <= brightness_level0;
                        o_led2_display_val <= brightness_level0;
                        o_led3_display_val <= brightness_level4;
                        o_led4_display_val <= brightness_level3;
                        o_led5_display_val <= brightness_level2;
                        o_led6_display_val <= brightness_level1;
                        o_led7_display_val <= brightness_level0;
                    end
        …      //读者可根据前面的规律自行补充该部分程序
            6'd23:begin
                        o_led0_display_val <= brightness_level0;
                        o_led1_display_val <= brightness_level0;
                        o_led2_display_val <= brightness_level0;
                        o_led3_display_val <= brightness_level0;
                        o_led4_display_val <= brightness_level0;
                        o_led5_display_val <= brightness_level1;
                        o_led6_display_val <= brightness_level2;
                        o_led7_display_val <= brightness_level3;
                    end
            default:begin
                        o_led0_display_val <= brightness_level0;
                        o_led1_display_val <= brightness_level0;
                        o_led2_display_val <= brightness_level0;
                        o_led3_display_val <= brightness_level0;
                        o_led4_display_val <= brightness_level0;
                        o_led5_display_val <= brightness_level0;
                        o_led6_display_val <= brightness_level0;
                        o_led7_display_val <= brightness_level0;
                    end
                endcase
            end
        end
    endmodule
```

② VHDL 实现的流水灯 PWM 显示输出器的部分逻辑源代码:

```
library IEEE;
use IEEE.std_logic_1164.all;
```

```vhdl
use IEEE.std_logic_arith.all;
use IEEE.std_logic_unsigned.all;

entity LAMP_PWM_DISPLAY is
    generic(--参数设置
        brightness_level0: STD_LOGIC_VECTOR (6 downto 0) := "000" & x"0";
                                                        --LED 全灭
        brightness_level1: STD_LOGIC_VECTOR (6 downto 0) := "000" & x"1";
                                                        --LED 最暗
        brightness_level2: STD_LOGIC_VECTOR (6 downto 0) := "000" & x"5";
                                                        --LED 次暗
        brightness_level3: STD_LOGIC_VECTOR (6 downto 0) := "010" & x"3";
                                                        --LED 次亮
        brightness_level4: STD_LOGIC_VECTOR (6 downto 0) := "100" & x"6"
                                                        --LED 最亮
        );
    port(                                                   --输入输出变量
        i_lamp_val: in STD_LOGIC_VECTOR (5 downto 0);       --计数器数值输入
        i_sys_rst_n: in STD_LOGIC;                          --系统复位输入
        o_led0_display_val: out STD_LOGIC_VECTOR (6 downto 0);
                                                --LED0 PWM 设定值输出
        o_led1_display_val: out STD_LOGIC_VECTOR (6 downto 0);
                                                --LED1 PWM 设定值输出
        o_led2_display_val: out STD_LOGIC_VECTOR (6 downto 0);
                                                --LED2 PWM 设定值输出
        o_led3_display_val: out STD_LOGIC_VECTOR (6 downto 0);
                                                --LED3 PWM 设定值输出
        o_led4_display_val: out STD_LOGIC_VECTOR (6 downto 0);
                                                --LED4 PWM 设定值输出
        o_led5_display_val: out STD_LOGIC_VECTOR (6 downto 0);
                                                --LED5 PWM 设定值输出
        o_led6_display_val: out STD_LOGIC_VECTOR (6 downto 0);
                                                --LED6 PWM 设定值输出
        o_led7_display_val: out STD_LOGIC_VECTOR (6 downto 0)
                                                --LED7 PWM 设定值输出
        );
end entity LAMP_PWM_DISPLAY;

architecture behavior of LAMP_PWM_DISPLAY is
```

```
begin
    process(i_sys_rst_n, i_lamp_val)
        begin
            if(i_sys_rst_n = '1') the        --系统复位，低电平有效
                o_led0_display_val <= brightness_level0;
                o_led1_display_val <= brightness_level0;
                o_led2_display_val <= brightness_level0;
                o_led3_display_val <= brightness_level0;
                o_led4_display_val <= brightness_level0;
                o_led5_display_val <= brightness_level0;
                o_led6_display_val <= brightness_level0;
                o_led7_display_val <= brightness_level0;
            else
                case i_lamp_val is--根据计数器的输入值进行显示
                    when "00" & x"0" =>  o_led0_display_val <= brightness_level0;
                                         o_led1_display_val <= brightness_level0;
                                         o_led2_display_val <= brightness_level0;
                                         o_led3_display_val <= brightness_level0;
                                         o_led4_display_val <= brightness_level0;
                                         o_led5_display_val <= brightness_level0;
                                         o_led6_display_val <= brightness_level0;
                                         o_led7_display_val <= brightness_level0;
                    when "00" & x"1" =>  o_led0_display_val <= brightness_level0;
                                         o_led1_display_val <= brightness_level0;
                                         o_led2_display_val <= brightness_level0;
                                         o_led3_display_val <= brightness_level0;
                                         o_led4_display_val <= brightness_level0;
                                         o_led5_display_val <= brightness_level0;
                                         o_led6_display_val <= brightness_level0;
                                         o_led7_display_val <= brightness_level4;
                    when "00" & x"2" =>  o_led0_display_val <= brightness_level0;
                                         o_led1_display_val <= brightness_level0;
                                         o_led2_display_val <= brightness_level0;
                                         o_led3_display_val <= brightness_level0;
                                         o_led4_display_val <= brightness_level0;
                                         o_led5_display_val <= brightness_level0;
                                         o_led6_display_val <= brightness_level4;
                                         o_led7_display_val <= brightness_level3;
                    when "00" & x"3" =>  o_led0_display_val <= brightness_level0;
```

```
                                        o_led1_display_val <= brightness_level0;
                                        o_led2_display_val <= brightness_level0;
                                        o_led3_display_val <= brightness_level0;
                                        o_led4_display_val <= brightness_level0;
                                        o_led5_display_val <= brightness_level4;
                                        o_led6_display_val <= brightness_level3;
                                        o_led7_display_val <= brightness_level2;
        when "00" & x"4" =>             o_led0_display_val <= brightness_level0;
                                        o_led1_display_val <= brightness_level0;
                                        o_led2_display_val <= brightness_level0;
                                        o_led3_display_val <= brightness_level0;
                                        o_led4_display_val <= brightness_level4;
                                        o_led5_display_val <= brightness_level3;
                                        o_led6_display_val <= brightness_level2;
                                        o_led7_display_val <= brightness_level1;
        when "00" & x"5" =>             o_led0_display_val <= brightness_level0;
                                        o_led1_display_val <= brightness_level0;
                                        o_led2_display_val <= brightness_level0;
                                        o_led3_display_val <= brightness_level4;
                                        o_led4_display_val <= brightness_level3;
                                        o_led5_display_val <= brightness_level2;
                                        o_led6_display_val <= brightness_level1;
                                        o_led7_display_val <= brightness_level0;
                                        ……
                                        //读者可根据前面的规律自行补充该部分程序
        when "01" & x"7" =>             o_led0_display_val <= brightness_level0;
                                        o_led1_display_val <= brightness_level0;
                                        o_led2_display_val <= brightness_level0;
                                        o_led3_display_val <= brightness_level0;
                                        o_led4_display_val <= brightness_level0;
                                        o_led5_display_val <= brightness_level1;
                                        o_led6_display_val <= brightness_level2;
                                        o_led7_display_val <= brightness_level3;
        when others =>                  o_led0_display_val <= brightness_level0;
                                        o_led1_display_val <= brightness_level0;
                                        o_led2_display_val <= brightness_level0;
                                        o_led3_display_val <= brightness_level0;
                                        o_led4_display_val <= brightness_level0;
                                        o_led5_display_val <= brightness_level0;
```

```
                                        o_led6_display_val <= brightness_level0;
                                        o_led7_display_val <= brightness_level0;
                    end case;
                end if;
            end process;
        end architecture behavior;
```

(4) LED PWM 显示输出器(模块名为 PWM_LED_OUT)。LED PWM 显示输出器逻辑电路实际上就是脉宽调制(PWM)实验实现基本要求所设计的逻辑，不同之处在于将 PWM 设定值的输入由波动开关 BM7～BM1 改为流水灯 PWM 显示输出器的 7 bit 数值，相关逻辑请参考脉宽调制(PWM)实验中的相关逻辑，包括 PWM_COUNTER、PWM_COMPARATOR，这里只给出 PWM_LED_OUT 的 Verilog HDL 和 VHDL 语言逻辑的源代码。

① Verilog HDL 实现的 PWM_LED_OUT 源代码：

```verilog
module PWM_LED_OUT (
        input               i_pwm_clk,
        input               i_sys_rst_n,
        input               [6:0] i_compare_set_value,
        output              o_compare_result
    );


    wire [6:0] w_compare_value;

    PWM_COUNTER u1(
        .i_pwm_clk(i_pwm_clk),
        .i_sys_rst_n(i_sys_rst_n),
        .o_pwm_val(w_compare_value)
         );


    PWM_COMPARATOR u2(
        .i_compare_value(w_compare_value),
        .i_compare_set_value(i_compare_set_value),
        .o_compare_result(o_compare_result)
         );
    endmodule
```

② VHDL 实现的 PWM_LED_OUT 源代码：

```vhdl
library IEEE;
use IEEE.std_logic_1164.all;
use IEEE.std_logic_arith.all;
use IEEE.std_logic_unsigned.all;
```

```vhdl
entity PWM_TOP is
    port(
        i_pwm_clk: in STD_LOGIC;
        i_sys_rst_n: in STD_LOGIC;
        i_compare_set_value: in STD_LOGIC_VECTOR (6 downto 0);
        o_compare_result: out STD_LOGIC
    );
end entity PWM_TOP;

architecture behavior of PWM_TOP is
    component PWM_COUNTER is
    generic(
        cnt_mod_value: INTEGER := 100
    );
    port(
        i_pwm_clk: in STD_LOGIC;
        i_sys_rst_n: in STD_LOGIC;
        o_pwm_val: out STD_LOGIC_VECTOR (6 downto 0)
    );
    end component;

    component PWM_COMPARATOR is
    port(
        i_compare_value: in STD_LOGIC_VECTOR (6 downto 0);
        i_compare_set_value: in STD_LOGIC_VECTOR (6 downto 0);
        o_compare_result: out STD_LOGIC
    );
    end component;
    signal w_compare_value: STD_LOGIC_VECTOR (6 downto 0);
begin
    u1: PWM_COUNTER port map(
                    i_pwm_clk => i_pwm_clk,
                    i_sys_rst_n => i_sys_rst_n,
                    o_pwm_val => w_compare_value
                    );
    U2: PWM_COMPARATOR port map(
                    i_compare_value => w_compare_value,
                    i_compare_set_value => i_compare_set_value,
```

```
                    o_compare_result => o_compare_result
                    );

    end architecture behavior;
```

(5) 顶层逻辑(模块名为 BREATHING_WATER_LAMP_TOP)。按照图 5.14 所示的呼吸流水灯设计示意图连接，实现顶层逻辑，下面只给出顶层逻辑的 Verilog HDL 源代码，VHDL 代码读者可以参考 Verilog HDL 的顶层模式自行编写。

Verilog HDL 实现的呼吸流水灯顶层逻辑源代码：

```verilog
module BREATHING_WATER_LAMP_TOP (
                input                   i_sys_clk,
                input                   i_sys_rst_n,
                output      [7:0]       o_lamp_display_val
        );

    wire        w_lamp_clk,w_pwm_clk;
    wire [6:0]  w_led0_display_val,
                    w_led1_display_val,
                    w_led2_display_val,
                    w_led3_display_val,
                    w_led4_display_val,
                    w_led5_display_val,
                    w_led6_display_val,
                    w_led7_display_val;
    wire [5:0]  w_cnt_mod_value = 6'd27;
    wire [5:0]  w_lamp_val;

    parameter   sys_clk_fre_value = 32'd50000000;
    parameter   div_clk_fre_value1 = 10;
    parameter   div_clk_fre_value2 = div_clk_fre_value1*1000;
    parameter   div_count_value1 = sys_clk_fre_value/div_clk_fre_value1/2-32'd1;
    parameter   div_count_value2 = sys_clk_fre_value/div_clk_fre_value2/2-32'd1;

    FREQUENCY_DIVIDER u1(
                            .i_sys_clk(i_sys_clk),
                            .i_sys_rst_n(i_sys_rst_n),
                            .i_div_count_value(div_count_value1),
                            .o_div_clk(w_lamp_clk)
                            );


    FREQUENCY_DIVIDER u2(
```

```
                        .i_sys_clk(i_sys_clk),
                        .i_sys_rst_n(i_sys_rst_n),
                        .i_div_count_value(div_count_value2),
                        .o_div_clk(w_pwm_clk)
                        );

LAMP_COUNTER            u3(
                        .i_lamp_clk(w_lamp_clk),
                        .i_sys_rst_n(i_sys_rst_n),
                        .i_cnt_mod_value(w_cnt_mod_value),
                        .o_lamp_val(w_lamp_val)
                        );

LAMP_PWM_DISPLAY u4(
                        .i_lamp_val(w_lamp_val),
                        .i_sys_rst_n(i_sys_rst_n),
                        .o_led0_display_val(w_led0_display_val),
                        .o_led1_display_val(w_led1_display_val),
                        .o_led2_display_val(w_led2_display_val),
                        .o_led3_display_val(w_led3_display_val),
                        .o_led4_display_val(w_led4_display_val),
                        .o_led5_display_val(w_led5_display_val),
                        .o_led6_display_val(w_led6_display_val),
                        .o_led7_display_val(w_led7_display_val)
                        );

PWM_LED_OUT u5(
                    .i_pwm_clk(w_pwm_clk),
                    .i_sys_rst_n(i_sys_rst_n),
                    .i_compare_set_value(w_led0_display_val),
                    .o_compare_result(o_lamp_display_val[0])
                    );

PWM_LED_OUT u6(
                    .i_pwm_clk(w_pwm_clk),
                    .i_sys_rst_n(i_sys_rst_n),
                    .i_compare_set_value(w_led1_display_val),
                    .o_compare_result(o_lamp_display_val[1])
                    );
```

```verilog
PWM_LED_OUT u7(
                .i_pwm_clk(w_pwm_clk),
                .i_sys_rst_n(i_sys_rst_n),
                .i_compare_set_value(w_led2_display_val),
                .o_compare_result(o_lamp_display_val[2])
                );

PWM_LED_OUT u8(
                .i_pwm_clk(w_pwm_clk),
                .i_sys_rst_n(i_sys_rst_n),
                .i_compare_set_value(w_led3_display_val),
                .o_compare_result(o_lamp_display_val[3])
                );

PWM_LED_OUT u9(
                .i_pwm_clk(w_pwm_clk),
                .i_sys_rst_n(i_sys_rst_n),
                .i_compare_set_value(w_led4_display_val),
                .o_compare_result(o_lamp_display_val[4])
                );

PWM_LED_OUT u10(
                .i_pwm_clk(w_pwm_clk),
                .i_sys_rst_n(i_sys_rst_n),
                .i_compare_set_value(w_led5_display_val),
                .o_compare_result(o_lamp_display_val[5])
                );

PWM_LED_OUT u11(
                .i_pwm_clk(w_pwm_clk),
                .i_sys_rst_n(i_sys_rst_n),
                .i_compare_set_value(w_led6_display_val),
                .o_compare_result(o_lamp_display_val[6])
                );

PWM_LED_OUT u12(
                .i_pwm_clk(w_pwm_clk),
                .i_sys_rst_n(i_sys_rst_n),
```

```
                           .i_compare_set_value(w_led7_display_val),
                           .o_compare_result(o_lamp_display_val[7])
                           );

    endmodule
```

2) 锁定管脚

这里给出与本实验相关的 FPGA 管脚，根据前面章节介绍的方法，对相关管脚进行锁定后，通过编译就可以最终完成设计过程。呼吸流水灯实验的 FPGA 管脚分配如表 5.6 所示。

表 5.6　呼吸流水灯实验的 FPGA 管脚分配表

HDL 代码信号名称	F0 开发板信号名称	FPGA 管脚序号
i_sys_clk	CLK_50MHz_IN	pin_6
i_sys_rst_n	FPGA_RST_N	pin_92
o_lamp_display_val[7]	FPGA_LED8	pin_56
o_lamp_display_val[6]	FPGA_LED7	pin_57
o_lamp_display_val[5]	FPGA_LED6	pin_58
o_lamp_display_val[4]	FPGA_LED5	pin_59
o_lamp_display_val[3]	FPGA_LED4	pin_60
o_lamp_display_val[2]	FPGA_LED3	pin_61
o_lamp_display_val[1]	FPGA_LED2	pin_62
o_lamp_display_val[0]	FPGA_LED1	pin_63

5.2.2　通用异步串行收发(UART)实验

1. 基本要求

设计 FPGA 逻辑，接收计算机以 9600 b/s 波特率通过通用异步串行接口(UART)发送的数据(即设计 UART 数据接收器)，将接收的数据结果以十六进制的形式显示在 F0 实验板上 4 位七段数码管右边的两个七段数码管 HEX1～HEX0 上(显示范围为 0x00～0xFF)，将当前接收总次数以十进制的形式显示在 4 位七段数码管左边的两个七段数码管 HEX3～HEX2 上(显示范围为 00～99)，当接收总次数超过 99 次时显示翻转回 00，反复重复这个过程。

2. 扩展要求

设计 FPGA 逻辑，将接收到的由计算机以 9600 b/s 波特率通过 UART 发送的数据发送回计算机(即设计 UART 数据发送器)，在更多的波特率(4800 b/s、19 200 b/s、38 400 b/s 等)

下重复该实验。

3. 满足实验基本要求的设计示例

UART 数据接收系统设计示意图如图 5.15 所示。为了满足实验的基本要求，整个系统应该由 UART 接收器、UART 接收数据显示器及 UART 接收次数显示器构成。下面将对系统的逻辑设计、锁定管脚、实际验证进行描述。

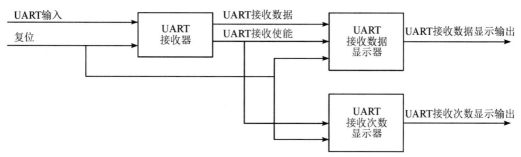

图 5.15　UART 数据接收系统设计示意图

1) 逻辑设计

(1) UART 接收器(模块名为 UART_RECEIVER)。UART 接收器用于接收由 UART 接口输入的串行数据，如图 5.16 所示。该模块主要由三部分构成：进行时钟同步的以 D 触发器(模块名为 D_FLIP_FLOP)为核心的单稳态触发器子模块，保证接收时序的 UART 接收状态机子模块(模块名为 UART_RECEIVER_FSM)和提供必要延时的 UART 接收计数器子模块(模块名为 UART_RECEIVER_COUNTER)。

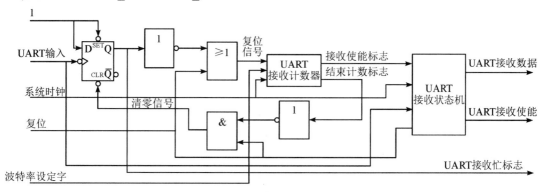

图 5.16　UART 接收器设计示意图

该模块接收 UART 数据的原理是：由单稳态触发器对 UART 接收开始信号(低电平)进行时钟同步后，打开 UART 接收计数器，当该计数器计数到 1.5 波特率周期、2.5 波特率周期、3.5 波特率周期、4.5 波特率周期、5.5 波特率周期、6.5 波特率周期、7.5 波特率周期、8.5 波特率周期时对 UART 接收状态机输出接收数据使能信号，而 UART 接收状态机在 UART 接收计数器的使能信号的激励下，接收 UART 串行数据的 0~7 位，并最终对外输出接收到的数据。UART 接收器的工作流程如图 5.17 所示。

图 5.16 所示的 UART 接收器中，D 触发器(模块名为 D_FLIP_FLOP)和 UART 接收计数器(模块名为 UART_RECEIVER_COUNTER)比较简单，下面只给出这两个模块的 Verilog HDL 源代码，请读者自行参考 Verilog HDL 的代码编写 VHDL 的逻辑代码。

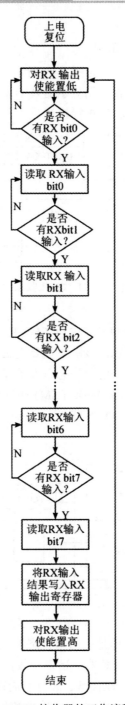

图 5.17　UART 接收器的工作流程图

① D 触发器的 Verilog HDL 逻辑代码:

```
module D_FLIP_FLOP (
        input           i_trig,          //下降沿触发的触发输入信号
        input           i_d,             //D 输入信号
        input           i_set_n,         //异步置位信号, 低电平有效
```

```
        input               i_clr_n,     //异步清零信号，低电平有效
        output reg           o_q          //D 触发器输出
        );


always @ (negedge i_set_n or negedge i_clr_n or negedge i_trig)
begin
    if( !i_set_n )begin
        o_q <= 1'b1;
    end else begin
        if( !i_clr_n )begin
            o_q <= 1'b0;
        end else begin
            o_q <= i_d;
        end
    end
end
endmodule
```

② UART 接收计数器的 Verilog HDL 逻辑代码：

```
module UART_RECEIVER_COUNTER (
                input               i_sys_clk,
                input               i_rst,
                input     [15:0]    i_receive_count_value,
                output    reg       o_receive_enable,
                output    reg       o_receive_finish
        );


reg [15:0] r_receive_count;
reg [4:0]   r_receive_count_2;


always @ (posedge i_rst or posedge i_sys_clk)
begin
    if( i_rst )begin
        r_receive_count <= 16'd0;
        r_receive_count_2 <= 5'd0;
    end else begin
        if( r_receive_count == i_receive_count_value )begin
            r_receive_count <= 16'd0;
            r_receive_count_2 <= r_receive_count_2 + 5'd1;
        end else begin
```

```verilog
                r_receive_count <= r_receive_count + 16'd1;
            end
        end
    end

    always @ (posedge i_rst or posedge i_sys_clk)
    begin
        if( i_rst )begin
            o_receive_enable <= 1'b0;
            o_receive_finish <= 1'b0;
        end else begin
            case (r_receive_count_2)
                5'd0: begin o_receive_enable <= 1'b0; end
                5'd1: begin o_receive_enable <= 1'b0; end
                5'd2: begin o_receive_enable <= 1'b0; end
                5'd3: begin o_receive_enable <= 1'b1; end//bit0
                5'd4: begin o_receive_enable <= 1'b0; end
                5'd5: begin o_receive_enable <= 1'b1; end//bit1
                5'd6: begin o_receive_enable <= 1'b0; end
                5'd7: begin o_receive_enable <= 1'b1; end//bit2
                5'd8: begin o_receive_enable <= 1'b0; end
                5'd9: begin o_receive_enable <= 1'b1; end//bit3
                5'd10:begin o_receive_enable <= 1'b0; end
                5'd11:begin o_receive_enable <= 1'b1; end//bit4
                5'd12:begin o_receive_enable <= 1'b0; end
                5'd13:begin o_receive_enable <= 1'b1; end//bit5
                5'd14:begin o_receive_enable <= 1'b0; end
                5'd15:begin o_receive_enable <= 1'b1; end//bit6
                5'd16:begin o_receive_enable <= 1'b0; end
                5'd17:begin o_receive_enable <= 1'b1; end//bit7
                5'd18:begin o_receive_enable <= 1'b0; end
                5'd19:begin o_receive_enable <= 1'b0; //end
                            o_receive_finish <= 1'b1; end
                default:begin o_receive_enable <= 1'b0;
                            o_receive_finish <= 1'b1;    end
            endcase
        end
    end
endmodule
```

③ UART 接收状态机。

下面着重对 UART 接收状态机中出现的有限状态机进行简要介绍。通常 FPGA 中运行的逻辑具有并发特性，即逻辑执行的顺序与硬件描述语言的书写顺序无关。但在接口读写、数据处理等应用场合，人们总是期望能够执行具有前后顺序的行为，此时比较好的逻辑编写方式就是使用状态机。状态机是在数量有限的状态之间进行转换的逻辑结构。一个状态机在某个特定的时间点只处于一种状态。但在一系列触发器的触发下，状态机将在不同状态间进行转换。状态机可以分为 Moore 状态机和 Mealy 状态机两大类。Moore 状态机的输出仅为当前状态的函数；而 Mealy 状态机的输出是当前状态和输入的函数。比较好的状态机的书写方式为三段式状态机书写方式：当前状态段→下一状态段→产生输出段。其中，第一段和第三段为时序逻辑，第二段为组合逻辑。使用这种状态机书写方式虽然增加了代码结构的复杂性，但是能够使状态机做到同步寄存器输出，消除了组合逻辑输出不稳定与毛刺的隐患，而且更利于时序路径分组。一般来说，在 FPGA/CPLD 等可编程逻辑器件上的综合与布局布线效果更佳。

下面给出使用这种书写方式的 UART 接收状态机子模块的 Verilog HDL 和 VHDL 语言逻辑的源代码。该模块的输入信号包括时钟 i_sys_clk、复位 i_sys_rst、数据输入 i_RX、接收使能输入 i_receive_enable、接收数据输出 o_receive_data[7:0]、接收数据输出使能 o_receive_data_enable。

a. UART 接收状态机子模块(UART_RECEIVER_FSM.v)的 Verilog HDL 语言逻辑的源代码：

```verilog
module UART_RECEIVER_FSM (
            input           i_sys_clk,
            input           i_sys_rst,
            input           i_RX,
            input           i_receive_enable,
            output   reg[7:0]   o_receive_data,
            output   reg        o_receive_data_enable
        );

reg          r_receive_enable;
reg          r_receive_data_enable;
reg   [7:0] r_receive_data;
reg   [3:0] r_delay_count;
wire         w_receive_enable = i_receive_enable &  ~r_receive_enable;
wire         w_receive_data_even_bit =  ~r_receive_data_enable;
wire         w_receive_data_odd_bit  =   r_receive_data_enable;
reg [4:0]   r_state,r_next_state;
parameter          IDLE       = 5'd0,        //状态定义
                   D0REICEIVE = 5'd1,
                   D1REICEIVE = 5'd2,
                   D2REICEIVE = 5'd3,
```

```
                    D3REICEIVE = 5'd4,
                    D4REICEIVE = 5'd5,
                    D5REICEIVE = 5'd6,
                    D6REICEIVE = 5'd7,
                    D7REICEIVE = 5'd8,
                    DATAIN     = 5'd9,
                    DATAOUT    = 5'd10,
                    END        = 5'd11;
    always @ (posedge i_sys_rst or posedge i_sys_clk)
    begin
        if( i_sys_rst )begin
            r_receive_enable <= 1'b0;
        end else begin
            r_receive_enable <= i_receive_enable;
        end
    end
    always @ (posedge i_sys_rst or posedge i_sys_clk)//当前状态段
    begin
        if( i_sys_rst )begin//系统复位输入，高有效
            r_state <= IDLE;//当前状态为接收等待状态
        end else begin
            r_state <= r_next_state;//将下一状态内容传递给当前状态
        end
    end


    always @ (r_state or w_receive_enable or i_receive_enable)//下一状态段
    begin
        case(r_state)
            IDLE:begin//收到接收使能信号，则下一状态进入接收数据第 0 位状态
                if(w_receive_enable)
                    r_next_state = D0REICEIVE;
                else
                    r_next_state = IDLE;
            end
            D0REICEIVE:begin//收到接收使能信号，则下一状态进入接收数据第 1 位状态
                if(w_receive_enable)
                    r_next_state = D1REICEIVE;
                else
                    r_next_state = D0REICEIVE;
```

```verilog
        end
        …   //省略，结构同上
        D7REICEIVE:begin//下一状态进入接收数据输入状态
                r_next_state = DATAIN;
        end
        DATAIN:begin//下一状态进入接收数据输出状态
                r_next_state = DATAOUT;
        end
        DATAOUT:begin//下一状态进入接收结束状态
                r_next_state = END;
        end
        END:begin//下一状态进入接收等待状态
            r_next_state = IDLE;
            end
        default:begin//下一状态进入接收等待状态
            r_next_state = IDLE;
        end
    endcase
end


always @ (posedge i_sys_rst or posedge i_sys_clk)//产生输出段
begin
    if( i_sys_rst )begin//系统复位输入，高有效
        o_receive_data <= 8'd0;//输出数据清 0
        o_receive_data_enable <= 1'b0;//输出数据使能清 0
        r_receive_data_enable <= 1'b0;//输入数据标志清 0
        r_receive_data <= 8'd0;//输出数据暂存清 0
    end else begin
        case (r_state)
        IDLE:begin
                o_receive_data_enable <= 1'b0; //输出数据使能清 0
                r_receive_data_enable <= 1'b0; //输入数据标志清 0
            end
        D0REICEIVE:begin
                    if( w_receive_data_even_bit )begin//接收偶数位数据，高有效
                        r_receive_data[0] <= i_RX;//接收第 0 位数据
                        r_receive_data_enable <= 1'b1; //输入数据标志置 1
                    end
                end
```

```verilog
D1REICEIVE:begin
                if( w_receive_data_odd_bit )begin//接收奇数位数据，高有效
                    r_receive_data[1] <= i_RX; //接收第 1 位数据
                    r_receive_data_enable <= 1'b0; //输入数据标志清 0
                end
            end
    … //省略，结构同上
D6REICEIVE:begin
                if( w_receive_data_even_bit )begin
                    r_receive_data[6] <= i_RX;
                    r_receive_data_enable <= 1'b1;
                end
            end
D7REICEIVE:begin
                if( w_receive_data_odd_bit )begin
                    r_receive_data[7] <= i_RX;
                    r_receive_data_enable <= 1'b0;
                end
            end
DATAIN:begin
                o_receive_data <= r_receive_data;
                        //将接收数据暂存内容输出到接收数据输出状态
            end
DATAOUT:begin
                o_receive_data_enable <= 1'b1;
                        //接收数据输出置 1
            end
END:begin   end
default:begin end
endcase
        end
    end
endmodule
```

b. UART 接收状态机子模块(UART_RECEIVER_FSM.vhd)的 VHDL 语言逻辑的源代码：

```vhdl
library IEEE;
use IEEE.std_logic_1164.all;
use IEEE.std_logic_arith.all;
use IEEE.std_logic_unsigned.all;   --库
```

```vhdl
entity UART_RECEIVER_FSM   is    --实体部分
    port(
            i_sys_clk: in STD_LOGIC;
            i_sys_rst: in STD_LOGIC;
            i_RX: in STD_LOGIC;
            i_receive_enable: in STD_LOGIC;
            o_receive_data: out STD_LOGIC_VECTOR (7 downto 0);
            o_receive_data_enable: out STD_LOGIC
    );
end entity UART_RECEIVER_FSM;
architecture behavior of UART_RECEIVER_FSM is    --结构体部分
    type  state_type  is  ( IDLE, D0REICEIVE, D1REICEIVE, D2REICEIVE, D3REICEIVE,
D4REICEIVE, D5REICEIVE, D6REICEIVE, D7REICEIVE, DATAIN, DATAOUT, ENDR); --定义状态机的状
态构成
            signal r_state: state_type;    --定义当前状态
            signal r_next_state: state_type;     --定义下一状态
            signal r_receive_enable: STD_LOGIC;
            signal w_receive_enable: STD_LOGIC;
            signal r_receive_data_enable: STD_LOGIC;
            signal w_receive_data_even_bit: STD_LOGIC;
            signal w_receive_data_odd_bit: STD_LOGIC;
            signal r_receive_data: STD_LOGIC_VECTOR (7 downto 0);
begin    --结构体描述开始
    w_receive_data_even_bit <= NOT r_receive_data_enable;
    w_receive_data_odd_bit   <=   r_receive_data_enable;
    process(i_sys_rst,i_sys_clk)
        begin
                if (i_sys_rst = '1') then
                        r_receive_enable <= '0';
                    elsif (i_sys_clk'event AND i_sys_clk = '1') then
                        r_receive_enable <= i_receive_enable;
                    end if;
        end process;
    w_receive_enable <= i_receive_enable AND (NOT r_receive_enable);

    process(i_sys_rst,i_sys_clk) --当前状态段进程
        begin
                if (i_sys_rst = '1') then --系统复位输入，高有效
                        r_state <= IDLE;--  当前状态为接收等待状态
```

```vhdl
        elsif (i_sys_clk'event AND i_sys_clk = '1') then
            r_state <= r_next_state;-- 将下一状态的内容传递给当前状态
        end if;
    end process;


process(r_state,w_receive_enable,i_receive_enable )        --下一状态段进程
    begin
        case r_state is
            when IDLE =>
                --收到接收使能信号，则下一状态进入接收数据的第 0 位状态
                if(w_receive_enable = '1') then
                    r_next_state <= D0REICEIVE;
                else
                    r_next_state <= IDLE;
                end if;
            when D0REICEIVE =>
                --收到接收使能信号，则下一状态进入接收数据的第 1 位状态
                if(w_receive_enable = '1') then
                    r_next_state <= D1REICEIVE;
                else
                    r_next_state <= D0REICEIVE;
                end if;
            …    --省略，结构同上
            when D7REICEIVE => --下一状态进入接收数据输入状态
                    r_next_state <= DATAiN;
            when DATAIN =>--下一状态进入接收数据输出状态
                    r_next_state <= DATAOUT;
            when DATAOUT =>--下一状态进入接收结束状态
                    r_next_state <= ENDR;
            when ENDR =>--下一状态进入接收等待状态
                    r_next_state <= IDLE;
            when others => --下一状态进入接收等待状态
                    r_next_state <= IDLE;
        end case;
    end process;


process(i_sys_rst,i_sys_clk) --产生输出段进程
    begin
        if (i_sys_rst = '1') then --系统复位输入，高有效
```

```
                        o_receive_data <= x"00";--输出数据清 0
                        o_receive_data_enable <= '0';--输出数据使能清 0
                        r_receive_data_enable <= '0';--输入数据标志清 0
                        r_receive_data <= x"00";--输出数据暂存清 0
            elsif (i_sys_clk'event AND i_sys_clk = '1') then
                case r_state is
                    when IDLE =>
                            o_receive_data_enable <= '0'; --输出数据使能清 0
                            r_receive_data_enable <= '0'; --输入数据标志清 0
                    when D0REICEIVE =>
                        if(w_receive_data_even_bit = '1') then
                                        --接收偶数位数据，高有效
                            r_receive_data(0) <= i_RX; --接收第 0 位数据
                            r_receive_data_enable <= '1'; --输入数据标志置 1
                        end if;
                    when D1REICEIVE =>
                        if(w_receive_data_odd_bit = '1') then
                                        --接收奇数位数据，高有效
                            r_receive_data(1) <= i_RX; --接收第 1 位数据
                            r_receive_data_enable <= '0'; --输入数据标志清 0
                        end if;
                    …   --省略，结构同上
                    when DATAIN =>
                            o_receive_data <= r_receive_data;
                            --将接收数据暂存内容输出到接收数据输出状态
                    when DATAOUT =>
                            o_receive_data_enable <= '1';
                            --接收数据输出置 1
                    when ENDR =>
                            o_receive_data_enable <= '1';
                            --接收数据输出置 1
                    when others =>
                            o_receive_data_enable <= '0';
                            --接收数据输出清 0
                end case;
            end if;
        end process;
    end architecture behavior;
```

④ UART 接收器子模块的顶层(UART_RECEIVER)代码。参考图 5.16 所示的 UART

接收器设计示意图，以及前面设计的 D 触发器模块(D_FLIP_FLOP)、UART 计数器子模块(UART_RECEIVER_COUNTER)和 UART 状态机子模块(UART_RECEIVER_FSM)，下面给出由 Verilog HDL 和 VHDL 实现的 UART 接收器子模块的顶层源代码。

　　a. Verilog HDL 实现的 UART 接收器子模块的顶层(UART_RECEIVER)源代码：

```verilog
module UART_RECEIVER (
        input                       i_sys_clk,
        input                       i_sys_rst,
        input                       i_RX,
        input                       [15:0] i_receive_count_value,
        output                      [7:0] o_receive_data,
        output                      o_receive_data_enable,
        output                      o_receive_busy
        );


wire        w_receive_enable;
wire        w_receive_finish;

D_FLIP_FLOP u1(
        i_trig(i_RX),
        i_d(1'b1),
        i_set_n(1'b1),
        i_clr_n(~i_sys_rst &  ~w_receive_finish),
        o_q(o_receive_busy)
        );


UART_RECEIVER_COUNTER u2(
        .i_sys_clk(i_sys_clk),
        .i_rst(i_sys_rst |  ~o_receive_busy),
        .i_receive_count_value(i_receive_count_value),
        .o_receive_enable(w_receive_enable),
        .o_receive_finish(w_receive_finish)
        );


UART_RECEIVER_FSM u3(
        .i_sys_clk(i_sys_clk),
        .i_sys_rst(i_sys_rst),
        .i_RX(i_RX),
        .i_receive_enable(w_receive_enable),
        .o_receive_data(o_receive_data),
```

```
            .o_receive_data_enable(o_receive_data_enable)
            );
    endmodule
```

b. VHDL 实现的 UART 接收器子模块的顶层(UART_RECEIVER)源代码：

```
    library IEEE;
    use IEEE.std_logic_1164.all;
    use IEEE.std_logic_arith.all;
    use IEEE.std_logic_unsigned.all;

    entity UART_RECEIVER   is
        generic(
                sys_clk_fre_value: INTEGER := 50000000;
                baud_clk_fre_value: INTEGER := 9600
        );
        port(
                i_sys_clk: in STD_LOGIC;
                i_sys_rst: in STD_LOGIC;
                i_RX: in STD_LOGIC;
                o_receive_data: out STD_LOGIC_VECTOR (7 downto 0);
                o_receive_data_enable: out STD_LOGIC;
                o_receive_busy: out STD_LOGIC
        );
    end entity UART_RECEIVER;

    architecture behavior of UART_RECEIVER is
        component D_FLIP_FLOP is
        port(
                i_trig: in STD_LOGIC;
                i_d: in STD_LOGIC;
                i_set_n: in STD_LOGIC;
                i_clr_n: in STD_LOGIC;
                o_q: out STD_LOGIC
                );
        end component;

        component UART_RECEIVER_COUNTER   is
        generic(
                sys_clk_fre_value: INTEGER := 50000000;
                baud_clk_fre_value: INTEGER := 9600
```

```
    );
    port(
        i_sys_clk: in STD_LOGIC;
        i_rst: in STD_LOGIC;
        o_receive_enable: out STD_LOGIC;
        o_receive_finish: out STD_LOGIC
    );
    end component;

    component UART_RECEIVER_FSM   is
    port(
        i_sys_clk: in STD_LOGIC;
        i_sys_rst: in STD_LOGIC;
        i_RX: in STD_LOGIC;
        i_receive_enable: in STD_LOGIC;
        o_receive_data: out STD_LOGIC_VECTOR (7 downto 0);
        o_receive_data_enable: out STD_LOGIC
    );
    end component;

    signal w_receive_enable: STD_LOGIC;
    signal w_receive_finish: STD_LOGIC;
    signal w_receive_busy: STD_LOGIC;
    signal w_clr_n: STD_LOGIC;
    signal w_rst: STD_LOGIC;

begin
    w_clr_n <= (NOT i_sys_rst) AND (NOT w_receive_finish);
    w_rst   <=   i_sys_rst OR (NOT w_receive_busy);
    o_receive_busy <= w_receive_busy;

    U1: D_FLIP_FLOP port map(
            i_trig => i_RX,
            i_d => '1',
            i_set_n => '1',
            i_clr_n => w_clr_n,
            o_q => w_receive_busy
            );
    U2: UART_RECEIVER_COUNTER generic map(
```

```
                    sys_clk_fre_value => sys_clk_fre_value,
                    baud_clk_fre_value => baud_clk_fre_value
                    )
                    port map (i_sys_clk => i_sys_clk,
                    i_rst => w_rst,
                    o_receive_enable => w_receive_enable,
                    o_receive_finish => w_receive_finish
                    );
            U3: UART_RECEIVER_FSM    port map(
                    i_sys_clk => i_sys_clk,
                    i_sys_rst => i_sys_rst,
                    i_RX => i_RX,
                    i_receive_enable => w_receive_enable,
                    o_receive_data => o_receive_data,
                    o_receive_data_enable => o_receive_data_enable
                    );
      end architecture behavior;
```

(2) UART 接收数据和接收次数显示模块(模块名为 UART_RECEIVER_DISPLAY)。该模块的主要原理就是将 UART 接收到的 8 位数据和接收数据次数参考初级实验 5.1.2 计时器实验中设计的 4 位七段数码管显示模块进行显示，基本原理框图如图 5.18 所示。

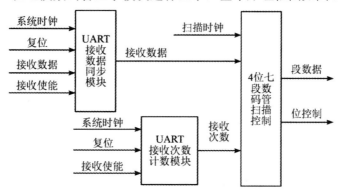

图 5.18　UART 接收数据及接收次数基本原理框图

图 5.18 中，UART 接收数据同步模块(模块名为 UART_RECEIVER_DATA)将前面 UART 接收器接收到的 8 位数据进行同步。UART 接收次数计数模块(模块名为 UART_RECEIVER_TIME_COUNTER)对接收数据的次数进行计数，并输出十进制的技术结果。4 位七段数码管扫描控制将 UART 接收数据及接收次数在对应的七段数码管上显示出来，直接调用 5.1.2 节的 SEG_SCAN 模块，同时需要调用 5.1.2 节的扫描时钟产生模块。下面只给出图 5.18 中相关模块的 Verilog HDL 设计逻辑代码，读者可以自己参照 Verilog HDL 代码编写 VHDL 设计逻辑代码。

① UART 接收数据同步模块(UART_RECEIVER_DATA)Verilog HDL 逻辑代码：

```
      module UART_RECEIVER_DATA (
```

```verilog
        input                      i_sys_clk,
        input                      i_sys_rst,
        input            [7:0] i_receive_data,
        input                      i_receive_data_enable,
        output           [7:0] o_uart_receive_data
        );


reg      r_receive_data_enable;
wire     w_receive_data_enable = i_receive_data_enable &  ~r_receive_data_enable;
reg [7:0] r_receive_data;

always @ (posedge i_sys_rst or posedge i_sys_clk)
begin
    if(i_sys_rst)
        r_receive_data_enable <= 1'b0;
    else
        r_receive_data_enable <= i_receive_data_enable;
end

always @ (posedge i_sys_rst or posedge i_sys_clk)
begin
    if(i_sys_rst)
        r_receive_data <= 8'd0;
    else
        if(w_receive_data_enable)
            r_receive_data <= i_receive_data;
end
endmodule
```

② UART 接收数据次数计数器模块(UART_RECEIVER_TIME_COUNTER)的 Verilog HDL 逻辑代码：

```verilog
    module UART_RECEIVER_TIME_COUNTER (
        input                      i_sys_clk,
        input                      i_sys_rst,
        input                      i_receive_data_enable,
        output       [7:0]        o_receive_time   //BCD 输出
        );


parameter count_mod_value = 4'd9;
reg          r_receive_data_enable;
```

```verilog
wire        w_receive_data_enable=i_receive_data_enable &  ~r_receive_data_enable;

wire        w_count_a_carry_out;
reg         r_count_a_carry_out;
wire        w_count_b_carry_in = w_count_a_carry_out &  ~r_count_a_carry_out;

wire [3:0] w_count_a, w_count_b;
assign o_receive_time = {w_count_b, w_count_a};    //接收数据次数

always @ (posedge i_sys_rst or posedge i_sys_clk)
begin
    if(i_sys_rst)begin
        r_receive_data_enable <= 1'b0;
        r_count_a_carry_out <= 1'b0;
    end else begin
        r_receive_data_enable <= i_receive_data_enable;
        r_count_a_carry_out <= w_count_a_carry_out;
    end
end

BCD_COUNTER u1(
                .i_time_clk(i_sys_clk),
                .i_sys_rst(i_sys_rst),
                .i_mod_value(count_mod_value),
                .i_count_carry_in(w_receive_data_enable),
                .o_count(w_count_a),
                .o_count_carry_out(w_count_a_carry_out)
                );

BCD_COUNTER u2(
                .i_time_clk(i_sys_clk),
                .i_sys_rst(i_sys_rst),
                .i_mod_value(count_mod_value),
                .i_count_carry_in(w_count_b_carry_in),
                .o_count(w_count_b),
                .o_count_carry_out()
                );
endmodule
```

其中 BCD_COUNTER(十进制计数器)模块的 Verilog HDL 逻辑代码如下：

```verilog
module BCD_COUNTER (
    input               i_time_clk,          //时钟
    input               i_sys_rst,
    input       [3:0]   i_mod_value,         //计数器模值输入
    input               i_count_carry_in,    //计数器进位输入
    output reg [3:0]    o_count,             //计数器状态输出
    output reg          o_count_carry_out    //计数器进位输出
    );

always @ (posedge i_sys_rst or posedge i_time_clk)
begin
    if( i_sys_rst )begin
        o_count <= 4'd0;
        o_count_carry_out <= 1'b0;
    end else begin
        if(i_count_carry_in)begin
            if( o_count == i_mod_value )begin
                o_count <= 4'd0;
                o_count_carry_out <= 1'b1;
            end else begin
                o_count <= o_count + 4'd1;
                o_count_carry_out <= 1'b0;
            end
        end
    end
end
endmodule
```

③ UART 接收数据及接收次数的七段数码管显示(SEG_SCAN)。这里可以直接调用在
5.1.2 节简单计时器实验中实现的 4 位七段数码管扫描控制模块(模块名为 SEG_SCAN)，由
于 F0 实验板上的七段数码管采用的是 4 位扫描方式，因此还需要调用 5.1.2 节实现的扫频
分频模块(模块名为 FREQUENCY_DIVIDER_1s_100k)，产生 100 kHz 的扫描时钟。

④ UART 接收数据和接收次数显示模块(UART_RECEIVER_DISPLAY)。由前面的各
子模块，下面给出由 Verilog HDL 实现的 UART 接收数据和接收次数显示模块的顶层逻辑
代码：

```verilog
module UART_RECEIVER_DISPLAY (
    input               i_sys_clk,
    input               i_sys_rst,
    input       [7:0]   i_receive_data,
    input               i_receive_data_enable,
```

```
    output      [7:0]              o_seg_display,
    output      [3:0]              o_seg_display_dig
    );

wire [7:0] r_uart_receiver_data;
wire [7:0] r_receive_time;
wire i_clk_100k;

UART_RECEIVER_DATA   u1(
    .i_sys_clk(i_sys_clk),
    .i_sys_rst(i_sys_rst),
    .i_receive_data(i_receive_data),
    .i_receive_data_enable(i_receive_data_enable),
    .o_uart_receive_data(r_uart_receiver_data)
    );

UART_RECEIVER_TIME_COUNTER u2(
    .i_sys_clk(i_sys_clk),
    .i_sys_rst(i_sys_rst),
    .i_receive_data_enable(i_receive_data_enable),
    .o_receive_time(r_receive_time)   //BCD
    );

FREQUENCY_DIVIDER_1s_100k u3(
    .i_sys_clk(i_sys_clk),
    .i_sys_rst_n(i_sys_rst),
    .o_div_clk_1s(),
    .o_clk_100k(i_clk_100k)
    );

SEG_SCAN u4(
    .data_s(r_uart_receiver_data), //UART 接收数据显示
    .data_m(r_receive_time),       //UART 接收次数显示
    .clk(i_clk_100k),              //4 位七段数码管显示扫描时钟，此处为 100 kHz
    .rst_n(i_sys_rst),
    .SEG7(o_seg_display),
    .DIG(o_seg_display_dig)
    );
endmodule
```

(3) 顶层逻辑(模块名：UART_RECEIVER_TOP)。按照图 5.15 所示 UART 数据接收系统设计示意图连接实现顶层逻辑，下面只给出顶层逻辑的 Verilog HDL 源代码，VHDL 代码读者可以参考 Verilog HDL 的顶层模式自行编写。

Verilog HDL 实现的 UART 数据接收系统顶层逻辑源代码：

```verilog
module UART_RECEIVER_TOP (
        input                           i_sys_clk,
        input                           i_sys_rst,
        input                           i_RX,
        output          [7:0]   o_seg_display,
        output          [3:0]   o_seg_display_dig
        );


wire [7:0] w_data;
wire            w_data_enable;


parameter sys_clk_fre_value = 50000000;//50 MHz
parameter baud_rate_clk_fre_value = 9600;//Baud rate = 9600
parameter receive_count_value = sys_clk_fre_value/baud_rate_clk_fre_value/2-1;
parameter transmit_count_value = sys_clk_fre_value/baud_rate_clk_fre_value/2-1;


UART_RECEIVER u1(
        .i_sys_clk(i_sys_clk),
        .i_sys_rst(~i_sys_rst),
        .i_RX(i_RX),
        .i_receive_count_value(receive_count_value),
        .o_receive_data(w_data),
        .o_receive_data_enable(w_data_enable),
        .o_receive_busy()
        );


UART_RECEIVER_DISPLAY u2(
        .i_sys_clk(i_sys_clk),
        .i_sys_rst(i_sys_rst),
        .i_receive_data(w_data),
        .i_receive_data_enable(w_data_enable),
        .o_seg_display(o_seg_display),
        .o_seg_display_dig(o_seg_display_dig)
        );
endmodule
```

2) 锁定管脚

这里给出与本实验相关的 FPGA 管脚，根据前面章节介绍的方法，对相关管脚进行锁定后，通过编译就可以最终完成设计过程。UART 实验管脚分配如表 5.7 所示，本实验使用 Pocket Lab F0 开发板上 PMOD 接口作为 UART 接口信号。

表 5.7　UART 实验的 FPGA 管脚分配表

HDL 代码信号名称	F0 开发板信号名称	FPGA 管脚序号
i_sys_clk	CLK_50MHz_IN	pin_6
i_sys_rst	FPGA_RST_N	pin_92
i_RX	PMOD1_1	pin_30
o_seg_display [7]	FPGA_SMG_P	pin_99
o_seg_display [6]	FPGA_SMG_G	pin_101
o_seg_display [5]	FPGA_SMG_F	pin_104
o_seg_display [4]	FPGA_SMG_E	pin_97
o_seg_display [3]	FPGA_SMG_D	pin_98
o_seg_display [2]	FPGA_SMG_C	pin_100
o_seg_display [1]	FPGA_SMG_B	pin_102
o_seg_display [0]	FPGA_SMG_A	pin_106
o_seg_display_dig [3]	FPGA_SMG_DIG4	pin_111
o_seg_display_dig [2]	FPGA_SMG_DIG3	pin_110
o_seg_display_dig [1]	FPGA_SMG_DIG2	pin_113
o_seg_display_dig [0]	FPGA_SMG_DIG1	pin_112

为了测试方便，这里并没有将 UART 输入信号连接到 DE0 实验板的 RS232 电平的 UART 专用输入管脚，而是连接到了 DE0 实验板的 GPIO 上，为何这样处理的具体原因将在下面实际验证部分给出。

3) 实际验证

与前面的实验有所不同，对该实验的运行结果进行观察时，除了在 Pocket Lab F0 开发板上下载正确的工程烧写文件外，还需要在软件和硬件方面进行一定的准备。

首先，在硬件方面，考虑到当前的笔记本电脑很少自带串行(UART)接口，因而需要解决从电脑到 Pocket Lab-F0 开发板的 UART 串行数据发送问题。在本实验中对 F0 开发板的 UART 输入接在了 PMOD 的一个管脚上，这样仅需要如图 5.19 所示的 USB 转 3.3VTTL

UART 串行数据的转换器与计算机 USB 接口相连。需要注意的是，在购买该转换器时，应同时取得在自身电脑搭载的操作系统下可用的驱动程序。

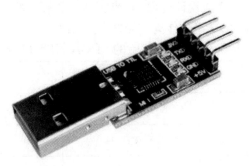

图 5.19   USB 转 3.3VTTL UART 转换器

其次，在测试软件方面，我们推荐使用如图 5.20 所示的串口调试软件 SSCOM4.2(当然也可以根据需要选择其他的串口调试软件，但是要特别注意与计算机所安装操作系统的兼容性)。这里将软件波特率设置为 9600，数据位 8 位，停止位 1 位，校验位和流控均为 None，并通过串口号下拉菜单选择与 USB-UART 转换器对应的串口号(建议在硬件管理器中确定)，并点击打开串口按键，使串口处于工作状态。在发送数据前勾选 HEX 显示和 HEX 发送选项，在字符串输入框输入任意的一个 8 位数据，通过点选发送将 UART 串行数据发送到 F0 实验板，实验板的七段数码管 HEX3-2 将显示累计接收次数(0～99)，HEX1-0 将显示接收到的数据数值(0x00～0xFF)。

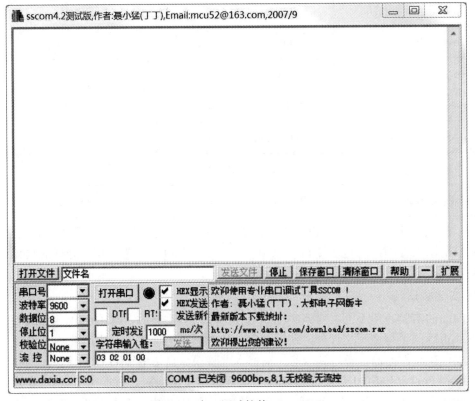

图 5.20   串口调试软件 SSCOM4.2

5.3　提高实验

5.3.1　VGA 视频信号产生实验

1. 设计原理

本实验给出一个用 FPGA 产生 VGA 视频图像信号的设计实例,在实际的产品设计中,这是一个比较实用的设计。

一组 VGA 视频信号包含 5 个有效信号。其中行同步信号(HS)和场同步信号(VS)用于 VGA 视频信号同步,这两个信号与 TTL 逻辑电平兼容。三个模拟信号用来控制红(R)、绿(G)、蓝(B)三基色信号,这三个信号电压范围为 0.7～1.0 V。通过改变 RGB 这三个模拟信号的电平,所有的其他颜色信号都可以由此产生。

常见的标准 VGA 显示器由行、列像素点构成的网格组成,一般 VGA 显示器至少由 480 行,每行 640 个像素点构成,如图 5.21 所示。每个像素点依据红、绿、蓝信号状态可以显示各种不同的颜色。

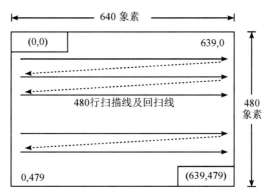

图 5.21　VGA 显示器扫描线示意图

每个 VGA 显示器都有内部同步时钟,该 VGA 时钟的工业标准频率为 25.175 MHz。在行同步和场同步信号的控制下,显示器以一定的方式刷新屏幕。如图 5.21 所示,当第一个像素点(左上角(0,0))被刷新以后,显示器继续刷新同一行上其他的像素点。当显示器收到一个行同步脉冲信号时,则开始刷新下一行上的像素点。当显示器扫描到屏幕底部且收到场同步脉冲信号时,显示器又开始从屏幕左上角第一个像素点开始刷新。图 5.22(a)、(b)所示为 VGA 行扫描、场扫描的时序图。

VGA 内部工作频率及整个屏幕上的总像素点数决定了更新每个像素及整个屏幕所需时间。下面的公式可以用来计算显示器完成刷新的时间。

像素点刷新时间 $T_{\text{pixel}} = 1/f_{\text{clk}} = 40$ ns。

行扫描时间 $T_{\text{row}} = A = B + C + D + E = (T_{\text{pixel}} \times 640$ 像素点$) +$ 行扫描保护时间 $= 31.77 \mu s$。

屏幕扫描时间 $T_{\text{screen}} = O = P + Q + R + S = (T_{\text{row}} \times 480$ 行$) +$ 场扫描保护时间 $= 16.6$ ms。

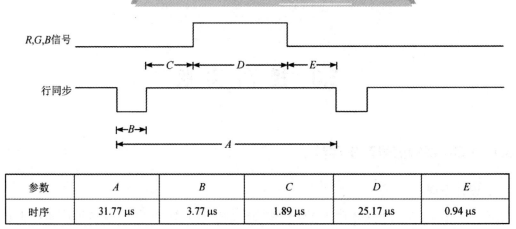

参数	A	B	C	D	E
时序	31.77 μs	3.77 μs	1.89 μs	25.17 μs	0.94 μs

(a) VGA 行扫描线时序

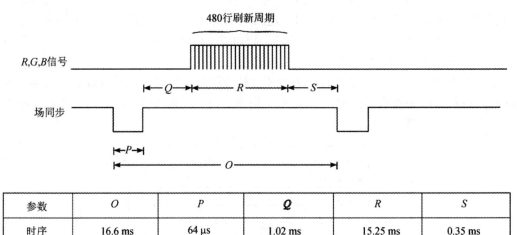

参数	O	P	Q	R	S
时序	16.6 ms	64 μs	1.02 ms	15.25 ms	0.35 ms

(b) VGA 场扫描线时序

图 5.22　VGA 行、场扫描线时序图

其中：f_{clk} = 25.175 MHz。行扫描保护时间包括 B、C、E。场扫描保护时间包括 P、Q、S。

当显示器扫描到屏幕上的某个期望点时，通过发送红、绿、蓝、行同步及场同步信号即可在屏幕上输出图像。

图 5.23 所示为 Pocket Lab-F0 开发板上 DB15 的 VGA 连接器信号管脚与 FPGA 信号之间的连接原理图及 VGA 信号定义，FPGA_VGA_R3～FPGA_VGA_R0、FPGA_VGA_G3～FPGA_VGA_G0 和 FPGA_VGA_B3～FPGA_VGA_B0 是 FPGA 输出的四位 R、G、B 数据，与 FPGA 对应的管脚编号请参考 2.1.2 节中关于 VGA 接口的介绍，具体如表 5.8 所示。图 5.23 中的电阻网络是用来将 FPGA 输出的 TTL 信号转换为 VGA 所需的 RGB 模拟信号电压。

2. VGA 同步信号产生

使用 FPGA 实现 VGA 视频信号产生的原理图如图 5.24 所示。其中 25.175 MHz 的时钟输入信号用来驱动 FPGA 内部计数器产生行、场同步信号。在 FPGA_VGA_SYNC 模块内部还有 VGA 显示器的行、列地址计数器。在某些设计应用中，还可以通过对行、列计数器计数时钟分频的方法降低像素点的分辨率。行、列地址计数器产生的地址用来寻址图像或字符数据存储器 RAM 或 ROM。

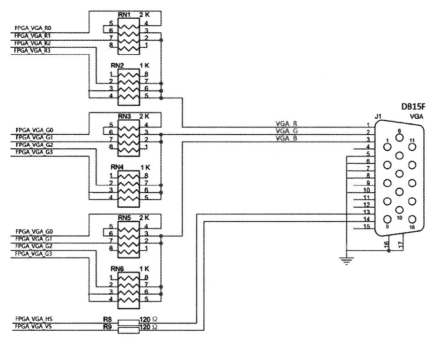

图 5.23　VGA 接口 DB15 与 FPGA 连接图及信号定义

表 5.8　VGADB15 连接器管脚信号

信 号 名 称		DB15 连接器管脚号
红	VGA_R	1
绿	VGA_G	2
蓝	VGA_B	3
地	GND	5,6,7,8,10(16,17 为外壳)
行同步	FPGA_VGA_HS	13
场同步	FPGA_VGA_VS	14
无定义	无连接	4,9,11,12,15

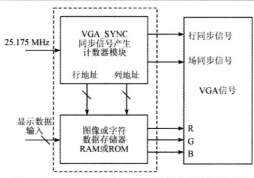

图 5.24　FPGA 产生 VGA 视频信号原理框图

　　下面是产生 VGA 同步信号时序的 VHDL 源程序 VGA_SYNC。其中 H_count 和 V_count 分别是用来产生行同步和场同步信号的 10 位二进制计数器，同时产生后面设计所需要的 RGB 数据存储器行、列地址输出。读者可以参考 VHDL 逻辑代码编写对应功能的 Verilog HDL 逻辑代码，此处不再给出 Verilog HDL 的逻辑代码。

　　需要注意的是，VGA 工业标准显示模式要求行、场同步信号都为负极性，即 VGA 同步要求是负脉冲信号。

```
LIBRARY IEEE;
USE IEEE.STD_LOGIC_1164.all;
USE IEEE.STD_LOGIC_ARITH.all;
USE IEEE.STD_LOGIC_UNSIGNED.all;

-- VGA 同步信号产生
ENTITY VGA_SYNC IS
    PORT(clock_25MHz              : IN        STD_LOGIC;
         red, green, blue         : IN        STD_LOGIC_VECTOR(3 DOWNTO 0);
         red_out, green_out, blue_out  : OUT   STD_LOGIC_VECTOR(3 DOWNTO 0);
         horiz_sync_out, vert_sync_out : OUT   STD_LOGIC;
         pixel_row, pixel_column  : OUT       STD_LOGIC_VECTOR(9 DOWNTO 0));
END VGA_SYNC;

ARCHITECTURE a OF VGA_SYNC IS
    SIGNAL horiz_sync, vert_sync              : STD_LOGIC;
    SIGNAL video_on, video_on_v, video_on_h   : STD_LOGIC;
    SIGNAL h_count, v_count                   : STD_LOGIC_VECTOR(9 DOWNTO 0);
BEGIN
    -- 当显示 RGB 数据时 video_on 信号为高电平
    video_on <= video_on_H AND video_on_V;
--产生视频信号的行、场同步时序信号
 PROCESS
    BEGIN
        WAIT UNTIL(clock_25Mhz'EVENT) AND (clock_25MHz='1');
        -- H_count 计数行像素点数(640 + 行同步保护时间)
        --
        -- Horiz_sync  ------------------------------------_____--------
        -- H_count     0        640              659    755    799
        --
        IF (h_count = 799) THEN
            h_count <= "0000000000";
```

```
ELSE
    h_count <= h_count + 1;
END IF;
--产生行同步信号
IF (h_count <= 755) AND (h_count >= 659) THEN
    horiz_sync <= '0';
ELSE
    horiz_sync <= '1';
END IF;
--V_count 计数列像素点数(480 + 场同步保护时间)
--
--  Vert_sync    ----------------------------_____------------
--  V_count       0           480          493-494       524
--
IF (v_count >= 524) AND (h_count >= 699) THEN
    v_count <= "0000000000";
ELSIF (h_count = 699) THEN
    v_count <= v_count + 1;
END IF;
 -- 产生场同步信号
IF (v_count <= 494) AND (v_count >= 493) THEN
    vert_sync <= '0';
ELSE
    vert_sync <= '1';
END IF;
 -- 产生屏幕上像素点显示的视频范围
IF (h_count <= 639) THEN
    video_on_h <= '1';
    pixel_column <= h_count;
ELSE
    video_on_h <= '0';
END IF;
IF (v_count <= 479) THEN
    video_on_v <= '1';
    pixel_row <= v_count;
ELSE
    video_on_v <= '0';
END IF;
        -- 所有视频信号都通过 D 触发器
```

```
                -- 避免由于逻辑时延导致的图像模糊
                -- 利用 D 触发器使所有的输出信号同步
                -- 超出显示范围时关闭 RGB 输出
        IF (video_on='1') THEN
            red_out    <= red;
            green_out  <= green;
            blue_out   <= blue;
        ELSE
            red_out     <= "0000";
            green_out   <= "0000";
            blue_out    <= "0000";
        END IF;
        horiz_sync_out  <= horiz_sync;
        vert_sync_out   <= vert_sync;
    END PROCESS;
    END a;
```

VGA_SYNC 模块输出的 RGB 及同步信号可以直接与图 5.23 所示 VGA 接口的 DB15 上的对应信号相接。下面举两个 FPGA 控制视频显示的简单实例。

(1) FPGA 控制视频显示实例 1，如图 5.25 所示。

当在 VGA_SYNC 模块的 red[3..0]输入信号端通过 F0 开发板上的四个拨动开关 BM4～BM1 输入一组控制信号时，VGA 屏幕将根据 BM4～BM1 状态从"0000"～"1111"周期性由黑到红逐渐变化。注意 clock_25 MHz 为输入 25 MHz 时钟信号，可以通过 F0 开发板上的 50 MHz 时钟分频得到。读者可以根据图 5.24 的连接自行编写设计逻辑代码。

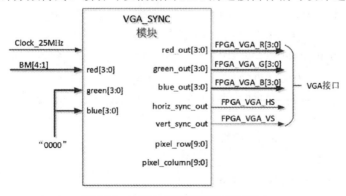

图 5.25　FPGA 控制视频显示实例 1

(2) FPGA 控制视频显示实例 2，如图 5.26 所示。

VGA_SYNC 模块还可以输出像素点的行、列地址(Pixel_row 和 Pixel_column)，用来产生用户逻辑所需的 RGB 数据。本实验简单地应用 Pixel_column 输出的 10 位列数据分别作为 RGB 输入数据，如图 5.26 所示，VGA_SYNC 模块的 red[3..0]输入连接 Pixel_column[3..0]；green[3..0]连接 Pixel_column[7..4]；blue[3..0]连接 Pixel_column[9..6]。可以看出，下载到开

发板上后在屏幕上可以看到彩条显示，如图 5.27 所示。读者可以选择连接 Pixel_row 输出信号看屏幕上的显示结果。

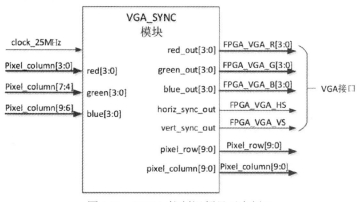

图 5.26　FPGA 控制视频显示实例 2

图 5.27　屏幕上显示的彩条

5.3.2　字符的视频显示实验

在 VGA 屏幕刷新的同时，要在屏幕上显示字符，必须建立一个字符存储器。通过字符存储器中存储字符的 0、1 状态，改变显示屏幕上像素点的颜色，从而达到显示字符的目的。如图 5.28 所示，给出了一个 8×8 字体"A"的视频显示。

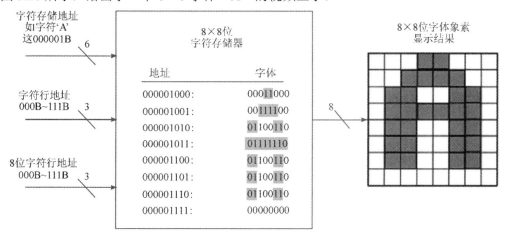

图 5.28　FPGA 实现视频字符显示

在 FPGA 中实现字符存储器的 VHDL 源程序如下：

```vhdl
LIBRARY IEEE;
USE    IEEE.STD_LOGIC_1164.all;
USE    IEEE.STD_LOGIC_ARITH.all;
USE    IEEE.STD_LOGIC_UNSIGNED.all;

ENTITY Char_ROM IS
    PORT(    character_address        : IN        STD_LOGIC_VECTOR(5 DOWNTO 0);
             font_row, font_col       : IN        STD_LOGIC_VECTOR(2 DOWNTO 0);
             clock                    : IN        STD_LOGIC;
             rom_mux_output           : OUT       STD_LOGIC);
END Char_ROM;

ARCHITECTURE a OF Char_ROM IS
    SIGNAL    rom_data              : STD_LOGIC_VECTOR(7 DOWNTO 0);
    SIGNAL    rom_address           : STD_LOGIC_VECTOR(8 DOWNTO 0);
BEGIN
                -- 用于视频显示的 8×8 字符存储器 ROM
                -- 每个字符占用 8 个 8 位的像素点
u1_char_gen_rom: Gowin_pROM port map(
        dout => rom_data,
        clk => clock,
        oce => '1',
        ce => '1',
        reset => '0',
        ad => rom_address
    );
rom_address <= character_address & font_row;
-- 调整字符显示顺序
rom_mux_output <= rom_data ( (CONV_INTEGER(NOT font_col(2 DOWNTO 0))));
END a;
```

其中，Gowin_pROM 参考 2.4.2 的 ROM IP 产生，深度为 512，字宽为 8，ROM 初始化文件 TCGROM.mi 通过 Gowin 软件的存储器编辑器产生，可参考 2.5.3 节内容。其中存储的内容可以由用户自己编辑，本例中 ROM 为 512×8 位，每个符号占用 ROM 的 8×8 位，其初始化文件内容如下：

```
#File_format=Bin
#Address_depth= 512;
```

#Data_width=8

00111100

01100110

01101110

01101110

01100000

01100010

00111100

00000000

#----------

00011000

00111100

01100110

01111110

01100110

01100110

01100110

00000000

#----------

01111100

01100110

01100110

01111100

01100110

01100110

01111100

00000000

#----------

#.....

读者自己补充中间部分

#----------

01111110

01100000

01100000

01111000

01100000

01100000

01100000

00000000

存储器初始化文件 TCGROM.mi 中所编辑的 8×8 字符地址及显示字符的对应关系如表 5.9 所示。

表 5.9　存储器初始化文件中 8×8 字体存储格式

字符	地址	字符	地址	字符	地址	字符	地址
@	00	P	20	Space	40	0	60
A	01	Q	21	!	41	1	61
B	02	R	22	"	42	2	62
C	03	S	23	#	43	3	63
D	04	T	24	$	44	4	64
E	05	U	25	%	45	5	65
F	06	V	26	&	46	6	66
G	07	W	27	'	47	7	67
H	10	X	30	(	50	8	70
I	11	Y	31	)	51	9	71
J	12	Z	32	*	52	A	72
K	13	[	33	+	53	B	73
L	14	↓	34	,	54	C	74
M	15	]	35	−	55	D	75
N	16	↑	36	.	56	E	76
O	17	←	37	/	57	F	77

图 5.29 所示为 VGA 字符显示实例的原理图。

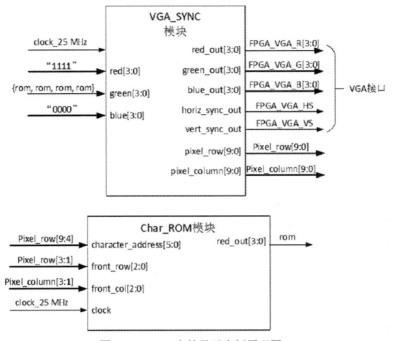

图 5.29　VGA 字符显示实例原理图

　　使用 VGA_SYNC 和 CHAR_ROM 两个模块，我们可以实现在 VGA 上的文本显示设计，其连线如图 5.29 所示。CHAR_ROM 中包含 64 个 8×8 像素点的字符数据(如前面 TCGROM.mi 初始化文件内容所示)。为了简单，本例中直接把 VGA_SYNC 模块的 red[3..0] 输入连接到高电平，也可以将 blue[3..0]直接连接到高电平；图 5.29 中将 green[3..0]的四位信号都连接到了 Char_ROM 的输出 rom 上。由于 CHAR_ROM 模块的 font_row[2..0]和 font_col[2..0]输入的是 VGA_SYNC 产生的屏幕像素点行、列地址的 3～1 位，跳过了第 0 位，所以，本实验中在 640×480 的显示屏上的每个字符都以 16×16 个像素点显示。本实验下载到 F0 开发板上 VGA 显示的结果如图 5.30 所示。

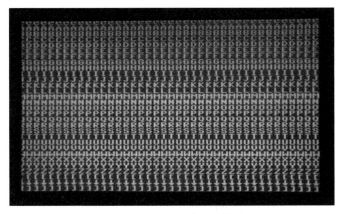

图 5.30　VGA 字符显示结果

5.3.3　跳动的矩形块视频显示实验

　　跳动的矩形块视频显示实验可以在 VGA 屏幕上显示一个上下弹跳的红色矩形块，如图 5.31 所示。

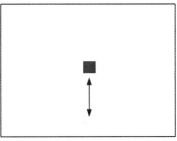

图 5.31　VGA 显示弹跳的矩形块

　　由 VGA_SYNC 模块产生的 Pixel_row 信号确定矩形块在屏幕上的当前行，Pixel_column 信号确定矩形块在屏幕上的当前列。下面给出的 VHDL 源程序中的 RGB_Display 进程产生白色背景中跳动的红色矩形块，其中 Square_X_pos 和 Square_Y_pos 信号表示矩形块中心所在的位置，Size 表示矩形块大小。

　　屏幕上跳动的矩形块 VHDL 源文件：

```
LIBRARY IEEE;
USE IEEE.STD_LOGIC_1164.all;
USE IEEE.STD_LOGIC_ARITH.all;
```

```vhdl
USE IEEE.STD_LOGIC_SIGNED.all;

ENTITY square IS
    PORT(
    pixel_row, pixel_column            : IN   STD_LOGIC_VECTOR(9 DOWNTO 0);
        vert_sync_in                        : IN       STD_LOGIC;
            Red_Data, Green_Data, Blue_Data    : OUT     STD_LOGIC_VECTOR(3 DOWNTO 0));
END square;

ARCHITECTURE behavior OF ball IS
                --视频显示信号声明
    SIGNAL    Square_on                        : STD_LOGIC;
    SIGNAL Size                                : STD_LOGIC_VECTOR (9 DOWNTO 0);
    SIGNAL Square _Y_motion                    : STD_LOGIC_VECTOR (9 DOWNTO 0);
    SIGNAL Square _Y_pos, Square _X_pos    : STD_LOGIC_VECTOR (9 DOWNTO 0);
BEGIN
    Size <= CONV_STD_LOGIC_VECTOR(8,10);            --矩形块大小
    Square _X_pos <= CONV_STD_LOGIC_VECTOR(320,10);--矩形块在屏幕上的 X 轴位置
    --视频信号中像素数据的颜色
    Red_Data <=   '1';
    --显示时关闭绿色和蓝色
    Green_Data <= "0000" WHEN Square_on='1' ELSE "1111";
    Blue_Data <= "0000" WHEN Square_on='1' ELSE "1111";

    RGB_Display: PROCESS (Square_X_pos, Square_Y_pos, pixel_column, pixel_row, Size)
    BEGIN
                -- 设置 Square_on ='1'显示矩形块
      IF ('0' & Square_X_pos <= pixel_column + Size) AND
                -- 仅比较正数
        (Square_X_pos + Size >= '0' & pixel_column) AND
        ('0' & Square_Y_pos <= pixel_row + Size) AND
        (Square_Y_pos + Size >= '0' & pixel_row ) THEN
            Square_on <= '1';
        ELSE
            Square_on <= '0';
    END IF;
END process RGB_Display;

Move_Square: PROCESS
BEGIN
```

--每次场扫描后移动一次矩形块的位置

WAIT UNTIL vert_sync_in'EVENT AND vert_sync_in = '1';

　　--矩形块到达屏幕的顶部或底部后弹开

　　IF ('0' & Square _Y_pos) >= CONV_STD_LOGIC_VECTOR(480,10) - Size THEN

　　　　Square_Y_motion <= -CONV_STD_LOGIC_VECTOR(2,10);

　　ELSIF Square_Y_pos <= Size THEN

　　　　Square_Y_motion <= CONV_STD_LOGIC_VECTOR(2,10);

　　END IF;

　　--计算矩形块的下一次 Y 位置

　　　　Square_Y_pos <= Square_Y_pos + Square_Y_motion;

　　END PROCESS Move_Square;

END behavior;

上面的 VHDL 代码符号与 VGA_SYNC 模块的连接原理图如图 5.32 所示。

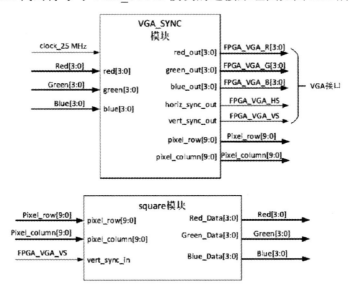

图 5.32　VGA 显示弹跳的矩形块原理图

5.4　EDA 综合设计推荐

5.4.1　自动售货控制系统设计

1. 设计要求

设计一个自动售货控制系统，该系统能完成存储货物信息、进程空盒子、硬币处理、余额计算以及显示灯功能，其基本要求如下：

(1) 顾客可以选择所要购买商品的种类和数量。

(2) 通过按键,可以投入钱币,售货机自动计数。

(3) 输出顾客所要购买的商品并找币。

(4) 到一定的时间没有操作时自动结束操作。

2. 设计分析

在该设计中,可以假设自动售货机可以管理四种货物,每种货物的数量和单价在初始化的时候输入,在存储器中存储。用户可以用硬币进行购物,利用按键进行选择。售货时能够根据用户投入的硬币,判断钱币是否足够,钱币足够则根据顾客要求自动售货,并计算找零以及显示。若钱币不够则给出提示并推出退回。

设计过程及原理如下:

将每种商品的数量和单价输入 RAM 中,顾客通过按键对所需商品进行选择,选定后通过相应的按键进行购买并按键找零,同时结束此次交易。

按购买键时,如果投的钱数等于或者大于所购买的商品单价,则自动售货机给出所购买的物品,并进行找零操作;如果钱数不够,则自动售货机不做响应,等待顾客下次操作。顾客的下次操作可以继续投币,直到钱数满足所需付款的数量,也可以按结束键退币。自动售货控制系统设计框图如图 5.33 所示。

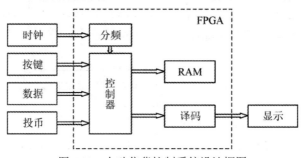

图 5.33　自动售货控制系统设计框图

5.4.2　VGA 图像显示控制模块

1. 设计要求

用 FPGA 直接控制 VGA 显示器实现一幅给定图像的显示,每个像素点用 24 比特量化,R、G、B 三基色分别采用 8 比特表示。

2. 设计分析

VGA 显示器采用光栅扫描方式,即轰击荧光屏的电子束在显示器上从左到右、从上到下做有规律的移动。因此,VGA 显示器总是从左上角开始扫描,先水平扫描完一行(640 个像素点)至最右边,然后回到最左边开始下一行的扫描,如此循环直至扫描到右下角,即完成一帧图像(480 行)的扫描。

在 VGA 显示器的扫描过程中,其水平移动由水平同步信号 HSYNC 控制,完成一行扫描的时间称为水平扫描时间,其倒数称为行频。与此类似,垂直移动受垂直同步信号 VSYNC 的控制,完成一帧扫描的时间称为垂直扫描时间,其倒数称为场频。

VGA 显示器与 FPGA 通过 VGA 接口进行连接。如图 5.34 所示，VGA 接口是一种 D 形接口，上面共有 15 个针孔(地址码、行同步、场同步)，分成 3 排，每排 5 个。其中，2 个连接 NC(Not Connect)信号，3 个连接数据总线信号，5 个连接 GND 信号， 3 个连接 RGB 彩色分量信号，2 个连接扫描同步信号 HS 和 VS。VGA 接口中彩色分量采用 RS343 电平标准。

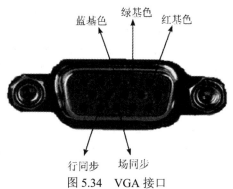

图 5.34 VGA 接口

VGA 图像显示控制需要注意两个问题：一个是 VGA 信号的电平驱动。VGA 工业标准要求的时钟频率为 25.175 MHz，行频为 31 469 Hz，场频为 59.94 Hz。另一个是时序的驱动，这是完成设计的关键，时序稍有偏差，显示必然不正常。VGA 行扫描及场扫描的时序图如图 5.35 和图 5.36 所示，其时序要求分别由表 5.10 及表 5.11 给出。

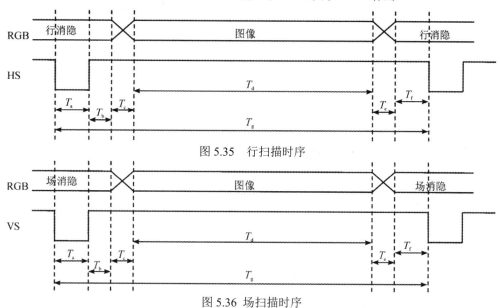

图 5.35 行扫描时序

图 5.36 场扫描时序

表 5.10 行扫描时序要求

对应位置		行同步头			行图像		行周期
	T_f	T_a	T_b	T_c	T_d	T_e	T_g
周期数	8	96	40	8	640	8	800

表 5.11　场扫描时序要求

对应位置	场同步头				场图像		场周期
	T_f	T_a	T_b	T_c	T_d	T_e	T_g
周期数	2	2	25	8	480	8	525

在该设计中,对一幅给定的图像,首先应将图像的像素信息存入 FPGA 的片内 ROM 中,然后按照上述时序关系图,给 VGA 显示器上对应的点赋值,就可以实现图像的显示了。

对一幅 256×256 的图像,每个像素点用 24 比特量化,则需要存储图像的 ROM 单元数为 65 536,即地址线宽度需要 16 比特,数据线宽度为 24 比特。图像的 RGB 三基色数据,可以编写 MATLAB 程序生成.mif 文件,也可以编写 C 语言程序得到,此处不做详细介绍。根据上述的行、场时序图,可以设计两个计数器,一个是行扫描计数器,进行模 800 计数,一个是场扫描计数器,进行模 525 计数。按照 VGA 工业标准,行扫描计数器的驱动时钟 25.175 MHz。FPGA 控制 VGA 显示的结构框图如图 5.37 所示。

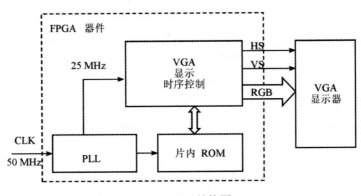

图 5.37　VGA 显示结构图

5.4.3　基于 FPGA 的电梯控制系统

1. 设计要求

要求用 FPGA 设计实现一个三层电梯的控制系统,该控制器遵循方向优先原则控制电梯完成三层楼的载客服务,系统具体要求如下:

(1) 当电梯处在上升状态时,只执行比电梯所在位置高的上楼请求,由下向上逐个执行。如果高层有下楼请求,则直接升到有下楼请求的最高楼层,然后进入下降状态。

(2) 电梯上升或者下降一个楼层的时间均为 1 s。

(3) 电梯初始状态为一层,处在开门状态,开门指示灯亮。

(4) 每层电梯入口处均设有上下请求开关,电梯内部设有乘客到达楼层时停站请求开关及其显示。

(5) 电梯到达有停站请求的楼层后,电梯门打开,开门指示灯亮。开门 4 s 后,电梯门关闭,开门指示灯灭,电梯继续运行,直至完成最后一个请求信号后停在所在楼层。

(6) 设置电梯所处位置的指示及上升下降指示。

(7) 电梯控制系统能记忆电梯内外的请求信号，每个请求信号完成后消除记录。

(8) 能检测是否超载并设有报警信号。

2. 设计分析

电梯控制系统是通过乘客在电梯内外的请求信号控制上升或者下降，而楼层信号由电梯本身的装置触发，从而确定电梯处在哪个楼层。乘客在电梯中选择所要到达的楼层，通过主控制器的处理，电梯开始运行，状态显示器显示电梯的运行状态，电梯所在的楼层数通过 LED 数码管显示。

电梯门的状态分为开门、关门和正在关门三种状态，并通过开门信号、上升预操作和下降预操作来实现。电梯控制系统框图如图 5.38 所示。

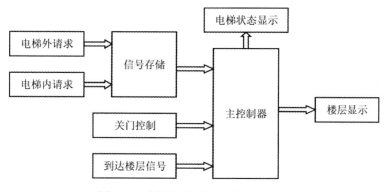

图 5.38　电梯控制系统设计框图

5.4.4　洗衣机洗涤控制系统

1. 设计要求

设计一个洗衣机洗涤控制系统，使其具体满足以下要求：

(1) 具备三种洗涤模式：强洗，标准，轻柔。强洗模式下，正向转 5 s，停 2 s，再反向 5 s，停 2 s，如此循环，直至达到所设定的洗涤时间。标准模式下，控制过程与强洗模式相同，只是将正向及反向时间设置为 3 s，停止时间设置为 1.5 s。轻柔模式下，控制过程也与强洗模式相同，只是正反向时间设置为 2 s，停止时间设置为 1 s。

(2) 洗衣机的洗涤定时有三种选择：5 min、10 min、15 min。

(3) 初始状态设置为标准模式，定时时间为 15 min。

(4) 设置模式选择和时间选择按键，每按一次按键就转换一次，可多次进行循环选择。

(5) 一次洗涤过程结束后，自动返回初始状态，等待下一次洗涤过程开始。

(6) 设置启动\停止按键，每按一次状态跟随转换一次。

2. 设计分析

通过对上述洗衣机洗涤控制系统要求的分析，可以设计如图 5.39 所示的洗涤控制系统结构框图。该系统可由四个模块组成：主控制器模块、主分频器模块、洗涤定时器模块以及水流控制器模块。

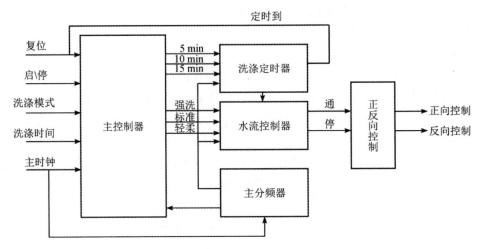

图 5.39   洗涤控制系统设计框图

1) 主控制器模块

主控制器的功能是根据各输入按键的状态，输出对应的控制状态信号，控制洗衣机洗涤控制系统中水流控制器的工作方式。

在本设计中我们可以用三个算法状态机图来描述主控制器模块：模式选择控制状态机，定时选择控制状态机以及启动\停止控制状态机。

模式选择控制状态机控制过程：系统复位后进入标准洗涤模式，并输出标准模式状态信号，接着判断定时结束是否有效。如果有效，则表明洗涤结束，回到标准模式状态；如果无效，则判断模式选择按键是否按下。如果未按下，仍然处于标准模式；如已按下，则进入所选状态。通过类似的操作和判断，状态机可以在标准、轻柔和强洗三种模式下循环选择和工作，并送出相应的状态信号。

定时选择控制状态机控制过程：定时选择控制状态机和模式选择控制状态机的控制过程是一致的，只需要将标准、轻柔和强洗三种模式换为 5 min、10 min 和 15 min 即可。

启动\停止控制状态机控制过程：启动\停止控制状态机包含两种状态，停止状态和启动状态。系统复位时进入停止状态，当按下启动\停止按键时状态转移到启动状态，并送出启动控制信号。再按一次启动\停止按键，则回到停止状态，暂停洗涤工作。

2) 洗涤定时器模块

洗涤定时器模块的状态机有三种状态：停止状态、计时状态和暂停状态。

系统复位后进入停止状态。在停止状态不断判断启动信号是否有效，如若有效，则定时器开始工作，否则仍停留在停止状态。

在计时状态下，先判断启动信号是否有效。如果有效，则继续判断分时钟上升沿是否到来。如果未到来，则仍然停留在计时状态；若分时钟的上升沿已经到来，则分计数器进行加 1 操作。接着判断是否到了指定的定时计时值。如果未到计时值，则停留在计时状态，如果到了计时值，则停止计时，状态转移至停止状态。

在停止状态下，继续判断启动信号，无效时停留在停止状态，有效时状态转移至计时状态。

3) 水流控制器模块

水流控制器模块的算法状态机有三种状态：停止状态、电机接通定时计数状态以及电机断开定时计数状态。

系统复位后进入停止状态，接着判断洗涤定时器是否启动。如果未启动，则仍停留在停止状态。如果已经启动，则判断当前电机是处在电机接通定时计数状态，还是处在电机断开定时计数状态。根据设置的不同，转入相应的状态。

在电机接通定时计数状态下，判断定时信号是否有效。如果有效，则继续判断分时钟上升沿是否到来。若分时钟的上升沿未到来，则仍然停留在电机接通定时计数状态；若已经到来，则电机接通定时计数器进行加 1 操作。接着进行判断是否到了指定的定时计时值。如果未到计时值，则返回电机接通定时计数状态继续进行定时计数；如果到了计时值，则状态转移至电机断开定时计数状态。

电机断开定时计数状态与电机接通定时计数状态的过程类似，请读者自行分析。

5.4.5　基于 FPGA 的多路数据采集系统的设计

设计一个八路数据采集系统，使其能够采集到信号发生器所产生的八路数据，并将其地址和信息显示出来。系统设计原理框图如图 5.40 所示。模块具体要求如下：

(1) 八路数据采集器：数据采集器的第一至七路分别输入来自直流电源的 6～0 V 直流电压，第八路备用。

(2) 主控器：主控器串行传输线对各路数据进行采集和显示。

图 5.40　系统原理框图

5.5　综合设计报告参考格式

EDA 实验综合设计报告格式包括封面、正文、参考文献和附录几部分，为了进一步规范学生提交的综合设计报告格式，下面给出一个简单的报告模板格式，读者在编写自己的实验设计报告时可以参考。

5.5.1　报告封面格式

封面包括：

(1) 标题：xxx 实验综合设计报告【居中，小一号宋体，1.5 倍行距】。

(2) 综合设计题目：xxx 设计【居中，小一号宋体，1.5 倍行距】。

(3) 姓名、学号和指导老师【三号宋体，1.5 倍行距】。

(4) 年、月、日【三号宋体，1.5 倍行距】。

5.5.2　报告正文格式

综合设计报告正文一般包括概述、实现原理、实现方法、实现过程、实现结果、结论和参考文献 7 个部分，各部分具体格式如下：

1. 概述【标题 1，四号宋体、加粗，1.5 倍行距】

简述设计任务要求、所用软件工具和硬件平台等。【正文，小四号宋体，1.5 倍行距】

2. 实现原理【标题 1，四号宋体、加粗，1.5 倍行距】

简述设计中所用到的相关原理、满足设计要求的指标分析等。

3. 实现方法【标题 1，四号宋体、加粗，1.5 倍行距】

综合设计实现方案、方案比较、选定实现方案的原理框图及程序流程图等。

3.1　本设计实现方案分析【标题 2，小四号宋体，1.5 倍行距】

正文……【正文，小四号宋体，1.5 倍行距】

3.2　本设计实现框图【标题 2，小四号宋体，1.5 倍行距】

正文……【正文，小四号宋体，1.5 倍行距】

4. 实现过程【标题 1，四号宋体、加粗，1.5 倍行距】

综合设计的具体实现过程，包括实现方案中各模块具体实现、关键模块的仿真波形等。

4.1　各模块具体实现【标题 2，小四号宋体，1.5 倍行距】

正文……【正文，小四号宋体，1.5 倍行距】

4.2　关键模块仿真波形【标题 2，小四号宋体，1.5 倍行距】

正文……【正文，小四号宋体，1.5 倍行距】

5. 实现结果【标题 1，四号宋体、加粗，1.5 倍行距】

综合设计的设计结果，达到的设计效果。【正文，小四号宋体，1.5 倍行距】

6. 结论【标题 1，四号宋体、加粗，1.5 倍行距】

综合设计中存在问题及原因分析，通过设计所获得的收获以及感受等。

7. 参考文献

完成设计报告所参考的相关技术文档、期刊和论文等，也包括参考的网站资料。具体格式如下：

参考文献【标题 1，四号宋体、加粗，1.5 倍行距】

[1] 作者，文档名称，期刊或出版社，年、月、日【正文，五号字体，单倍行距】。

[2] xxx

注意：正文中的图和表中的文字应比正文的字体小一号，如正文文字为小四号，则图、表中的文字应该为五号字体，并且图的说明放在图的下方居中位置，如"图 1 xxxx"；表的说明放在表的上方居中位置，如"表 1 xxxx"。所有图和表在正文中需要有相应的引用说明，即正文中必须有类似"xxxx 如图 x 所示"。

5.5.3　报告附录格式

附录包括电路图、结果照片、关键模块的程序代码等。

5.5.4　报告其他部分格式

综合设计报告也可以包含目录、页眉及页码等，相关格式可以参考文档的排版格式和要求。

参 考 文 献

[1]　任爱锋，袁晓光. 数字电路与 EDA 实验. 西安：西安电子科技大学出版社，2017.

[2]　孙万蓉，任爱锋，周端，等. 数字电路与系统设计. 北京：高等教育出版社，2015.

[3]　Gowin 高云. Gowin FPGA 产品编程配置手册. 广东高云半导体股份有限公司，2021.

[4]　Gowin 高云. Gowin IP 核产生工具用户指南. 广东高云半导体股份有限公司，2020.

[5]　Gowin 高云. GW1N 系列 FPGA 产品数据手册. 广东高云半导体股份有限公司，2021.

[6]　Gowin 高云. GW2A 系列 FPGA 产品数据手册. 广东高云半导体股份有限公司，2021.

[7]　Gowin 高云. Gowin Programmer 用户指南. 广东高云半导体股份有限公司，2020.

[8]　Gowin 高云. GowinSynthesis 用户指南. 广东高云半导体股份有限公司，2020.

[9]　Gowin 高云. Gowin 原语用户指南. 广东高云半导体股份有限公司，2020.

[10]　Gowin 高云. Gowin 在线逻辑分析仪用户指南. 广东高云半导体股份有限公司，2020.

[11]　Easystart 易斯达. Pocket Lab-F0 开发板用户手册. 武汉易斯达科技有限公司，2019.